― 計算力をつける ―

応用数学

魚橋慶子・梅津　実

共著

内田老鶴圃

本書の全部あるいは一部を断わりなく転載または複写(コピー)することは,著作権および出版権の侵害となる場合がありますのでご注意下さい.

まえがき

　本書は，数学を主に道具として使う理工系学生のための応用数学の入門書である．応用数学として扱われる分野は幅広い．その中でも大学・高専で学ぶことの多い常微分方程式，フーリエ・ラプラス解析，複素関数の分野に絞り，計算問題を中心として解説した．また工業高校などからの入学者を想定し，複素数の四則演算を学習していなくとも無理なく本書を読めるよう配慮した．

　第0章では，複素数の基本的な性質を復習する．四則演算，複素平面，オイラーの公式などについての計算練習を行う．これらは本書を通じて必要となる事項を列挙したものであり，高校の内容から大学の内容までを扱っている．しかし高校にて複素数の学習を行っているとしても，常微分方程式やラプラス変換に現れる大学レベルの複素数計算に困る学生は多い．大学によっては，先に常微分方程式，ラプラス変換の履修，次に複素解析の履修というカリキュラムであることが理由の1つであろう．その場合も第0章を参照し，無理なく応用数学を学習できるよう配慮した．
　第1章では，常微分方程式の解法を学ぶ．身の周りの現象を表す簡単な方程式を導入とし，主として線形常微分方程式の解法を具体的に計算練習する．
　第2章では，フーリエ級数展開ならびにフーリエ変換について学習する．これらフーリエ解析の概念をイメージ付けるため，具体的な計算に力点を置く．
　第3章では，ラプラス変換について学習する．ラプラス変換は電気回路理論，制御工学，建造物の振動解析などの分野で利用される．ここでは諸分野で必要となるラプラス変換公式や計算法について学習する．
　第4章では，複素関数の微分積分について基礎的な事項を学ぶ．内容としては第0章の続きであり，第1章から第3章までを飛ばして学習することができる．複素関数とは何かから始まり，留数定理による積分などを学習する．

　本書は，微分積分学の初歩ならびに線形代数学の初歩に続いて学習することを想定している．計算問題へ力を注いだ分，厳密な証明を思い切って省略した．しかし，内

まえがき

　田老鶴圃発行の「計算力をつける微分積分」,「計算力をつける線形代数」と比べれば,定理・公式の解説は若干多い．それは学習段階が進み,暗記するには複雑な定理・公式が増えるため,"解説ごと"頭へ入れるほうが楽であろうと考えたからである．さらに定理・公式の意味を思い浮かべ,他の専門科目の学習が進むことを願ってのことである．とはいえ,まず本文中の練習問題を,例題を参考に解いてみよう．一度で解けない場合は繰り返し解いてみよう．章末問題には,本文中に類題のない問題もある．その場合も,関連しそうな公式・定理を紙に列挙し,解法の手掛かりを自分で見つける練習をしよう．

　最後に,本書出版の機会をくださった内田老鶴圃社長の内田学氏,執筆に関する数々の相談に乗っていただいた東北学院大学工学基礎教育センター所長の足利正教授,そして,本書を「計算力をつける微分積分」,「計算力をつける線形代数」の姉妹書とすることを快諾くださった同大学工学部神永正博准教授へ感謝を申し上げたい．

　2011 年 2 月

魚橋慶子・梅津　実

目 次

まえがき ··· i

第0章 複素数

0.1 複素数とは ·· 1
0.2 複素数の四則演算 ·· 2
0.3 複素数の図示 ·· 3
0.4 複素数の極形式（極表示）······································ 3
0.5 2つの複素数 ··· 6
0.6 ド・モアブルの公式 ·· 8
0.7 共役複素数 ·· 11
0.8 複素平面上の距離と円 ··· 13
0.9 オイラーの公式 ··· 15

第1章 常微分方程式

1.1 微分方程式とは ··· 21
1.2 変数分離形 ·· 24
1.3 同次形 ·· 26
1.4 線形1階微分方程式 ·· 28
1.5 完全微分形 ·· 30
1.6 線形2階微分方程式（同次形）································· 32
1.7 線形2階微分方程式（非同次形）······························ 35
1.8 2階を超える線形微分方程式 ·································· 42
　　章末問題　44

第2章 フーリエ級数とフーリエ変換

2.1 フーリエ級数 ·· 47
2.2 三角関数とベクトルの比較 ···································· 58
2.3 フーリエ級数の性質 ·· 61

iii

- 2.4 偏微分方程式の解法（フーリエ級数の利用） ········· 64
- 2.5 フーリエ変換 ········· 68
- 2.6 フーリエ変換の性質 ········· 74
- 2.7 偏微分方程式の解法（フーリエ変換の利用） ········· 80
  - 章末問題　84

第3章　ラプラス変換

- 3.1 ラプラス変換 ········· 87
- 3.2 簡単なラプラス変換 ········· 88
- 3.3 ラプラス変換の性質 ········· 95
- 3.4 逆ラプラス変換 ········· 112
- 3.5 定数係数線形常微分方程式の初期値問題の解法 ········· 121
- 3.6 インパルス応答と合成積 ········· 123
  - 章末問題　126

第4章　複 素 関 数

- 4.1 複素関数 ········· 127
- 4.2 極限 ········· 128
- 4.3 微分係数の定義とコーシー–リーマン方程式 ········· 129
- 4.4 正則関数の組み合わせ ········· 132
- 4.5 指数関数, 三角関数, 双曲線関数 ········· 134
- 4.6 特異点と極 ········· 140
- 4.7 複素積分 ········· 142
- 4.8 留数 ········· 157
- 4.9 テイラー級数とローラン級数 ········· 162
- 4.10 実定積分の計算への応用 ········· 168
- 4.11 多価関数 ········· 171
  - 章末問題　177

目　次　　　　　　　　　　　v

問の略解・章末問題の解答

第 0 章 ･･･ *179*
第 1 章 ･･･ *181*
第 2 章 ･･･ *184*
第 3 章 ･･･ *191*
第 4 章 ･･･ *197*

索　引 ･･･ *209*

第0章 複素数

0.1 複素数とは

　実数については，もうよく知っていると思う．整数や，少数や，分数や，円周率や，負の数，平方根などである．例をあげると，

$$0, -1, 100, \frac{3}{7}, 0.598, \pi, -\sqrt{11}, \cdots\cdots$$

などである．これらは，すべて2乗すると0以上の数になり，負の数になることはない．私たちが実際に使う数はこの実数で十分であるが，2乗して負になる数を導入しておくと便利なことがある．

　2乗すると -1 となる**虚数単位** i を導入する．

$$i^2 = -1$$

この虚数単位 i を用いて，**複素数**を次のように定義する．

$$\text{複素数}\quad z = x + yi = x + iy \quad (\text{ただし } x, y \text{ は実数}) \tag{0.1}$$

この x 部分と y 部分には，次のように名前が付いている．

$$\text{実部}\quad x = \operatorname{Re}(z) \qquad \text{虚部}\quad y = \operatorname{Im}(z)$$

Re は real part の，Im は imaginary part の略である．

例 0.1
$$z = -1 + \sqrt{3}i \text{ の場合}\quad \operatorname{Re}(z) = -1,\ \operatorname{Im}(z) = \sqrt{3} \qquad \square$$

　さて，$y = 0$ のときには，z は x のみであるから実数になる．したがって実数も複素数の一種である．また，$x = 0$ のときには z を**純虚数**という．

0.2 複素数の四則演算

さて，この複素数はどのように計算するかであるが，いたって簡単である．次に例をあげてみよう．

例題 0.2 **複素数の四則演算の例** 次の複素数を $a+bi$ (a,b は実数) の形に直せ．
(1) $(2-5i)+(4+3i)$ (2) $(1+6i)-(4-2i)$ (3) $(3+2i)(2-3i)$
(4) $\dfrac{5+4i}{2+i}$

(解)
(1) $(2-5i)+(4+3i)=2-5i+4+3i=2+4+(-5+3)i=6-2i$
(2) $(1+6i)-(4-2i)=1+6i-4+2i=1-4+(6+2)i=-3+8i$
(3) $(3+2i)(2-3i)=3\times 2+2\times 2i-3\times 3i-2\times 3i^2=6+4i-9i+6$
$=6+6+(4-9)i=12-5i$
(4) $\dfrac{5+4i}{2+i}=\dfrac{(5+4i)(2-i)}{(2+i)(2-i)}=\dfrac{10+8i-5i-4i^2}{2\times 2+2i-2i-i^2}$
$=\dfrac{10+4+(8-5)i}{4+1}=\dfrac{14+3i}{5}=\dfrac{14}{5}+\dfrac{3}{5}i$ □

つまり，i をひとまず文字であると思って計算する．そして i^2 が出てきたら -1 に置き換えるのである．分数の場合は，分母の虚部の符号を変えたものを分母分子に掛けるという方針で計算している．これは，複素数の定義 (0.1) は，分母に複素数は現れていないので，この決めた形にしているのである．このやり方は，i を $\sqrt{-1}$ とかいてみると，分母に $\sqrt{2}$ などの無理数がある場合の有理化の方法と同じである．

問 1 次の複素数を $a+bi$ (a,b は実数) の形にせよ．
(1) $(3+5i)+(1-2i)$ (2) $(5-3i)-(3-2i)$
(3) $(6-2i)(-3+4i)$ (4) $\dfrac{2+5i}{3-2i}$

計算は実数と同じ要領でよいのだが，実数と複素数には大きな違いがある．それは，実数でない複素数では大小関係はないということである．

$$2i<3i \quad \text{や} \quad 1+5i>2+\sqrt{2}i$$

は無意味なのである．もう少しくわしく言うと，矛盾のない大小関係を複素数に対して決めることができないということである．

0.3 複素数の図示

実数と直線上の点を対応させることができる．また平面上の点の位置を xy 平面に，x 座標や y 座標を用いて表すことができ，そのことを使ってグラフなどをかき，関数を直感的に分かりやすくできる．そこで，複素数もそのように，対応させて考えることにする．複素数には実部と虚部の 2 つの数があるので，$z = x + iy$ と xy 平面上の点 (x,y) を対応させて考える．このときの平面を，**複素平面**，**複素数平面**，**ガウス平面**などと呼ぶ．また，軸も横軸は**実軸**，縦軸は**虚軸**と呼ぶ．実軸と虚軸を逆にしてかいてはいけない．

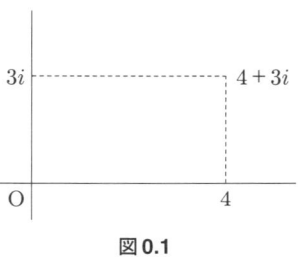

図 0.1

つまり，$4 + 3i$ という複素数には，xy 平面での $(4,3)$ という点を対応させて考えるのである．複素平面の目盛のかき方はいろいろあるが，この本では縦軸の目盛に i をつけておくことにする．

0.4 複素数の極形式（極表示）

x 座標と y 座標を使うほかにも，平面上の点を表す方法はある．これからよく使うのは**極座標**である．これは，点の位置を原点からの距離 r と，ある決まった所から原点の周りに反時計回りに計った角度 θ で表すものである．ここで反時計回りというのは，時計の針の動く向きと反対の向きのことである．左回りとか，右回りでは混乱するので，このように呼ぶ．角度の基準とするところは x 軸の正の部分で，そこで角度を 0 とする．この極座標 r, θ と x, y 座標との間には，次のような関係がある（図 0.2）．

$$x = r\cos\theta, \quad y = r\sin\theta \tag{0.2}$$

(0.1) へ (0.2) を代入すると次のようになる．

$$\boxed{z = x + iy = r\cos\theta + ir\sin\theta = r(\cos\theta + i\sin\theta)} \tag{0.3}$$

これを**極形式**と呼ぶ．似ているが $r(\cos\theta - i\sin\theta)$ は極形式ではない．r を複素数の絶対値と呼び，次のような式が成立する．

$$r = \sqrt{x^2 + y^2} = |z| \tag{0.4}$$

また，θ を**偏角**と呼び，次のようにかく．
$$\theta = \arg(z) \tag{0.5}$$
z が決まれば，r は 1 つに決まる．しかし θ は 2π の整数倍だけの不定性がある．これは，$\sin\theta$ と $\cos\theta$ が周期 2π の周期関数であることによる．$-\pi < \theta \leq \pi$ または $0 \leq \theta < 2\pi$ へ制限して使うこともある．

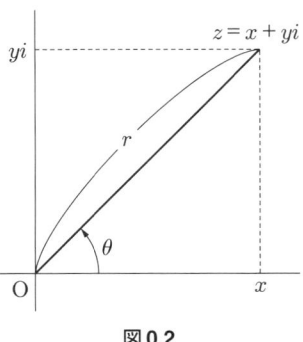

図 0.2

いくつかの細かい注意を説明する．

注意 0.3
- $z = x + iy = 0$ というのは $|z| = 0$ を意味する．つまり $x^2 + y^2 = 0$ であるから，この条件は $x = y = 0$ を意味する．
- $z \to \infty$ は $|z| \to \infty$ のことである．x, y の両方あるいは片方が $\pm\infty$ になる．どちらかが無限大になるかくわしくかくときには，$a + \infty i$ のようにかく．
- $z = a+bi, w = c+di$ （ただし a,b,c,d は実数）のとき，$z = w$ ならば $a = c, b = d$ （実部同士，虚部同士がともに等しい）である（逆も正しい）．

ラジアン

ここで角度が出てきたが，この本では角度は度を使わずに，**弧度法**つまり**ラジアン**で表すことにする．それは，ラジアンで角度を表しておくと微分積分の公式が簡単になり，計算間違いを防げるからである．弧度法では，円周上の弧の長さと半径の比で角度を表す．

中心角 θ に対応する，円周上の弧の長さを l，円の半径を r とすると
$$\theta = \frac{l}{r}$$
である．円周は $2\pi r$ であるから次が成り立つ．

$\theta = 360°$ のとき　$\dfrac{2\pi r}{r} = 2\pi$

$\theta = 180°$ のとき　$\dfrac{\pi r}{r} = \pi$

$\theta = 90°$ のとき　$\dfrac{\pi}{2}$

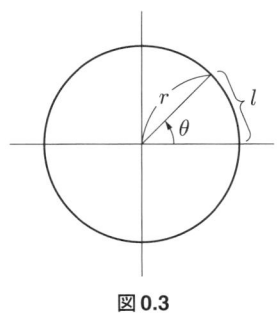

図 0.3

0.4 複素数の極形式（極表示）

$\theta = 45°$ のとき　$\dfrac{\pi}{4}$

$\theta = 60°$ のとき　$\dfrac{\pi}{3}$

$\theta = 30°$ のとき　$\dfrac{\pi}{6}$

たいてい，ラジアンという字はかかない．角度であって，何も単位がかいていない場合には，それはラジアンを意味する．

例題 0.4 次の複素数の絶対値 r と偏角 θ を求め，極形式で表せ．ただし，(2) の偏角は $-\pi \leq \theta \leq \pi$.

(1) $1 - i$　　(2) $-1 + \sqrt{3}i$

（解）

(1) 絶対値は

$$r = |1 - i| = \sqrt{1^2 + (-1)^2} = \sqrt{1 + 1} = \sqrt{2}$$

であり，偏角は，複素平面に図をかいて考えると

$$\theta = \arg(1 - i) = \frac{7}{4}\pi + 2n\pi$$

$$(n = 0, \pm 1, \pm 2, \pm 3 \cdots)$$

となる．したがって，極形式は

$$1 - i = \sqrt{2}\left\{\cos\left(\frac{7}{4}\pi + 2n\pi\right) + i\sin\left(\frac{7}{4}\pi + 2n\pi\right)\right\}$$

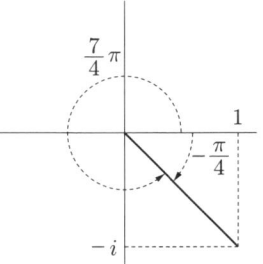

図 0.4

となる．偏角を時計回りに計ると，逆回りという意味でマイナスがついて $\theta = -\dfrac{\pi}{4}$ となるが，これは上の式で $n = -1$ のときに相当する．$\theta = \dfrac{7}{4}\pi - 2\pi = -\dfrac{\pi}{4}$ となる．したがって，偏角の集合全体はどちらも同じである．この場合の極形式は次のようになる．

$$1 - i = \sqrt{2}\left\{\cos\left(-\frac{\pi}{4} + 2n\pi\right) + i\sin\left(-\frac{\pi}{4} + 2n\pi\right)\right\}$$

(2) 偏角に制限がついているときには，その制限をみたす角度のみをかくとよい．
絶対値は
$$r = \left|-1+\sqrt{3}i\right| = \sqrt{(-1)^2+(\sqrt{3})^2}$$
$$= \sqrt{1+3} = \sqrt{4} = 2$$

偏角は与えられた範囲で考えればよいので，図をかいて考えると
$$\theta = \arg(-1+\sqrt{3}i) = \frac{2}{3}\pi$$

したがって，極形式は
$$-1+\sqrt{3}i = 2\left(\cos\frac{2}{3}\pi + i\sin\frac{2}{3}\pi\right) \qquad \square$$

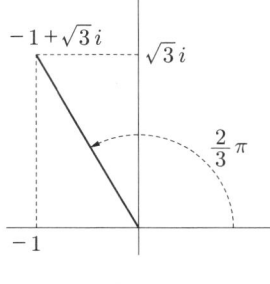

図 0.5

問2 次の複素数の絶対値 r と偏角 θ を求め，極形式でかけ．
(1) $1-\sqrt{3}i$　　(2) $2\sqrt{3}+2i$　　(3) $2+2i$

0.5　2つの複素数

2つの複素数 z, w が次のように与えられている．
$$z = a+bi = r(\cos\alpha + i\sin\alpha), \quad |z| = r, \quad \arg z = \alpha$$
および
$$w = c+di = \rho(\cos\beta + i\sin\beta), \quad |w| = \rho, \quad \arg w = \beta$$
この2つの複素数を演算したときの重要な性質を説明する．

0.5.1　和と差

以前に例で示した計算を，式でかいてみると
$$z \pm w = (a+bi) \pm (c+di) = a+bi \pm c \pm di = (a\pm c)+(b\pm d)i$$

(複号同順)

0.5 2つの複素数

複号とは ± のことであり，複号同順とは上にかいてある記号だけを採用した式と，下にかいてある記号だけを採用した式のみ成立するということである．上にある記号と，下にある記号の組み合わせはないということである．

和は図 0.6 のようになる．つまり，複素平面上で，原点, $z, z+w, w$ は，平行四辺形の頂点を形成する．このことは平面ベクトルと同じである．ただし，複素平面では平行移動したものを同じものとはみなさない．

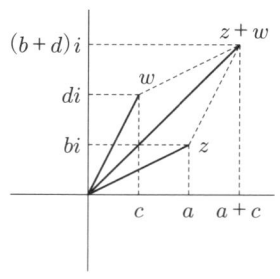

図 0.6

0.5.2 積

積の場合も，文字式でかいてみることができる．

$$zw = (a+bi)(c+di) = ac + bci + adi + bdi^2 = ac - bd + (bc+ad)i$$

しかし，積と商の場合には，極形式でかいた方が重要な性質が分かる．

$$\begin{aligned}
zw &= r(\cos\alpha + i\sin\alpha)\rho(\cos\beta + i\sin\beta) \\
&= r\rho(\cos\alpha + i\sin\alpha)(\cos\beta + i\sin\beta) \\
&= r\rho(\cos\alpha\cos\beta + i\sin\alpha\cos\beta + i\cos\alpha\sin\beta + i^2\sin\alpha\sin\beta) \\
&= r\rho\{\cos\alpha\cos\beta - \sin\alpha\sin\beta + i(\sin\alpha\cos\beta + \cos\alpha\sin\beta)\} \\
&= r\rho\{\cos(\alpha+\beta) + i\sin(\alpha+\beta)\} \quad (0.6)
\end{aligned}$$

ここで，三角関数の加法定理を使った．最後の式は極形式になっているので，中かっこ { の前にあるのが絶対値である．したがって

$$\boxed{|zw| = r\rho = |z||w|} \quad (0.7)$$

となる．言葉で言うと，2つの複素数の積の絶対値はそれぞれの複素数の絶対値の積である．また sin や cos の後にある角が偏角であるので

$$\boxed{\arg(zw) = \alpha + \beta = \arg z + \arg w} \quad (0.8)$$

となる．つまり，2つの複素数の積の偏角はそれぞれの複素数の偏角の和となる．z に w を掛けることは，

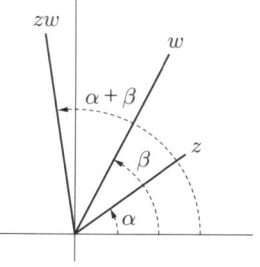

図 0.7

複素平面上では，$|z|$ を $|w|$ 倍し，原点と z を結ぶ線分を $\arg w$ だけ回転させたものになる．

0.5.3 商

今度は商についてみてみよう．まず文字で計算してみると

$$\frac{z}{w} = \frac{a+bi}{c+di} = \frac{(a+bi)(c-di)}{(c+di)(c-di)}$$
$$= \frac{ac+bci-adi-bdi^2}{c^2-(di)^2} = \frac{ac+bd+(bc-ad)i}{c^2+d^2}.$$

また，極形式でかくと

$$\frac{z}{w} = \frac{r(\cos\alpha + i\sin\alpha)}{\rho(\cos\beta + i\sin\beta)}$$
$$= \frac{r}{\rho}\frac{(\cos\alpha + i\sin\alpha)(\cos\beta - i\sin\beta)}{(\cos\beta + i\sin\beta)(\cos\beta - i\sin\beta)}$$
$$= \frac{r}{\rho}\frac{\cos\alpha\cos\beta + i\sin\alpha\sin\beta - i\cos\alpha\sin\beta - i^2\sin\alpha\sin\beta}{\cos^2\beta - i^2\sin^2\beta}$$
$$= \frac{r}{\rho}\frac{\cos\alpha\cos\beta + \sin\alpha\sin\beta + i(\sin\alpha\cos\beta - \cos\alpha\sin\beta)}{\cos^2\beta + \sin^2\beta}$$
$$= \frac{r}{\rho}\frac{\cos(\alpha-\beta) + i\sin(\alpha-\beta)}{1}$$
$$= \frac{r}{\rho}\{\cos(\alpha-\beta) + i\sin(\alpha-\beta)\}. \tag{0.9}$$

これも極形式になっているので，絶対値と偏角がすぐ分かる．

$$\boxed{\left|\frac{z}{w}\right| = \frac{r}{\rho} = \frac{|z|}{|w|}} \tag{0.10}$$

すなわち 2 つの複素数の商の絶対値は，それぞれの複素数の絶対値の商である．また，

$$\boxed{\arg\left(\frac{z}{w}\right) = \alpha - \beta = \arg z - \arg w} \tag{0.11}$$

すなわち 2 つの複素数の商の偏角は，分子の偏角から分母の偏角を引いたものである．

0.6 ド・モアブルの公式

以上の性質を使って，複素数 z の n 乗，つまり z^n の極形式の公式が求められる．ただし，ここでは n は整数に限る．つまり $n = 0, \pm 1, \pm 2, \pm 3, \cdots\cdots$ である．

0.6 ド・モアブルの公式

(0.6) において，$w = z$ のとき，つまり

$$\alpha = \beta = \theta, \ r = \rho$$

のときを考えると次のようになる．

$$zw = z^2 = r^2 \left\{ \cos(\theta + \theta) + i \sin(\theta + \theta) \right\} = r^2 (\cos 2\theta + i \sin 2\theta)$$

次に，(0.6) において，$w = z^2$ のとき，つまり

$$\alpha = \theta, \ \beta = 2\theta, \ \rho = r^2$$

のときを考えると次のようになる．

$$zw = z^3 = rr^2 \left\{ \cos(\theta + 2\theta) + i \sin(\theta + 2\theta) \right\} = r^3 (\cos 3\theta + i \sin 3\theta)$$

さらに (0.6) において，$w = z^3$ のとき，つまり

$$\alpha = \theta, \ \beta = 3\theta, \ \rho = r^3$$

のときを考えると

$$zw = z^4 = rr^3 \left\{ \cos(\theta + 3\theta) + i \sin(\theta + 3\theta) \right\} = r^4 (\cos 4\theta + i \sin 4\theta)$$

となる．

したがって，次の公式が成り立つ．

---**ド・モアブルの公式**---

$$z^n = \{r(\cos\theta + i\sin\theta)\}^n = r^n (\cos n\theta + i \sin n\theta) \qquad (n = 0, \pm 1, \pm 2, \cdots\cdots) \tag{0.12}$$

ここでは n が正の整数のときのみ考えたが，負の整数の場合も，(0.9) を使うと成立することが分かる．

(0.9) において

$$\alpha = 0, \ r = 1 \text{ つまり } z = 1 \text{ とおくと}$$

$$\frac{1}{w} = \frac{1}{\rho} \left\{ \cos(0 - \beta) + i \sin(0 - \beta) \right\}$$

$$= \frac{1}{\rho} \left\{ \cos(-\beta) + i \sin(-\beta) \right\}$$

つまり z でかくと
$$\frac{1}{z} = \frac{1}{r}\{\cos(-\alpha) + i\sin(-\alpha)\}$$
であるので
$$z^{-n} = \frac{1}{z^n} = \left[\frac{1}{r}\{\cos(-\alpha) + i\sin(-\alpha)\}\right]^n = \frac{1}{r^n}\{\cos(-n\alpha) + i\sin(-n\alpha)\}$$
となる．

例題 0.5 $(-1+\sqrt{3}i)^{10}$ をド・モアブルの公式を使って計算せよ．

（**解**）

絶対値　$r = |-1+\sqrt{3}i| = \sqrt{(-1)^2 + (\sqrt{3})^2} = \sqrt{1+3} = \sqrt{4} = 2$

また，図 0.5 より

偏角　$\theta = \arg(z) = \dfrac{2}{3}\pi + 2n\pi \qquad (n = 0, \pm 1, \pm 2, \cdots)$

であることが分かる．極形式でかくと
$$-1+\sqrt{3}i = 2\left\{\cos\left(\frac{2}{3}\pi + 2n\pi\right) + i\sin\left(\frac{2}{3}\pi + 2n\pi\right)\right\}$$
と書ける．ド・モアブルの公式を使うと

$$
\begin{aligned}
(-1+\sqrt{3}i)^{10} &= \{r(\cos\theta + i\sin\theta)\}^{10} = r^{10}\{\cos 10\theta + i\sin 10\theta\} \\
&= 2^{10}\left\{\cos 10\left(\frac{2}{3}\pi + 2n\pi\right) + i\sin 10\left(\frac{2}{3}\pi + 2n\pi\right)\right\} \\
&= 2^{10}\left\{\cos\left(\frac{20}{3}\pi + 20n\pi\right) + i\sin\left(\frac{20}{3}\pi + 20n\pi\right)\right\} \\
&= 2^{10}\left\{\cos\left(\frac{20}{3}\pi\right) + i\sin\left(\frac{20}{3}\pi\right)\right\} \\
&= 2^{10}\left\{\cos\left(\frac{2}{3}\pi + 6\pi\right) + i\sin\left(\frac{2}{3}\pi + 6\pi\right)\right\} \\
&= 2^{10}\left\{\cos\left(\frac{2}{3}\pi\right) + i\sin\left(\frac{2}{3}\pi\right)\right\} \\
&= 2^{10}\left(-\frac{1}{2} + i\frac{\sqrt{3}}{2}\right)
\end{aligned}
$$

$$= 2^{10}\left(\frac{-1+\sqrt{3}i}{2}\right)$$
$$= 1024 \times \left(\frac{-1+\sqrt{3}i}{2}\right) = 512(-1+\sqrt{3}i)$$

となる. □

ここで $\sin\theta$ や $\cos\theta$ は，周期が 2π の周期関数であるということを使った．10 回掛け算をするよりは，少し計算が楽になるのが分かる．

問 3 ド・モアブルの公式を用いて，次の複素数の計算をせよ．
(1) $z = -\sqrt{2} + \sqrt{2}i$ のとき，z^6 　　(2) $z = 1 - \sqrt{3}i$ のとき，z^5
(3) $z = \sqrt{3} - i$ のとき，$\left(\dfrac{z}{|z|}\right)^{20}$

0.7 共役複素数

z の**共役**（きょうやく）**複素数**とは，z の虚部の符号を変えたものであり，$\bar{z}$ で表す．式でかくと x と y を実数とするとき

$$\boxed{z = x + yi \quad \text{ならば} \quad \bar{z} = x - yi} \tag{0.13}$$

である．z の上の棒を虚部の符号を変えるという操作を意味する記号と思えばよい．これによると，$\bar{z}$ の虚部 $-y$ の符号を変えて y にしたものが，$\bar{z}$ に共役な複素数であるから

$$\boxed{\bar{\bar{z}} = \overline{x - yi} = x + yi = z} \tag{0.14}$$

という公式が成り立つ．また

$$\boxed{|\bar{z}| = \sqrt{x^2 + (-y)^2} = \sqrt{x^2 + y^2} = |z| = r} \tag{0.15}$$

となる．

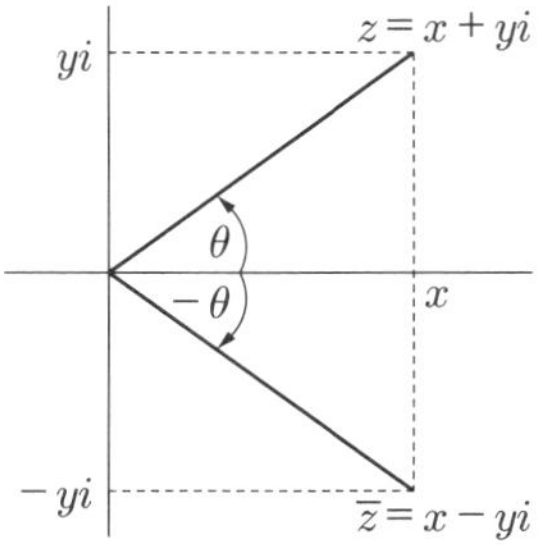

図 0.8

また z と $\bar{z}$ は，複素平面上で実軸に関して対称である．つまり，この 2 つの複素数の点は実軸からの距離が等しく，実軸を挟んでちょうど反対側になる．すると実軸と z のなす角と，実軸と $\bar{z}$ 軸のなす角度の大きさは同じで，向きが反対であるから

$$\boxed{\arg\overline{z} = -\arg z = -\theta} \tag{0.16}$$

となる．すなわち極形式でかくと

$$z = r(\cos\theta + i\sin\theta) \quad ならば \quad \overline{z} = r\{\cos(-\theta) + i\sin(-\theta)\} \tag{0.17}$$

である．

この共役複素数をとる操作と積や商との関係を見てみることにしよう．いま 2 つの複素数があるとする．

$$z = r(\cos\theta + i\sin\theta), \qquad w = \rho(\cos\beta + i\sin\beta)$$

これらの共役複素数は，絶対値は同じで，偏角は符号を変えるのであるから

$$\overline{z} = r\{\cos(-\theta) + i\sin(-\theta)\}, \ \overline{w} = \rho\{\cos(-\beta) + i\sin(-\beta)\}$$

となる．2 つの複素数の積では，絶対値は元の 2 つの複素数の絶対値の積であり，偏角は元の複素数の偏角の和になるので

$$zw = r\rho\{\cos(\theta+\beta) + i\sin(\theta+\beta)\}$$

したがって，この式の共役複素数は，絶対値は同じで偏角の符号が変わるので

$$\overline{zw} = r\rho[\cos\{-(\theta+\beta)\} + i\sin\{-(\theta+\beta)\}]$$

となる．また，共役複素数同士の積については，同じく積の法則を適応すると

$$\overline{z}\,\overline{w} = r\{\cos(-\theta) + i\sin(-\theta)\}\rho\{\cos(-\beta) + i\sin(-\beta)\}$$
$$= r\rho[\cos\{-(\theta+\beta)\} + i\sin\{-(\theta+\beta)\}]$$

となる．ゆえに

$$\boxed{\overline{zw} = \overline{z}\,\overline{w}} \tag{0.18}$$

となる．言葉で言うと，掛け算をしてから共役複素数をとったものと，最初に共役複素数をとってから掛け算したものと，結果は同じであるということである．商の場合も同じようにして

$$\boxed{\overline{\left(\frac{z}{w}\right)} = \frac{\overline{z}}{\overline{w}}} \tag{0.19}$$

が示せる．

また
$$z\bar{z} = (x+yi)(x-yi) = x^2 - (yi)^2 = x^2 + y^2 = |z|^2$$
であるので
$$\boxed{|z|^2 = z\bar{z} \quad \text{または} \quad |z| = \sqrt{z\bar{z}}} \tag{0.20}$$
という公式はよく使われる．

> **問 4** 次の計算をせよ．
> (1) $z = -2 - 4i$ のとき，$z\bar{z}$　　(2) $z = 3 + 5i$ のとき，$z + z\bar{z}$
> (3) $z = 2 - 3i$ のとき，$z\bar{z} - 2\bar{z}$

0.8 複素平面上の距離と円

xy 平面上の 2 点 $A(a,b)$ と $B(c,d)$ の間の距離 D は，ピタゴラスの定理を用いて次の公式で与えられることはよく知られている．

$$D = \sqrt{(c-a)^2 + (d-b)^2} \tag{0.21}$$

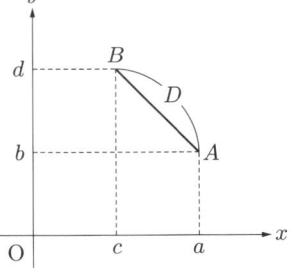

図 **0.9**

では，2 つの複素数 z, w に対応する，複素平面上の 2 点の間の距離 l は，複素数を使ってどのようにかけるかを考えてみよう．複素平面といっても，もとは (x,y) 平面なのである．(a,b) と $z = a + bi$，(c,d) と $w = c + di$ が同じ点なので

$$l = D = \sqrt{(c-a)^2 + (d-b)^2} \tag{0.22}$$

となるはずである．この右辺の式を，複素数 z, w でどのように表すかという問題である．

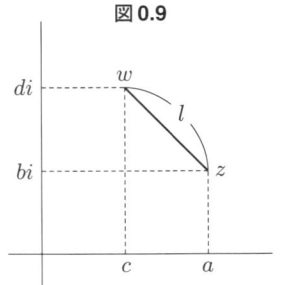

図 **0.10**

$$|z - w| = \sqrt{(a-c)^2 + (b-d)^2}$$
$$= \sqrt{(c-a)^2 + (d-b)^2} \tag{0.23}$$

となり，2 つの複素数の複素平面上での距離は

$$l = |z - w| \tag{0.24}$$

とかけることが分かる．

この関係式を使うと，複素平面上での円の方程式を導くことができる．複素平面で，円の中心の複素数が α で半径が r であるとする．z が円周上にあるとすると，z と α の間の距離が r であるので

$$\boxed{|z - \alpha| = r} \tag{0.25}$$

となる．このとき，絶対値記号の中の z の係数が 1 であることに注意しよう．

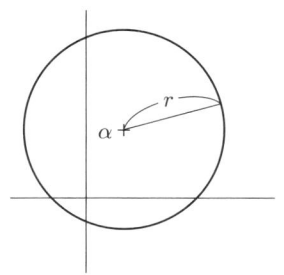

図 0.11

例題 0.6 次の式で表される円の中心と半径を求めて，複素平面上に図示せよ．

$$|2z - 2 + 6i| = 4$$

(**解**) この式を，次のように変形する．

$$|2\{z - (1 - 3i)\}| = 4$$
$$|2||z - (1 - 3i)| = 4$$
$$|z - (1 - 3i)| = 2$$

したがって，これは，中心が $1 - 3i$ で，半径が 2 の円を表すことが分かる． □

いま $z = x + yi$（x, y は実数）とおくと，この式は

$$|z - (1 - 3i)| = |x + yi - 1 + 3i|$$
$$= |x - 1 + (y + 3)i|$$
$$= \sqrt{(x-1)^2 + (y+3)^2} = 2$$

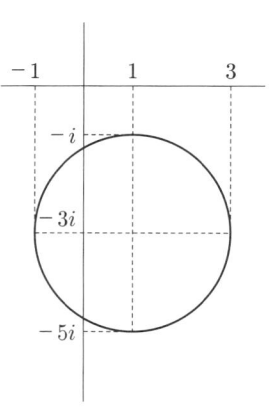

図 0.12

したがって，これを 2 乗すれば

$$(x - 1)^2 + (y + 3)^2 = 2^2$$

これは，xy 平面上で $(1, -3)$ を中心とする半径 2 の円を表す．

問 5 次の円の半径 r と，中心を表す複素数 α を求めよ．また，円の概形を複素平面上にかけ．
  (1) $|z - 3 + 2i| = 3$　　(2) $|2z + 3 - 2i| = 4$　　(3) $|3z - 6 + 4i| = 6$

0.9 オイラーの公式

複素数の関数については，後の章でくわしく勉強することとなる．しかし，複素関数について本格的に勉強しない人でも，このオイラーの公式は知っておくと便利なことが多いので，ここに，その簡単な性質を述べておくことにする．

e^y の $y = 0$ の周りのテイラー級数は

$$e^y = 1 + y + \frac{y^2}{2!} + \frac{y^3}{3!} + \frac{y^4}{4!} + \frac{y^5}{5!} + \cdots \tag{0.26}$$

である．この式に，形式的に $y = ix$ を代入すると

$$\begin{aligned} e^{ix} &= 1 + ix + \frac{(ix)^2}{2!} + \frac{(ix)^3}{3!} + \frac{(ix)^4}{4!} + \frac{(ix)^5}{5!} + \cdots \\ &= 1 + ix - \frac{x^2}{2!} - i\frac{x^3}{3!} + \frac{x^4}{4!} + i\frac{x^5}{5!} + \cdots \\ &= 1 - \frac{x^2}{2!} + \frac{x^4}{4!} + \cdots + i\left(x - \frac{x^3}{3!} + \frac{x^5}{5!} + \cdots\right) \end{aligned} \tag{0.27}$$

ところで

$$\cos x = 1 - \frac{x^2}{2!} + \frac{x^4}{4!} + \cdots \tag{0.28}$$

$$\sin x = x - \frac{x^3}{3!} + \frac{x^5}{5!} + \cdots \tag{0.29}$$

であるから，(0.27) の実部と虚部にこれらの式を使って次が導かれる．

オイラーの公式
$$e^{ix} = \cos x + i \sin x \tag{0.30}$$

これが**オイラーの公式**である．このとき，(0.26) は実数についての式なのに，そこに複素数を代入してよいのかという疑問が起こると思う．これに答えるには複素関数の知識が必要であるが，今のところ，(0.26) は y が複素数のときにも成立する式である，と言っておく．

このオイラーの公式を使うと，極形式 (0.3) が $z = re^{i\theta}$ とかける．

例題 0.7 (0.30) を使って，次の値をそれぞれ求めよ．

$$e^{2\pi i}, \ e^{\frac{\pi}{2}i}, \ e^{-\frac{\pi}{6}i}$$

（解）

$$e^{2\pi i} = \cos 2\pi + i \sin 2\pi = 1 + i \times 0 = 1$$

$$e^{\frac{\pi}{2}i} = \cos \frac{\pi}{2} + i \sin \frac{\pi}{2} = 0 + i \times 1 = i$$

$$e^{-\frac{\pi}{6}i} = \cos\left(-\frac{\pi}{6}\right) + i \sin\left(-\frac{\pi}{6}\right) = \cos \frac{\pi}{6} - i \sin \frac{\pi}{6} = \frac{\sqrt{3}}{2} - \frac{1}{2}i \quad \square$$

また，$\sin x, \cos x$ ともに，周期が 2π の周期関数であるから

$$e^{i(x+2\pi)} = \cos(x + 2\pi) + i \sin(x + 2\pi) = \cos x + i \sin x \tag{0.31}$$

となり，e^{ix} の周期も 2π であることが分かる．

例題 0.8 $e^{\frac{11}{2}\pi i}$ を，e^{ix} の周期が 2π であることを使って計算せよ．

（解）

$$e^{\frac{11}{2}\pi i} = e^{\frac{8+3}{2}\pi i} = e^{4\pi i + \frac{3}{2}\pi i} = e^{\frac{3}{2}\pi i} = \cos \frac{3}{2}\pi + i \sin \frac{3}{2}\pi = 0 + i \times (-1) = -i$$

$\square$

問 6 次の値を求めよ．
 (1) $e^{-\frac{\pi}{3}i}$ 　(2) $e^{\frac{25}{6}\pi i}$ 　(3) $e^{-\frac{31}{2}\pi i}$

さらに，このオイラーの公式から導かれるよく使われる公式を説明しよう．オイラーの公式では，x は実数なら何でもよい．$-x$ も実数であるから，$x \to -x$ と置き換えた式も成り立つ．

$$e^{-xi} = \cos(-x) + i \sin(-x) = \cos x - i \sin x \tag{0.32}$$

(0.30) と (0.32) を左辺は左辺同士，右辺は右辺同士加えて，2 で割ると

$$\frac{1}{2}(e^{ix} + e^{-ix}) = \frac{1}{2}\{\cos x + i \sin x + (\cos x - i \sin x)\} = \frac{1}{2} \times 2\cos x = \cos x$$

0.9 オイラーの公式

また，(0.30) から (0.32) を左辺は左辺同士，右辺は右辺同士引いて，$2i$ で割ると

$$\frac{1}{2i}(e^{ix} - e^{-ix}) = \frac{1}{2i}\{\cos x + i\sin x - (\cos x - i\sin x)\} = \frac{1}{2i} \times 2i\sin x = \sin x$$

とる．このように，純虚数の指数関数で三角関数を表すことができる．

$$\boxed{\cos x = \frac{1}{2}(e^{ix} + e^{-ix}), \qquad \sin x = \frac{1}{2i}(e^{ix} - e^{-ix})} \tag{0.33}$$

この公式もよく計算に使われる．次に関数 e^{ix} の微分を考えてみる．

$$\begin{aligned}
\frac{d}{dx}e^{ix} &= \lim_{h \to 0} \frac{e^{i(x+h)} - e^{ix}}{h} \\
&= \lim_{h \to 0} \frac{\cos(x+h) + i\sin(x+h) - (\cos x + i\sin x)}{h} \\
&= \lim_{h \to 0} \frac{\cos(x+h) - \cos x + i(\sin(x+h) - \sin x)}{h} \\
&= \lim_{h \to 0} \frac{\cos(x+h) - \cos x}{h} + i\lim_{h \to 0} \frac{\sin(x+h) - \sin x}{h} \\
&= \frac{d}{dx}\cos x + i\frac{d}{dx}\sin x = -\sin x + i\cos x = i^2 \sin x + i\cos x \\
&= i(\cos x + i\sin x) = ie^{ix}
\end{aligned}$$

つまり

$$\boxed{\frac{d}{dx}e^{ix} = ie^{ix}} \tag{0.34}$$

となる．これは実数関数の微分の公式で

$$\frac{d}{dx}e^{ax} = ae^{ax} \qquad (\text{ただし } a \text{ は実数の定数})$$

と同じ形をしているので，実数の微分の公式を覚えている人にとってはなじみ深い．また i を定数と思うと

$$\frac{d}{dx}\frac{e^{ix}}{i} = \frac{1}{i}\frac{d}{dx}e^{ix} = \frac{1}{i} \times ie^{ix} = e^{ix}$$

となる．e^{ix} の不定積分は，微分すると e^{ix} になるもののことであるから

$$\boxed{\int e^{ix} dx = \frac{e^{ix}}{i} + C} \qquad (C \text{ は定数}) \tag{0.35}$$

となる．これも，実数の積分の公式

$$\int e^{ax} dx = \frac{e^{ax}}{a} + C \qquad (C \text{ は定数})$$

とよく似ているので使いやすい．$\sin x$ や $\cos x$ は，微分したり積分したりすると，$\sin x$ が $\cos x$ なったり，マイナスの符号がついたりと，ややこしい．しかし，指数関数の微分積分は三角関数よりは簡単であるので，このように $\sin x$ や $\cos x$ を指数関数で書き換えることができると，計算しやすいのである．

例題 0.9 次の積分を，オイラーの公式を使って求めよ．

$$\int e^x \sin x dx, \qquad \int e^x \cos x dx$$

(**解**) この積分は，部分積分法を 2 回適用してやると，もとと同じ積分が出てきて不定積分が求まるということを勉強したと思う．これをオイラーの公式を使って求めてみよう．実数の場合と同じような公式が成立するので，

$$\int e^{(1+i)x} dx = \frac{e^{(1+i)x}}{1+i} + C \qquad (C \text{ は定数}) \qquad (0.36)$$

ここで

$$\frac{1}{1+i} = \frac{1-i}{(1+i)(1-i)} = \frac{1-i}{1-i^2} = \frac{1-i}{2}$$
$$e^{(1+i)x} = e^x e^{ix} = e^x (\cos x + i \sin x)$$

であるので，(0.36) の右辺にある式は次のようになる．

$$\begin{aligned}
\frac{1}{1+i} e^{(1+i)x} &= \frac{1-i}{2} e^x (\cos x + i \sin x) \\
&= \frac{1}{2} e^x (\cos x + i \sin x - i \cos x - i^2 \sin x) \\
&= \frac{1}{2} e^x (\cos x + \sin x + i(\sin x - \cos x)) \\
&= \frac{1}{2} e^x (\cos x + \sin x) + \frac{1}{2} e^x (\sin x - \cos x) i
\end{aligned}$$

ここで

$$C = C_1 + iC_2 \qquad (C_1, C_2 \text{ は実数定数})$$

とおくと，(0.36) の右辺は

$$\frac{1}{2}e^x(\cos x + \sin x) + C_1 + \left\{\frac{1}{2}e^x(\sin x - \cos x) + C_2\right\}i$$

となる．一方，左辺は

$$\int e^{(1+i)x}dx = \int e^x(\cos x + i\sin x)\,dx = \int e^x \cos x dx + i\int e^x \sin x dx$$

とかけるので，結局 (0.36) は

$$\int e^{(1+i)x}dx = \int e^x(\cos x + i\sin x)\,dx = \int e^x \cos x dx + i\int e^x \sin x dx$$
$$= \frac{1}{2}e^x(\cos x + \sin x) + C_1 + \left\{\frac{1}{2}e^x(\sin x - \cos x) + C_2\right\}i$$

となる．実部同士，虚部同士が等しいとおくと

$$\int e^x \cos x dx = \frac{1}{2}e^x(\cos x + \sin x) + C_1$$
$$\int e^x \sin x dx = \frac{1}{2}e^x(\sin x - \cos x) + C_2$$

となって，部分積分法を 2 回適用した場合と同じ結果が得られる． □

問7 オイラーの公式を使って，次の積分を計算せよ．
$$\int e^{2x}\sin 3x dx, \qquad \int e^{2x}\cos 3x dx$$

第1章 常微分方程式

1.1 微分方程式とは

　未知関数とその導関数を含む方程式を**微分方程式**という．未知関数を表す独立変数が1つのとき**常微分方程式**という（変数が2個以上であり，偏導関数を含む方程式を偏微分方程式という）．また微分方程式に含まれる導関数の最高次数を微分方程式の**階**という．

　本章では常微分方程式を学習する．しかし単に微分方程式と記す場合があるので注意すること．

例 1.1　(1)　自由落下する物体の，時刻 t における原点からの距離を y $(y>0)$ とする．重力加速度を g とすれば物体の運動は

$$\frac{d^2 y}{dt^2} = g \tag{1.1}$$

という2階常微分方程式で表される．両辺を変数 t で不定積分すると

$$\frac{dy}{dt} = gt + v_0 \quad (v_0 \text{ は定数}) \tag{1.2}$$

となる．さらに不定積分すると

$$y = \frac{1}{2}gt^2 + v_0 t + C \quad (C \text{ は定数}) \tag{1.3}$$

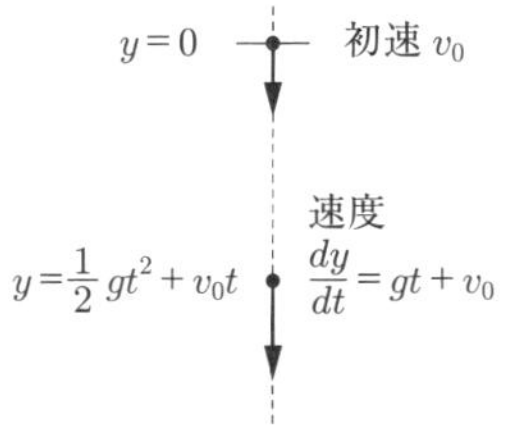

である．式 (1.3) のように関数 y を導関数を使わずに表したものを微分方程式の解という．

図 1.1　$C=0$ の場合

　条件が与えられた場合の解を考えよう．時刻 $t=0$ のとき，式 (1.2) の右辺は v_0 である．ゆえに定数 v_0 は初速を表す．時刻 $t=0$ のとき，式 (1.3) の右辺は C で

21

ある．ゆえに定数 C は物体の初期位置を表す．この例では原点が初期位置であるから $C = 0$ であり，微分方程式の解は

$$y = \frac{1}{2}gt^2 + v_0 t$$

となる．さらに初速 $v_0 = 0$ ならば，解は次のようになる．

$$y = \frac{1}{2}gt^2 \tag{1.4}$$

式 (1.3) のように任意の定数を用いて表された解を**一般解**という．式 (1.4) のように特定の定数に対する解を**特殊解**という．

(2) 原点中心，半径 c $(c > 0)$ の円 $x^2 + y^2 = c^2$ を考えよう．y を x の関数とみなすとき，両辺を x で微分した式

$$2x + 2y\frac{dy}{dx} = 0, \quad \text{両辺を2で割り} \quad x + y\frac{dy}{dx} = 0 \quad (x + yy' = 0) \tag{1.5}$$

は，円を表す 1 階常微分方程式である．またあらゆる半径 c に対し同様に計算できるため，微分方程式 (1.5) は**円群の方程式**とも呼ばれる．

さらに変形した式

$$\frac{y}{x}\frac{dy}{dx} = -1 \tag{1.6}$$

は，円の接線が半径に垂直であることを示している．項 y/x が円の中心と点 (x, y) とを結ぶ半径の傾きを示し，項 dy/dx が円周上の点 (x, y) での接線の傾きを示すからである．

逆に微分方程式 (1.5)（または (1.6)）の解は，$x^2 + y^2 = c^2$ であると考えることができる．"$y =$" の形ではないが，円の微分方程式をみたすので解と呼ばれる． □

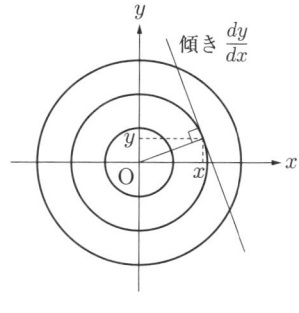

図 1.2

注意 1.2 導関数 dy/dx, dy/dt を y' と表すことがある．また導関数 d^2y/dx^2, d^2y/dt^2 を y'' と表すことがある．

問 1 次の微分方程式を解け．
(1) $y' = 2$ （y は t の関数） (2) $y'' = 9.8$ （y は x の関数）
(3) $\dfrac{d^3 y}{dx^3} = a$ （a は定数）

問 2 次の曲線を表す微分方程式を求めよ．ただし c, p を任意の定数とする．
(1) 円 $(x-1)^2 + (y-2)^2 = c^2 \ (c > 0)$ (2) 楕円 $\dfrac{x^2}{9} + \dfrac{y^2}{4} = c^2 \ (c > 0)$
(3) 双曲線 $\dfrac{x^2}{16} - \dfrac{y^2}{9} = c^2 \ (c > 0)$ (4) 放物線 $y^2 = 4px \ (p > 0)$

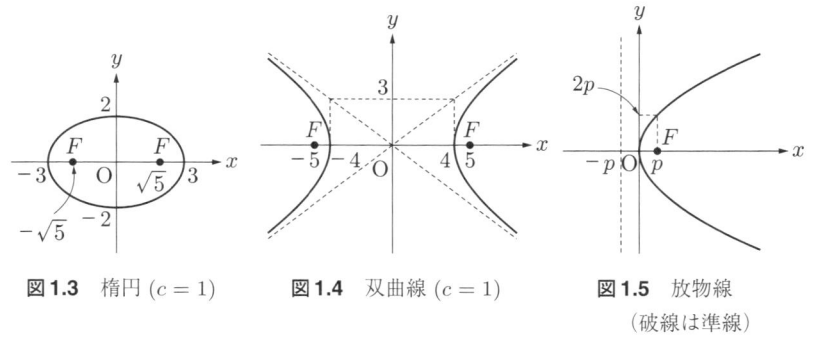

図 1.3 楕円 ($c = 1$) **図 1.4** 双曲線 ($c = 1$) **図 1.5** 放物線
（破線は準線）

微分方程式を使えば "変化率" や "接線の傾き" についての関係式を容易に表すことができる．

問 3 次の性質をもつ曲線または関係を微分方程式で表せ．
(1) 曲線 S 上の各点 P における接線が線分 AP に直交するときの，曲線 S（ただし点 A の座標を $(3, -1)$ とする）を表せ．
(2) 総量 y の変化率が各時刻での y に比例する物質に対し，時刻 t と総量 y との関係を表せ．
(3) 個数 y の増加率が各時刻での y の 2 乗に比例する微生物に対し，時刻 t と個数 y との関係を表せ．

1.2 変数分離形

微分方程式の"形"と対応する解法を各節にて説明する．
次の形の微分方程式を**変数分離形微分方程式**と呼ぶ．

$$g(y)\frac{dy}{dx} = f(x) \quad \left(\text{または}\frac{dy}{dx} = \frac{f(x)}{g(y)}\right)$$

─ 変数分離形の解法 ─

$$g(y)dy = f(x)dx \quad :\text{変数を分離}$$
$$\int g(y)dy = \int f(x)dx + C : \text{両辺を積分}$$

[**解説**] 式 $g(y)dy/dx = f(x)$ の両辺を x で積分すると

$$\int g(y)\frac{dy}{dx}dx = \int f(x)dx + C$$

である．置換積分の公式を用いると $\int g(y)dy = \int f(x)dx + C$ が得られる． □

注意 1.3 式 $dy/dx = f(x)/g(y)$ が与えられる場合，明らかに $(x \text{の式})/(y \text{の式})$ と分かる形のみが $f(x)/g(y)$ であるとは限らない．式

$$\frac{(x+1)y}{xe^y}$$

は，

$$f(x) = \frac{x+1}{x}, \quad g(y) = \frac{e^y}{y}$$

とすれば，$f(x)/g(y)$ の形とみなされる．

注意 1.4 不定積分の任意定数 C_1, C_2 を

$$\int g(y)dy + C_1 = \int f(x)dx + C_2$$

のように両辺へ置いてもよい．しかし C_1 を右辺へ移項し $C_2 - C_1 = C$ のようにまとめることができる．以後もできる限り少ない個数の定数を用いる．

1.2 変数分離形

例題 1.5 次の微分方程式を解け.

(1) $\dfrac{dy}{dx} = -2xy$ (2) $(3+x)y' = 2+y$

（**解**）(1) 変数を分離し，両辺を積分すると

$$\frac{1}{y}dy = -2xdx, \quad \int \frac{1}{y}dy = -2\int xdx + C \quad (C \text{ は任意の定数}),$$

$$\log y = -x^2 + C.$$

対数の定義より

$$y = e^{-x^2+C} = Ae^{-x^2} \quad (A = e^C \text{ とおく})$$

となる．一般解は

$$y = Ce^{-x^2} \quad (C \text{ は任意の定数})$$

である（文字 A を C へ再度置き換えた）．

(2) $y' = dy/dx$ である．変数を分離し，両辺を積分すると

$$\frac{1}{2+y}dy = \frac{1}{3+x}dx, \quad \int \frac{1}{2+y}dy = \int \frac{1}{3+x}dx + C \quad (C \text{ は任意の定数}),$$

$$\log(2+y) = \log(3+x) + C.$$

ここで，$C = \log e^C$ より $\log(2+x) = \log e^C(3+x)$ となる．ゆえに

$$2+y = e^C(3+y) = A(3+x) \quad (A = e^C \text{ とおく}).$$

一般解は

$$y = C(3+x) - 2 \quad (C \text{ は任意の定数})$$

$$(\text{または } y = Cx + 3C - 2 \quad (C \text{ は任意の定数}))$$

である（$3C-2$ を文字 C, A, B などへ置き換えてはいけない．"x の係数の 3 倍から 2 を減じたもの"という，定数項の性質を説明できなくなる）． □

以下の説明では "C（または A）は任意の定数" という記述を省略する.

> **注意 1.6** 不定積分が対数となる場合，本来なら絶対値記号を用い
>
> $$\log|y|, \quad \log|2+y|, \quad \log|3+x|$$
>
> などと記すべきである．しかし絶対値内を正・負の場合に分けて計算しても任意定数 C が異符号の，同じ形が導かれる．ゆえに常微分方程式の求解では対数の絶対値記号を省略することが多い．

問 4 次の微分方程式を解け．
(1) $\dfrac{dy}{dx} = \dfrac{x}{y}$ 　　(2) $\dfrac{dy}{dx} = -\dfrac{b^2 x}{a^2 y}$
(3) $\dfrac{dy}{dx} = xy^2$ 　　(4) $(x+1)\dfrac{dy}{dx} = y - 4$

問 5 次の微分方程式を解け．
(1) $x^2 y' = 1 - y$ 　　(2) $2xyy' = y^2 + 1$

1.3 同次形

次の形の微分方程式を**同次形微分方程式**と呼ぶ．

$$\dfrac{dy}{dx} = f\left(\dfrac{y}{x}\right)$$

―**同次形の解法**―

変数変換

$$v = \dfrac{y}{x} \quad \text{すなわち} \quad y = vx, \quad \text{および} \quad y' = v'x + v$$

により変数分離形へ変形する．

上の解法において y', v' は，y, v をそれぞれ x の関数と考えるときの導関数である．

1.3 同次形

問6
$y = vx$ とおくとき $y' = v'x + v$ となることを説明せよ．

例題 1.7 次の微分方程式を解け．
$$\frac{dy}{dx} = \frac{2xy}{x^2 - y^2}$$

（**解**）（右辺）$= \dfrac{2(y/x)}{1-(y/x)^2} = \dfrac{2v}{1-v^2}$ である．この式と $y' = v'x + v$ を与式へあてはめ整理すると

$$\frac{(1-v^2)dv}{v(1+v^2)} = \frac{dx}{x} \quad : 変数分離形$$

となる．両辺を積分すると

$$\int \frac{1-v^2}{v(1+v^2)} dv = \int \frac{dx}{x} + C.$$

左辺を部分分数分解し計算を進めると次のようになる．

$$\int \left(\frac{1}{v} - \frac{2v}{1+v^2} \right) dv = \int \frac{dx}{x} + C, \ \log v - \log(1+v^2) = \log x + C,$$
$$\log \frac{v}{1+v^2} = \log x + C, \ \frac{v}{1+v^2} = Ax \quad (A = e^C とおく)$$

変数をもとに戻すため $v = y/x$ を代入すると

$$\frac{y/x}{1+(y/x)^2} = Ax, \ \text{すなわち} \ \frac{y}{x^2+y^2} = A$$

である．ゆえに一般解は

$$x^2 + y^2 = Cy \quad \left(C = \frac{1}{A} とおく \right). \qquad \square$$

問7 次の微分方程式を解け．
(1) $\dfrac{dy}{dx} = \dfrac{x^2+y^2}{xy}$ (2) $x - y + xy' = 0$ (3) $xy' = 2y - x$

1.4 線形 1 階微分方程式

次の形の微分方程式を**線形 1 階微分方程式**と呼ぶ.

$$\frac{dy}{dx} + P(x)y = Q(x) \qquad (P(x), Q(x) \text{ は } x \text{ の関数})$$

左辺に y, dy/dx の項がまとめられており,それぞれについて 1 次式である.ゆえに y についての線形微分方程式と呼ばれる.

線形 1 階微分方程式の一般解

$$y = e^{-\int P(x)dx} \left\{ \int Q(x) e^{\int P(x)dx} dx + C \right\}$$

[**解説**] もとの微分方程式の両辺に $e^{\int P(x)dx}$ を掛けると

$$\frac{dy}{dx} \cdot e^{\int P(x)dx} + yP(x)e^{\int P(x)dx} = Q(x)e^{\int P(x)dx}$$

となる.この式の左辺は,積の微分公式 $\{f(x)g(x)\}' = f'(x)g(x) + f(x)g'(x)$ の右辺を

$$f(x) = y(x), \quad g(x) = e^{\int P(x)dx}$$

としたものである.ゆえに積の微分公式の右辺から左辺への変形を考えれば

$$\left\{ y e^{\int P(x)dx} \right\}' = Q(x)e^{\int P(x)dx}$$

が成り立つ.両辺を積分すると

$$y e^{\int P(x)dx} = \int Q(x)e^{\int P(x)dx} dx + C$$

となる.両辺に $e^{-\int P(x)dx}$ を掛けると

$$y = e^{-\int P(x)dx} \left\{ \int Q(x)e^{\int P(x)dx} dx + C \right\}. \qquad \square$$

1.4 線形1階微分方程式

例題 1.8 次の微分方程式を解け．

(1) $\dfrac{dy}{dx} + \dfrac{1}{x}y = x$ (2) $y' = \dfrac{\sin 2x + y\cos x}{\sin x}$

（**解**）（1）一般解の公式より

$$y = e^{-\int \frac{1}{x}dx}\left(\int xe^{\int \frac{1}{x}dx}dx + C\right) = e^{-\log x}\left(\int xe^{\log x}dx + C\right)$$
$$= \frac{1}{x}\left(\int x \cdot x\, dx + C\right) = \frac{1}{x}\left(\int x^2 dx + C\right) = \frac{1}{x}\left(\frac{x^3}{3} + C\right).$$

ゆえに一般解は

$$y = \frac{x^2}{3} + \frac{C}{x} \qquad (\text{または } x^3 - 3xy + C = 0)$$

注意：不定積分を正確に表せば

$$y = e^{-\int \frac{1}{x}dx}\left(\int xe^{\int \frac{1}{x}dx}dx + C\right) = e^{-(\log x + C_1)}\left(\int xe^{\log x + C_1}dx + C\right)$$
$$= \frac{1}{x} \cdot e^{-C_1}\left(e^{C_1}\int x \cdot x\, dx + C\right) = \frac{1}{x}\left(\int x^2 dx + e^{-C_1}C\right)$$
$$= \frac{1}{x}\left(\frac{x^3}{3} + C\right) \qquad (e^{-C_1}C \text{ を } C \text{ とおく})$$

である．定数 C_1 は結果に現れないため，計算の最初から省略されることが多い．

(2) 2倍角の公式より

$$\frac{dy}{dx} = \frac{2\sin x \cos x + y\cos x}{\sin x}, \quad \frac{dy}{dx} - \frac{\cos x}{\sin x}y = 2\cos x$$

である．一般解の公式より

$$y = e^{\int \frac{\cos x}{\sin x}dx}\left(\int 2\cos x\, e^{-\int \frac{\cos x}{\sin x}dx}dx + C\right)$$
$$= e^{\log(\sin x)}\left(\int 2\cos x\, e^{-\log(\sin x)}dx + C\right)$$
$$= \sin x \left(2\int \frac{\cos x}{\sin x}dx + C\right) = \sin x(2\log(\sin x) + C)$$
$$= 2\sin x \cdot \log(\sin x) + C\sin x.$$

問 8 次の微分方程式を解け．
(1) $\dfrac{dy}{dx} - 2y = e^x$　　(2) $xy' + 3y = \dfrac{4}{x}$　　(3) $y' + \dfrac{2x}{x^2+1}y = \dfrac{1}{x}$

1.5 完全微分形

次の形の微分方程式を**完全微分方程式**と呼ぶ．

$$P(x,y)dx + Q(x,y)dy = 0 \quad \left(\text{ただし}\ \frac{\partial P}{\partial y} = \frac{\partial Q}{\partial x}\right)$$

完全微分方程式の一般解

$$\int_a^x P(x,y)dx + \int_b^y Q(a,y)dy = C \quad (a, b\text{ は定数})$$

注意 1.9 定数 a, b については，積分計算が容易な値（0 など）を選べばよい．定数 C は不定積分による任意の定数である．

[**解説**] 条件 $\dfrac{\partial P}{\partial y} = \dfrac{\partial Q}{\partial x}$ が成り立つとき

$$P(x,y) = \frac{\partial \psi}{\partial x}, \quad Q(x,y) = \frac{\partial \psi}{\partial y}$$

をみたす関数 $\psi(x,y)$ が存在する．実際

$$\psi(x,y) = \int_a^x P(x,y)dx + \int_b^y Q(a,y)dy \tag{1.7}$$

とおけばよい．このときもとの微分方程式は

$$\frac{\partial \psi}{\partial x}dx + \frac{\partial \psi}{\partial y}dy = d\psi = 0$$

となる（$d\psi$ は関数 $\psi(x,y)$ の全微分）．ゆえに点 (a,b) と点 (x,y) を結ぶ xy 平面上の線に沿って $d\psi = 0$ の両辺を積分すると，C を任意の定数として

$$\int d\psi = C, \quad \text{すなわち} \quad \psi = C$$

を得る．ここで ψ へ式 (1.7) をあてはめれば一般解となる．　　□

1.5 完全微分形

注意 1.10 逆にもとの微分方程式の左辺がある関数 ψ の全微分であると仮定する．このとき

$$P = \frac{\partial \psi}{\partial x}, \quad Q = \frac{\partial \psi}{\partial y}$$

と表せ

$$\frac{\partial P}{\partial y} = \frac{\partial^2 \psi}{\partial y \partial x}, \quad \frac{\partial Q}{\partial x} = \frac{\partial^2 \psi}{\partial x \partial y}$$

が成り立つ．x と y について微分の順序交換が可能であるとすれば

$$\frac{\partial P}{\partial y} = \frac{\partial Q}{\partial x}$$

となる．ゆえに次の 2 つの条件は同値である．

$$\text{``}\frac{\partial P}{\partial y} = \frac{\partial Q}{\partial x}\text{''} \iff \text{``}P(x,y)dx + Q(x,y)dy \text{ は全微分''}$$

したがって，"ある関数 ψ に対し $d\psi = P(x,y)dx + Q(x,y)dy = 0$ と表せる方程式" を完全微分方程式と呼ぶ場合も多い．

例題 1.11 微分方程式 $(x+2y^2)dx + (4xy+y)dy = 0$ を解け．

(解) $P = x + 2y^2$, $Q = 4xy + y$ とおくと

$$\frac{\partial P}{\partial y} = 4y, \quad \frac{\partial Q}{\partial x} = 4y.$$

ゆえに $\dfrac{\partial P}{\partial y} = \dfrac{\partial Q}{\partial x}$ が成り立ち，与えられた方程式は完全微分方程式である．一般解は

$$\int_0^x (x+2y^2)dx + \int_0^y (4 \cdot 0 \cdot y + y)dy = C,$$

$$\left[\frac{x^2}{2} + 2xy^2\right]_{x=0}^{x=x} + \left[\frac{y^2}{2}\right]_{y=0}^{y=y} = C, \quad \frac{x^2}{2} + 2xy^2 + \frac{y^2}{2} = C$$

すなわち

$$x^2 + 4xy^2 + y^2 = C \quad (2C \text{ を } C \text{ へ置き換えた}). \qquad \square$$

注意 1.12 先述の解法は，点 (a,b) から点 (a,y) までの線に沿う積分と，点 (a,y) から点 (x,y) までの線に沿う積分との和を用いた．しかし点 (a,b) から点 (x,y) までの積分経路を任意に選んでも完全微分方程式の一般解は等しい（厳密には，関数の定義域についての条件を必要とする）．よって点 (a,b) から点 (x,b) までの線に沿う積分と，点 (x,b) から点 (x,y) までの線に沿う積分との和を計算してもよい．例えば先の例題の場合，次の計算によっても一般解を求めることができる．

$$\int_0^x (x + 2 \cdot 0^2)dx + \int_0^y (4xy + y)dy = C$$

問 9 次の微分方程式を解け．
(1) $(x + 4y)dx + (4x - 3y)dy = 0$
(2) $(x^2 - 3xy^2)dx + (\cos y - 3x^2 y)dy = 0$

1.6 線形2階微分方程式（同次形）

次の形の定数係数線形2階微分方程式を考える．

$$y'' + a_1 y' + a_2 y = 0 \quad (a_1, a_2 \text{ は定数}) \tag{1.8}$$

式 (1.8) は y, y', y'' それぞれについて同じ次数（1次）の項からなる．ゆえに**同次微分方程式**（または**斉次微分方程式**）と呼ばれる．y'', y', y をそれぞれ t^2, t, $1 (= t^0)$ へ置き換えた方程式

$$t^2 + a_1 t + a_2 = 0 \tag{1.9}$$

を，**特性方程式**という．特性方程式の解により微分方程式 (1.8) の解を分類することができる．

$y'' + a_1 y' + a_2 y = 0$ の一般解（その1）

特性方程式 $t^2 + a_1 t + a_2 = 0$ が
(1) 異なる2つの解 α, β をもつとき：$y = C_1 e^{\alpha x} + C_2 e^{\beta x}$
(2) 重解 α をもつとき：$y = (C_1 + C_2 x)e^{\alpha x}$ （C_1, C_2 は定数）

[**解説**] (1) 特性方程式が異なる2つの解 α, β をもつとき，微分方程式 (1.8) は次のように表される．

1.6 線形2階微分方程式（同次形）

$$\left(\frac{d}{dx}-\alpha\right)\left(\frac{d}{dx}-\beta\right)y=0 \quad \text{または} \quad \left(\frac{d}{dx}-\beta\right)\left(\frac{d}{dx}-\alpha\right)y=0 \tag{1.10}$$

式 (1.10) は，式 (1.7) へ $y'=\dfrac{d}{dx}\cdot y$, $y''=\dfrac{d}{dx}\cdot\dfrac{d}{dx}\cdot y$ をあてはめ因数分解したものである．ここで $y=C_1 e^{\alpha x}$ を式 (1.10) 第2式左辺へ代入すると

$$\begin{aligned}\left(\frac{d}{dx}-\beta\right)\left(\frac{d}{dx}-\alpha\right)\cdot C_1 e^{\alpha x} &= \left(\frac{d}{dx}-\beta\right)\cdot C_1\left(\frac{de^{\alpha x}}{dx}-\alpha e^{\alpha x}\right)\\ &= \left(\frac{d}{dx}-\beta\right)\cdot C_1(\alpha e^{\alpha x}-\alpha e^{\alpha x})\\ &= \left(\frac{d}{dx}-\beta\right)\cdot 0=0.\end{aligned}$$

ゆえに $y=C_1 e^{\alpha x}$ は微分方程式 (1.10) をみたし，微分方程式 (1.8) の解となる．同様に $y=C_1 e^{\beta x}$ は微分方程式 (1.8) の解である．

したがって微分方程式 (1.8) の解は $e^{\alpha x}$, $e^{\beta x}$ の1次結合 $y=C_1 e^{\alpha x}+C_2 e^{\beta x}$ である（厳密には "2階" 同次微分方程式の解が "2個" の関数の1次結合となることを示す必要がある）．

(2) 特性方程式が重解 α をもつとき微分方程式 (1.8) は次のように表される．

$$\left(\frac{d}{dx}-\alpha\right)\left(\frac{d}{dx}-\alpha\right)y=0 \tag{1.11}$$

$y=Ce^{\alpha x}$ とおき，式 (1.11) の左辺へ代入すれば，$y=Ce^{\alpha x}$ が微分方程式 (1.8) の解となることが分かる．また，$\dfrac{d^2 y}{dx^2}=0$ の解は $y=C_1+C_2 x$ である．同様に2階微分を行う作用素 $\left(\dfrac{d}{dx}-\alpha\right)^2$ は多項式項を作る役目をもつ．したがって微分方程式 (1.8) の解は $y=(C_1+C_2 x)e^{\alpha x}$ となる． □

一般解がいくつかの関数の1次結合で表されるとき，それらの関数を**基本解**という．特性方程式が異なる2つの解をもつときの基本解は $e^{\alpha x}$, $e^{\beta x}$ である．また特性方程式が重解をもつときの基本解は $e^{\alpha x}$, $xe^{\alpha x}$ である．

例題 1.13 次の微分方程式を解け．

(1) $y''-y'-2y=0$ (2) $y''+6y'+9y=0$ (3) $\dfrac{d^2 y}{dx^2}+3\dfrac{dy}{dx}+4y=0$

(**解**) (1) 特性方程式とその解は

$$t^2 - t - 2 = 0, \quad t = 2, -1$$

である．ゆえに一般解は

$$y = C_1 e^{2x} + C_2 e^{-x}.$$

(2) 特性方程式とその解は

$$t^2 + 6t + 9 = 0, \quad t = -3 \,(\text{重解})$$

である．ゆえに一般解は

$$y = (C_1 + C_2 x)e^{-3x}.$$

(3) 特性方程式とその解は

$$t^2 + 3t + 4 = 0, \quad t = \frac{-3 \pm \sqrt{7}i}{2}$$

である．ゆえに一般解は

$$y = C_1 e^{-\frac{3+\sqrt{7}i}{2}x} + C_2 e^{-\frac{3-\sqrt{7}i}{2}x}. \qquad \square$$

問 10 次の微分方程式を解け．
(1) $y'' - 3y' + 2y = 0$ (2) $y'' + y' - 6y = 0$
(3) $y'' - 8y' + 16y = 0$ (4) $y'' - y' = 0$
(5) $y'' + 3y' + y = 0$ (6) $y'' - 2y' + 2y = 0$

特性方程式が虚数解をもつ場合を考えよう．2次方程式の虚数解は共役な2つの虚数となる．ゆえに特性方程式の解を $\lambda \pm \mu i$ とおくと，$y'' + a_1 y' + a_2 y = 0$ の一般解は

$$y = C_1 e^{(\lambda + \mu i)x} + C_2 e^{(\lambda - \mu i)x} \tag{1.12}$$

となる．指数部分に虚数単位 i を含まない形とするため，オイラーの公式を用い次のように計算する．

$$y = C_1 e^{(\lambda + \mu i)x} + C_2 e^{(\lambda - \mu i)x}$$

1.7 線形2階微分方程式（非同次形）

$$= C_1 e^{\lambda x} e^{i\mu x} + C_2 e^{\lambda x} e^{-i\mu x}$$
$$= C_1 e^{\lambda x}(\cos \mu x + i \sin \mu x) + C_2 e^{\lambda x}(\cos \mu x - i \sin \mu x)$$
$$= i(C_1 - C_2) e^{\lambda x} \sin \mu x + (C_1 + C_2) e^{\lambda x} \cos \mu x$$

定数 $i(C_1 - C_2)$，$(C_1 + C_2)$ をそれぞれ C_1，C_2 へ置き換えると

$$y = C_1 e^{\lambda x} \sin \mu x + C_2 e^{\lambda x} \cos \mu x \tag{1.13}$$

となる．特性方程式が虚数解をもつ場合，式 (1.13) の表記がしばしば利用される．

$y'' + a_1 y' + a_2 y = 0$ の一般解（その2）

特性方程式 $t^2 + a_1 t + a_2 = 0$ が

(3) 虚数解 $\lambda \pm \mu i$ をもつとき：$y = C_1 e^{\lambda x} \sin \mu x + C_2 e^{\lambda x} \cos \mu x$

$(C_1, C_2$ は定数$)$

例題 1.14 次の微分方程式を解け．

$$y'' + 3y' + 4y = 0$$

（**解**）特性方程式とその解は

$$t^2 + 3t + 4 = 0, \quad t = \frac{-3 \pm \sqrt{7}i}{2}$$

である．ゆえに一般解は

$$y = C_1 e^{-\frac{3}{2}x} \sin \frac{\sqrt{7}}{2}x + C_2 e^{-\frac{3}{2}x} \cos \frac{\sqrt{7}}{2}x. \qquad \square$$

注意 1.15 例題 1.14 は例題 1.13 (3) と同じ問題であるが，三角関数を用いて解を表した．

問 11 次の微分方程式を解け．
(1) $y'' + 2y' + 5y = 0$ (2) $y'' - 3y' + 4y = 0$ (3) $y'' + 5y = 0$

1.7 線形2階微分方程式（非同次形）

次の形の定数係数線形2階微分方程式を考える．

$$y'' + a_1 y' + a_2 y = F(x) \ (a_1, a_2 \text{ は定数}) \tag{1.14}$$

右辺 $F(x)$ を恒等的には 0 でない関数とする．このとき式 (1.14) 左辺は y, y', y'' それぞれについて 1 次式である．しかし右辺は y, y', y'' それぞれについて 0 次式である．方程式全体では次数の異なる項をもつため，式 (1.14) を**非同次微分方程式**（または非斉次微分方程式）と呼ぶ．

ここで，同次微分方程式 $y'' + a_1 y' + a_2 y = 0$ の一般解を $Y(x)$ とする．式 (1.14) の解は無数にあるが，特定の 1 つの解を**特殊解**という．方程式 (1.14) の特殊解の 1 つを $Y_0(x)$ とする．このとき次が成り立つ．

$y'' + a_1 y' + a_2 y = F(x)$ の一般解

特殊解 $Y_0(x)$ に $y'' + a_1 y' + a_2 y = 0$ の一般解 $Y(x)$ を加えたもの

$$y = Y(x) + Y_0(x)$$

は，$y'' + a_1 y' + a_2 y = F(x)$ の一般解である．

[**解説**]　解 $Y(x)$, $Y_0(x)$ はそれぞれ

$$Y'' + a_1 Y' + a_2 Y = 0$$
$$Y_0'' + a_1 Y_0' + a_2 Y_0 = F(x)$$

をみたす．辺々を加え合わせると

$$(Y + Y_0)'' + a_1 (Y + Y_0)' + a_2 (Y + Y_0) = F(x)$$

が成り立つ．これは $y'' + a_1 y' + a_2 y = F(x)$ へ $y = Y + Y_0$ をあてはめた式である．したがって $y = Y(x) + Y_0(x)$ は方程式 $y'' + a_1 y' + a_2 y = F(x)$ の一般解である．□

$Y(x) \equiv 0$ に対する特殊解 $Y_0(x)$ の形は右辺 $F(x)$ の形により定まる．

$y'' + a_1 y' + a_2 y = F(x)$ の特殊解（その1）

(1) $F(x) = (m \text{ 次多項式})$ のとき：$Y_0(x) = (m \text{ 次多項式})$
(2) $F(x) = k e^{ax}$ のとき：$Y_0(x) = A e^{ax}$
(3) $F(x) = p \sin ax + q \cos ax$ のとき：$Y_0(x) = A \sin ax + B \cos ax$

$(A, B \text{ は定数})$

ここで，(1) は $a_2 \neq 0$ の場合に成り立つ．(2) は係数 a が特性方程式の解でない場合に成り立つ．(3) は ia が特性方程式の解でない場合に成り立つ．

1.7 線形 2 階微分方程式（非同次形）

例題 1.16 次の微分方程式を解け．
(1) $y'' - 4y' + 3y = x^2 + 1$ (2) $y'' - 4y' + 3y = e^{-2x}$
(3) $y'' + 4y' + 3y = \sin 2x$

（解） (1) 特性方程式 $t^2 - 4t + 3 = 0$ の解は $t = 1, 3$ である．ゆえに（左辺）$= 0$ の一般解は

$$y = C_1 e^x + C_2 e^{3x}$$

である．また特殊解を $y = Ax^2 + Bx + C$ とおくと

$$y' = 2Ax + B, \quad y'' = 2A$$

である．与式へ代入し x について整理すると

$$2A - 4(2Ax + B) + 3(Ax^2 + Bx + C) = x^2 + 1,$$
$$3Ax^2 + (-8A + 3B)x + (2A - 4B + 3C) = x^2 + 1.$$

左辺と右辺の係数を比較すると

$$3A = 1, \quad -8A + 3B = 0, \quad 2A - 4B + 3C = 1.$$

これらを連立させて解くと

$$A = \frac{1}{3}, \quad B = \frac{8}{9}, \quad C = \frac{35}{27}$$

となる．よって特殊解は $y = \dfrac{1}{3}x^2 + \dfrac{8}{9}x + \dfrac{35}{27}$ である．したがって求める一般解は

$$y = C_1 e^x + C_2 e^{3x} + \frac{1}{3}x^2 + \frac{8}{9}x + \frac{35}{27}.$$

(2) 特性方程式 $t^2 - 4t + 3 = 0$ の解は $t = 1, 3$ である．ゆえに（左辺）$= 0$ の一般解は

$$y = C_1 e^x + C_2 e^{3x}$$

である（ここまで前問 (1) に同じ）．また特殊解を $y = Ae^{-2x}$ とおくと

$$y' = -2Ae^{-2x}, \quad y'' = 4Ae^{-2x}$$

である．与式へ代入し x について整理すると

$$4Ae^{-2x} - 4 \cdot (-2Ae^{-2x}) + 3Ae^{-2x} = e^{-2x}, \quad 15Ae^{-2x} = e^{-2x}.$$

左辺と右辺の係数を比較すると

$$15A = 1, \quad A = \frac{1}{15}$$

となる．よって特殊解は $y = \dfrac{1}{15}e^{-2x}$ である．したがって求める一般解は

$$y = C_1 e^x + C_2 e^{3x} + \frac{1}{15}e^{-2x}.$$

(3) 特性方程式 $t^2 + 4t + 3 = 0$ の解は $t = -1, -3$ である．ゆえに（左辺）$= 0$ の一般解は

$$y = C_1 e^{-x} + C_2 e^{-3x}$$

である．また特殊解を $y = A \sin 2x + B \cos 2x$ とおくと

$$y' = 2A \cos 2x - 2B \sin 2x, \quad y'' = -4A \sin 2x - 4B \cos 2x$$

である．与式へ代入し x について整理すると

$$-4A \sin 2x - 4B \cos 2x + 4(2A \cos 2x - 2B \sin 2x) + 3(A \sin 2x + B \cos 2x) = \sin 2x,$$
$$(-A - 8B) \sin 2x + (8A - B) \cos 2x = \sin 2x.$$

左辺と右辺の係数を比較すると

$$-A - 8B = 1, \quad 8A - B = 0.$$

これらを連立させて解くと

1.7 線形 2 階微分方程式（非同次形）

$$A = -\frac{1}{65}, \quad B = -\frac{8}{65}$$

となる．よって特殊解は $y = -\frac{1}{65}\sin 2x - \frac{8}{65}\cos 2x$ である．したがって求める一般解は

$$y = C_1 e^{-x} + C_2 e^{-3x} - \frac{1}{65}\sin 2x - \frac{8}{65}\cos 2x. \qquad \square$$

問 12 次の微分方程式を解け．
(1) $y'' - 6y' + 5y = x^2 - x + 2$ (2) $y'' - y' - 2y = e^{-2x}$
(3) $y'' + 3y' + 2y = \sin x$

特殊解（その 1）で除外した条件に対しては，次が成り立つことが知られている．

$y'' + a_1 y' + a_2 y = F(x)$ の特殊解（その 2）

(1) $F(x) = (m$ 次多項式$)$ かつ $a_1 \neq 0, a_2 = 0$ のとき：$Y_0(x) = x \times (m$ 次多項式$)$
(2) $F(x) = ke^{ax}$ かつ a が特性方程式の重解でない解のとき：$Y_0(x) = Axe^{ax}$
(3) $F(x) = p\sin ax + q\cos ax$ かつ ia が特性方程式の解のとき：$Y_0(x) = x(A\sin ax + B\cos ax)$ （A, B は定数）

特殊解（その 1），（その 2）で述べたことを証明したり，右辺 $F(x)$ が他の形のときの特殊解を求めたりするには，逆演算子法を用いるのが便利である．しかし本書では微分演算子と逆演算子の説明を省略する．

例題 1.17 次の微分方程式を解け．
(1) $y'' - y' = -x + 2$ (2) $y'' + 3y' + 2y = e^{-x}$
(3) $y'' + 9y = \sin 3x$

（**解**） (1) 特性方程式 $t^2 - t = 0$ の解は $t = 0, 1$ である．ゆえに（左辺）$= 0$ の一般解は

$$y = C_1 e^{0x} + C_2 e^x = C_1 + C_2 e^x$$

である．また与式の左辺に y の項がないため特殊解を $y = x(Ax + B)$ とおくと

$$y' = 2Ax + B, \quad y'' = 2A$$

である．与式へ代入し x について整理すると

$$2A - (2Ax + B) = -x + 2, \quad -2Ax + (2A - B) = -x + 2.$$

係数を比較すると

$$-2A = -1, \quad 2A - B = 2.$$

これらを連立させて解くと

$$A = \frac{1}{2}, \quad B = -1$$

となる．よって特殊解は $y = x\left(\dfrac{1}{2}x - 1\right) = \dfrac{1}{2}x^2 - x$ である．したがって求める一般解は

$$y = C_1 + C_2 e^x + \frac{1}{2}x^2 - x.$$

(2) 特性方程式 $t^2 + 3t + 2 = 0$ の解は $t = -1, -2$ である．ゆえに（左辺）$= 0$ の一般解は

$$y = C_1 e^{-x} + C_2 e^{-2x}$$

である．また与式右辺の x の係数 -1 は特性方程式の解である．よって特殊解を $y = Axe^{-x}$ とおくと

$$y' = Ae^{-x} - Axe^{-x}, \quad y'' = -Ae^{-x} - (Ae^{-x} - Axe^{-x})$$
$$= -2Ae^{-x} + Axe^{-x}$$

である．与式へ代入し x について整理すると

$$(-2Ae^{-x} + Axe^{-x}) + 3(Ae^{-x} - Axe^{-x}) + 2Axe^{-x} = e^{-x}, \quad Ae^{-x} = e^{-x}.$$

1.7 線形 2 階微分方程式（非同次形）

係数を比較すると

$$A = 1$$

となる．よって特殊解は $y = xe^{-x}$ である．したがって求める一般解は

$$y = C_1 e^{-x} + C_2 e^{-2x} + xe^{-x}.$$

(3) 特性方程式 $t^2 + 9 = 0$ の解は $t = \pm 3i$ である．ゆえに（左辺）= 0 の一般解は

$$y = C_1 e^{0x} \sin 3x + C_2 e^{0x} \cos 3x = C_1 \sin 3x + C_2 \cos 3x$$

である．また与式右辺の x の係数 3 の i 倍は特性方程式の解である．よって特殊解を $y = x(A\sin 3x + B\cos 3x)$ とおくと

$$y' = (A\sin 3x + B\cos 3x) + x(3A\cos 3x - 3B\sin 3x),$$
$$y'' = (3A\cos 3x - 3B\sin 3x) + (3A\cos 3x - 3B\sin 3x) - x(9A\sin 3x + 9B\cos 3x)$$
$$= 6(A\cos 3x - B\sin 3x) - 9x(A\sin 3x + B\cos 3x)$$

である．与式へ代入し x について整理すると

$$6(A\cos 3x - B\sin 3x) - 9x(A\sin 3x + B\cos 3x) + 9x(A\sin 3x + B\cos 3x) = \sin 3x,$$
$$6(A\cos 3x - B\sin 3x) = \sin 3x.$$

係数を比較すると

$$6A = 0, \quad -6B = 1, \quad \text{すなわち} \quad A = 0, \quad B = -\frac{1}{6}$$

となる．よって特殊解は $y = x\left(0\sin 3x - \frac{1}{6}\cos 3x\right) = -\frac{1}{6}x\cos 3x$ である．したがって求める一般解は

$$y = C_1 \sin 3x + C_2 \cos 3x - \frac{1}{6}x\cos 3x. \qquad \square$$

問 13 次の微分方程式を解け．

(1) $\dfrac{d^2y}{dx^2} + 3\dfrac{dy}{dx} = 2x - 1$ (2) $y'' + 7y' + 10y = e^{-2x}$

(3) $y'' + 4y = \cos 2x$

1.8　2階を超える線形微分方程式

階数が 2 を超える線形微分方程式のうち容易に解けるものについて述べる．前節までに挙げた 2 階微分方程式は本節で扱う方程式の特別な場合である．

まず次の定数係数線形 n 階同次微分方程式を考える．

$$y^{(n)} + a_1 y^{(n-1)} + \cdots + a_{n-1} y' + a_n y = 0 \tag{1.15}$$

$y^{(n)} + a_1 y^{(n-1)} + \cdots + a_{n-1} y' + a_n y = 0$ の一般解

(1) $y^{(n)} = \dfrac{d^n y}{dx^n} = 0$（特性方程式が $t^n = 0$）の一般解は

$$y = C_1 + C_2 x + \cdots + C_n x^{n-1}$$

(2) 特性方程式が $(t - \alpha)^n = 0$ のとき一般解は

$$y = (C_1 + C_2 x + \cdots + C_n x^{n-1}) e^{\alpha x}$$

(3) 特性方程式が $(t - \alpha_1)(t - \alpha_2) \cdots (t - \alpha_n) = 0$（$\alpha_1, \alpha_2, \cdots, \alpha_n$ はすべて異なる）のとき一般解は

$$y = C_1 e^{\alpha_1 x} + C_2 e^{\alpha_2 x} + \cdots + C_n e^{\alpha_n x}$$

（$C_1, C_2, \cdots, C_n$ は定数）

[**解説**]　(1) $y^{(n)} = 0$ の両辺を積分すると

$$y^{(n-1)} = C_n \qquad (C_n \text{ は定数})$$

1.8 2階を超える線形微分方程式

である．さらに両辺を順次積分すると

$$y^{(n-2)} = C_n x + C_{n-1} \quad (C_{n-1} は定数)$$
$$y^{(n-3)} = \frac{1}{2}C_n x^2 + C_{n-1} x + C_{n-2} \quad (C_{n-2} は定数)$$

である．積分を繰り返し，定数係数の文字を適宜置き換えると一般解が導かれる．

(2) 特性方程式の形は，y を微分する操作を n 回繰り返すことを示す．ゆえに一般解を表すため前述 (1) のような n 次多項式を用いる．また特性方程式 $t - \alpha = 0$ に対する一般解は $y = Ce^{\alpha x}$ である．これらの積 $y = (C_1 + C_2 x + \cdots + C_n x^{n-1})Ce^{\alpha x}$ が元の微分方程式 (1.15) の一般解である．ここで $C_1 \cdot C$ を C_1 に置き換えるなどすると $y = (C_1 + C_2 x + \cdots + C_n x^{n-1})e^{\alpha x}$ の表記が得られる．

(3) 微分方程式 (1.15) は，特性方程式が n 個の異なる解をもつ n 階同次微分方程式である．よって，特性方程式が異なる解をもつ2階同次微分方程式と同様に，微分方程式 (1.15) は $e^{\alpha_1 x}, \cdots, e^{\alpha_n x}$ を基本解とする．これらの1次結合が微分方程式 (1.15) の一般解である． □

例題 1.18 次の特性方程式をもつ線形同次微分方程式の一般解を求めよ．
(1) $t^4 = 0$ (2) $(t-3)^4 = 0$ (3) $(t-1)(t-2)(t+5) = 0$
(4) $(t-1)(t-2)^3 = 0$ (5) $t^2(t-2)^3(t+5)^2 = 0$

(**解**) (1) $y = C_1 + C_2 x + C_3 x^2 + C_4 x^3$ (2) $y = (C_1 + C_2 x + C_3 x^2 + C_4 x^3)e^{3x}$
(3) $y = C_1 e^x + C_2 e^{2x} + C_3 e^{-5x}$ (4) $y = C_1 e^x + (C_2 + C_3 x + C_4 x^2)e^{2x}$
(5) $y = C_1 + C_2 x + (C_3 + C_4 x + C_5 x^2)e^{2x} + (C_6 + C_7 x)e^{-5x}$ □

問 14 次の特性方程式をもつ線形同次微分方程式の一般解を求めよ．
(1) $t^3 = 0$ (2) $t^5 = 0$ (3) $(t-1)^3 = 0$ (4) $(t+2)(t-2)(t-4) = 0$
(5) $(t+4)(t+2)(t+1)(t-3) = 0$ (6) $(t+1)^2(t+2)^3 = 0$

問 15 次の微分方程式の一般解を求めよ．
(1) $y''' = 0$ (2) $y''' + 3y'' + 3y' + y = 0$ (3) $y''' - 2y'' - y' + 2y = 0$

第1章 章末問題

[**1**] 次の微分方程式の解を求めよ．条件が与えられた問については条件をみたす解を求めよ．

(1) $\dfrac{dy}{dx} = 3$ (2) $\dfrac{d^2y}{dx^2} = -1$ (3) $\dfrac{dy}{dx} = 3$ ($x=0$ のとき $y=1$)

(4) $\dfrac{d^2y}{dx^2} = 0$ ($x=0$ のとき $y=1$, $y'=1$)

[**2**] 次の微分方程式の一般解を求めよ．

(1) $\dfrac{dy}{dx} = xe^{-y}$ (2) $\dfrac{dy}{dx} = \dfrac{ye^{3x}}{y^2 - 1}$

(3) $y' = \tan x \cot y$ (4) $\dfrac{dy}{dx} = \dfrac{x^2 + 4y^2}{3xy}$

(5) $x^2 y' - xy + y^2 = 0$ (6) $y' = e^x + 3y$

(7) $x\dfrac{dy}{dx} - y = 1$ (8) $(2y - x^2)dx + (2x - y^2)dy = 0$

(9) $y'' + 3y' + 2y = 0$ (10) $y'' - 4y' + 4y = 0$

(11) $y'' + 4y' + y = 0$ (12) $y'' - 6y' + 8y = 0$

(13) $y'' - 2y' + 3y = 0$ (14) $y'' + 4y = 0$

(15) $y'' + 3y' + 2y = 2x + 1$ (16) $y'' + 3y' + 2y = 2e^x$

(17) $y'' + 3y' + 2y = \sin x + \cos x$ (18) $y'' - 4y' = x + 3$

(19) $y'' - 4y' + 3y = 2e^x$ (20) $y'' + y = \sin x$

(21) $y'' - y' - 2y = 2$ (22) $y'' - y' - 2y = e^{-2x} + 10\sin 3x$

[**3**] 与えられた条件をそれぞれみたす微分方程式の解を求めよ．

(1) $\dfrac{dy}{dx} = \dfrac{y}{x}$ ($x=1$ のとき $y=2$)   (2) $y' = \dfrac{y+1}{x-3}$ ($x=4$ のとき $y=0$)

(3) $\dfrac{dy}{dx} = \dfrac{y}{x} + \dfrac{x}{y} + 1$ ($x=1$ のとき $y=1$)

(4) $(x^2 - 2y)dx + (y^2 - 2x)dy = 0$ ($x=0$ のとき $y=2$)

ヒント：条件 "$x=a_0$ のとき $y=b_0$" に対する完全微分方程式の解は

$$\int_{a_0}^{x} P(x,y)dx + \int_{b_0}^{y} Q(a_0, y)dy = 0$$

である（この解へ $x=a_0$, $y=b_0$ を実際に代入すると，(左辺) $=0$ となり，条件をみたすことが分かる）．

(5) $y'' + 5y' + 6y = 0$ ($x=0$ のとき $y=0$, $y'=1$)

(6) $y'' + 6y' + 9y = 0$ ($x=0$ のとき $y=1$, $y'=2$)

[**4**] 次の問に答えよ．

(1) **ベルヌーイの微分方程式**

$$\frac{dy}{dx} + P(x)y = Q(x)y^n$$

は変数変換 $u = y^{1-n}$ $(n \neq 0, 1)$ により線形微分方程式となることを示せ（**ヒント**：$u' = (1-n)y^{-n}y'$）．

(2) $y' - xy = xy^2$ の一般解を求めよ．

[**5**] 微分方程式 $P(x,y)dx + Q(x,y)dy = 0$ の両辺へある関数 λ を掛けると完全微分方程式へ変形できる場合がある．関数 λ を**積分因子**といい，例えば次の場合がある．

(a) $\dfrac{1}{Q}\left(\dfrac{\partial P}{\partial y} - \dfrac{\partial Q}{\partial x}\right) = \phi(x)$ (x のみの関数) ならば $\lambda = e^{\int \phi(x)dx}$

(b) $\dfrac{1}{P}\left(\dfrac{\partial P}{\partial y} - \dfrac{\partial Q}{\partial x}\right) = \psi(y)$ (y のみの関数) ならば $\lambda = e^{-\int \psi(y)dy}$

これらを利用し次の微分方程式の一般解を求めよ．

(1) $(x + y^2)dx + xy\,dy = 0$ (2) $y^2 dx + (xy + y^2 + 1)dy = 0$

[**6**] 微分方程式 $y' = f(ax + by + c)$ (a, b, c は定数．$b \neq 0$) は変数変換 $u = ax + by + c$ により変数分離形となることを証明せよ．

[**7**] 微分方程式 $E : yy' = xy'^2 + 1$ について，次の問に答えよ．

(1) $y = Cx + \dfrac{1}{C}$ (C は任意定数) は微分方程式 E の解であることを確認せよ．

(2) $y^2 = 4x$ は微分方程式 E の解であることを確認せよ．

注意：解 $y^2 = 4x$ のように，一般解の任意定数 C をどのような値としても表せない解を**特異解**という．また特異解のグラフは，どの一般解のグラフにも接しているため**包絡線**と呼ばれる．

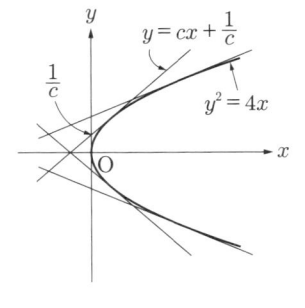

図 1.6

[**8**] 放射性物質 A が自然崩壊する速さは各時刻 t（単位 [年]）での残存量 y に比例する．物質 A の半減期（残存量が半分になるまでの時間）が 100 年であるとき，次の問に答えよ．

(1) 比例定数を k ($k < 0$) として，y と t の関係を微分方程式で表せ．

(2) 比例定数 k の値を求めよ．ただし $\log 2 = 0.6931$ とする．

(3) 物質 A の量がもとの量の 1% になるまで何年かかるか．ただし $\log_{10} 2 = 0.3010$ とする．

[**9**] 抵抗 R，コイル（インダクタンス）L，起電力 E を直列接続する（R, L, E：定数）．回路のスイッチを閉じた時刻を $t = 0$ とする．すると電流 I と時刻 t は次の微分方程式をみたす．

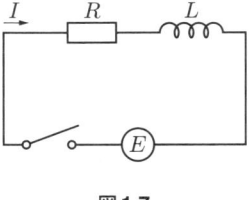

図 1.7

$$L\frac{dI}{dt} + RI = E$$

このとき電流 I を R, L, E, t で表せ．ただし初期条件を $t=0, I=0$ とする．

[**10**]　2階線形微分方程式
$$\frac{d^2y}{dx^2} + 2\alpha\beta\frac{dy}{dx} + \beta^2 y = 0 \quad (\alpha \geq 0, \beta > 0：定数)$$

について次の問に答えよ．

(1) 特性方程式をかけ．

(2) 特性方程式の解を，α, β を用いて表せ．

(3) 微分方程式の解を α の値により分類し答えよ．

注意：この微分方程式は物体が振動する様子を表す．α を減衰係数（減衰率），β を固有角周波数（固有周波数）という．

[**11**]　次の連立微分方程式を解け（x, y をそれぞれ t の関数とする）．

(1)
$$\begin{cases} \dfrac{dx}{dt} + 2x - y = 0 \\ \dfrac{dx}{dt} + \dfrac{dy}{dt} + x + y = 0 \end{cases}$$

(2)
$$\begin{cases} \dfrac{dx}{dt} - x + 2y = 0 \\ \dfrac{dy}{dt} + x - y = 0 \end{cases}$$

第2章 フーリエ級数とフーリエ変換

　我々の周りには，音波，電磁波，地震波などさまざまな"波"がある．そして波の性質や波の伝わり方を調べることが，理工学において重要となる．本章では波の様子を表す方法の一種であるフーリエ解析について学ぶ．

　まず周期関数に対し有用なフーリエ級数を取り上げる．次に周期関数と限らない関数の扱い方のひとつとしてフーリエ変換を学習する．

2.1 フーリエ級数

　複雑な波形の振動現象をあちこちに見ることができる．種々の波の形は三角関数のグラフの形であると限らない．しかし波形が三角関数，例えば正弦波の場合，数学的な取り扱いが楽な上に，電気回路などへ実現するのも容易である．ゆえに種々の形の波を三角関数を用いて表すことを考える．

　まず三角関数の性質をいくつか確認しよう．三角関数の積の積分について次が成り立つ．ここで m, n を自然数とする．

三角関数の積の積分

(1) $\displaystyle\int_{-\pi}^{\pi} \cos mx \cos nx\, dx = \begin{cases} 0 & (m \neq n) \\ \pi & (m = n) \end{cases}$

(2) $\displaystyle\int_{-\pi}^{\pi} \sin mx \sin nx\, dx = \begin{cases} 0 & (m \neq n) \\ \pi & (m = n) \end{cases}$

(3) $\displaystyle\int_{-\pi}^{\pi} \sin mx \cos nx\, dx = 0$ 　　(4) $\displaystyle\int_{-\pi}^{\pi} 1\, dx = 2\pi$

(5) $\displaystyle\int_{-\pi}^{\pi} \cos nx\, dx = 0$ 　　(6) $\displaystyle\int_{-\pi}^{\pi} \sin nx\, dx = 0$

[**解説**]　(1) 三角関数の積と和の公式より

$$\int_{-\pi}^{\pi} \cos mx \cos nx\, dx = \frac{1}{2}\int_{-\pi}^{\pi}\{\cos(m+n)x + \cos(m-n)x\}dx.$$

ゆえに $m \neq n$ のとき

$$\int_{-\pi}^{\pi} \cos mx \cos nx\, dx = \frac{1}{2}\left[\frac{1}{m+n}\sin(m+n)x + \frac{1}{m-n}\sin(m-n)x\right]_{-\pi}^{\pi} = 0.$$

また $m = n$ のとき

$$\int_{-\pi}^{\pi} \cos mx \cos nx\, dx = \frac{1}{2}\int_{-\pi}^{\pi}(\cos 2nx + 1)dx = \frac{1}{2}\left[\frac{1}{2n}\sin 2nx + x\right]_{-\pi}^{\pi} = \pi. \quad \square$$

注意 2.1 $\cos nx$ へ $n = 0$ をあてはめると $\cos 0 = 1$ である．したがって
(4) は $\cos^2 0\ (= 1^2 = 1)$ を積分したもの，
(5) は $\cos 0 \cdot \cos nx\ (= 1 \cdot \cos nx = \cos nx)$ を積分したもの，
(6) は $\cos 0 \cdot \sin nx\ (= 1 \cdot \sin nx = \sin nx)$ を積分したもの
と考えれば，それぞれ三角関数の積の積分を表している．

問 1
三角関数の積の積分 (2)〜(6) を示せ．

周期関数を三角関数の重ね合わせで表したものを**フーリエ級数**あるいは**フーリエ級数展開**という．周期 2π の関数 $f(x)$ がフーリエ級数展開可能であると仮定すると，次のように表すことができる．

フーリエ級数展開（周期 2π）

$$f(x) = \frac{a_0}{2} + a_1 \cos x + a_2 \cos 2x + \cdots + b_1 \sin x + b_2 \sin 2x + \cdots$$
$$= \frac{a_0}{2} + \sum_{n=1}^{\infty}(a_n \cos nx + b_n \sin nx) \tag{2.1}$$

フーリエ係数 a_0, a_n, b_n は次で定められる．

$$a_0 = \frac{1}{\pi}\int_{-\pi}^{\pi} f(x)dx \tag{2.2}$$

$$a_n = \frac{1}{\pi}\int_{-\pi}^{\pi} f(x)\cos nx\, dx \quad (n = 1, 2, \cdots) \tag{2.3}$$

$$b_n = \frac{1}{\pi}\int_{-\pi}^{\pi} f(x)\sin nx\, dx \quad (n = 1, 2, \cdots) \tag{2.4}$$

2.1 フーリエ級数

[**解説**] フーリエ級数展開された関数 $f(x)$ と 1（常に値が 1 となる関数）の積の積分は

$$\int_{-\pi}^{\pi} f(x) \cdot 1 dx = \int_{-\pi}^{\pi} \left(\frac{a_0}{2} + \sum_{n=1}^{\infty} (a_n \cos nx + b_n \sin nx) \right) dx$$

$$= \frac{a_0}{2} \int_{-\pi}^{\pi} 1 dx + \sum_{n=1}^{\infty} a_n \int_{-\pi}^{\pi} \cos nx dx + \sum_{n=1}^{\infty} b_n \int_{-\pi}^{\pi} \sin nx dx$$

$$= \frac{a_0}{2} \cdot 2\pi + 0 + 0 = a_0 \pi$$

である．ゆえにフーリエ係数 a_0 は次のようになる．

$$a_0 = \frac{1}{\pi} \int_{-\pi}^{\pi} f(x) dx$$

k をある自然数とする．$f(x)$ と $\cos kx$ の積の積分は

$$\int_{-\pi}^{\pi} f(x) \cos kx dx = \int_{-\pi}^{\pi} \left(\frac{a_0}{2} + \sum_{n=1}^{\infty} (a_n \cos nx + b_n \sin nx) \right) \cos kx dx$$

$$= \frac{a_0}{2} \int_{-\pi}^{\pi} \cos kx dx + \sum_{n=1}^{\infty} a_n \int_{-\pi}^{\pi} \cos nx \cos kx dx$$

$$+ \sum_{n=1}^{\infty} b_n \int_{-\pi}^{\pi} \sin nx \cos kx dx$$

$$= 0 + a_k \int_{-\pi}^{\pi} \cos^2 kx dx + 0 = a_k \pi$$

である．すなわち

$$a_k = \frac{1}{\pi} \int_{-\pi}^{\pi} f(x) \cos kx dx$$

が成り立つ．ここで文字 k を n に取り換えると次のようになる．

$$a_n = \frac{1}{\pi} \int_{-\pi}^{\pi} f(x) \cos nx dx$$

また $f(x)$ と $\sin kx$ の積の積分は

$$\int_{-\pi}^{\pi} f(x) \sin kx dx = \int_{-\pi}^{\pi} \left(\frac{a_0}{2} + \sum_{n=1}^{\infty} (a_n \cos nx + b_n \sin nx) \right) \sin kx dx$$

$$= \frac{a_0}{2}\int_{-\pi}^{\pi}\sin kx\,dx + \sum_{n=1}^{\infty}a_n\int_{-\pi}^{\pi}\cos nx\sin kx\,dx + \sum_{n=1}^{\infty}b_n\int_{-\pi}^{\pi}\sin nx\sin kx\,dx$$
$$= 0 + 0 + b_k\int_{-\pi}^{\pi}\sin^2 kx\,dx = b_k\pi$$

である．すなわち
$$b_k = \frac{1}{\pi}\int_{-\pi}^{\pi}f(x)\sin kx\,dx$$
が成り立つ．ここで文字 k を n に取り換えると次のようになる．
$$b_n = \frac{1}{\pi}\int_{-\pi}^{\pi}f(x)\sin nx\,dx \qquad \square$$

注意 2.2 関数 $f(x)$ の不連続点において，フーリエ級数展開の無限和はもとの関数の値に近づくとは限らない．本書では，無限和が連続点でもとの関数の値に近づくという意味を，等号を用いて $f(x) =$ (フーリエ級数) と表す．書籍によっては，等号が成り立たない場合を考慮し $f(x) \sim$ (フーリエ級数) と記している．

注意 2.3 フーリエ級数展開の第 1 項を $a_0/2$ ではなく a_0 と記す書籍がある．その場合は $a_0 = (1/2\pi)\int_{-\pi}^{\pi}f(x)dx$ となる．本書では a_0 と a_n の形をそれぞれ $(1/\pi) \times$ (積分) に揃えるため，第 1 項を $a_0/2$ とする．

電気信号の波形をフーリエ級数展開した場合，$a_n\cos nx$, $b_n\sin nx$ は第 n 次高調波と呼ばれる．

例題 2.4 周期 2π の関数
$$f(x) = \begin{cases} x & (0 \leq x \leq \pi) \\ 0 & (-\pi < x < 0) \end{cases}$$
をフーリエ級数展開せよ．ただし上記は 1 周期について示したものである．

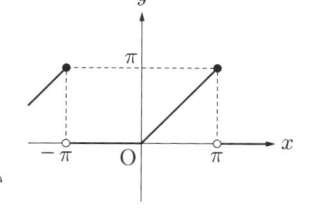

図 2.1

(解) フーリエ係数を計算すると次のようになる．
$$a_0 = \frac{1}{\pi}\int_{-\pi}^{\pi}f(x)dx = \frac{1}{\pi}\left(\int_{-\pi}^{0}0\,dx + \int_{0}^{\pi}x\,dx\right) = \frac{1}{\pi}\left[\frac{x^2}{2}\right]_0^{\pi} = \frac{1}{\pi}\cdot\frac{\pi^2}{2} = \frac{\pi}{2}$$

2.1 フーリエ級数

$$a_n = \frac{1}{\pi}\int_{-\pi}^{\pi} f(x)\cos nx\,dx = \frac{1}{\pi}\left(\int_{-\pi}^{0} 0\cdot\cos nx\,dx + \int_{0}^{\pi} x\cos nx\,dx\right)$$
$$(n=1,2,\cdots)$$
$$= \frac{1}{\pi}\left(\left[x\cdot\frac{1}{n}\sin nx\right]_0^{\pi} - \int_0^{\pi}\frac{1}{n}\sin nx\,dx\right)$$
$$= \frac{1}{\pi}\cdot\frac{1}{n}\left[\frac{1}{n}\cos nx\right]_0^{\pi} = \frac{1}{n^2\pi}(\cos n\pi - 1) = \frac{1}{n^2\pi}\{(-1)^n - 1\}$$
$$= \begin{cases} -\dfrac{2}{n^2\pi} & (n=2k-1) \\ 0 & (n=2k) \end{cases} \quad (k=1,2,\cdots)$$

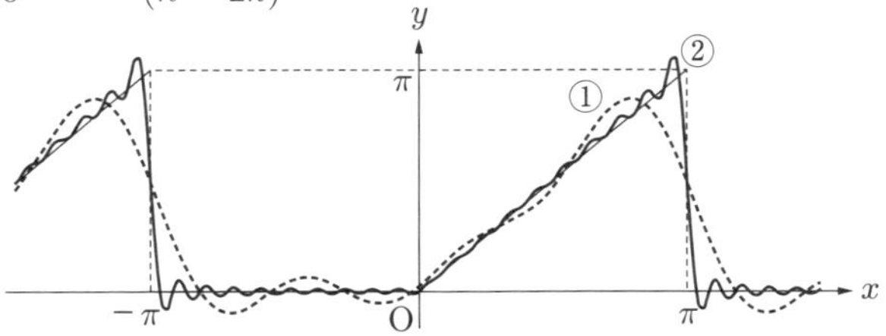

図 2.2

① $n=3\ (k=2)$ までの和,② $n=19\ (k=10)$ までの和

$$b_n = \frac{1}{\pi}\int_{-\pi}^{\pi} f(x)\sin nx\,dx$$
$$= \frac{1}{\pi}\left(\int_{-\pi}^{0} 0\cdot\sin nx\,dx + \int_{0}^{\pi} x\sin nx\,dx\right) \quad (n=1,2,\cdots)$$
$$= \frac{1}{\pi}\left(\left[x\cdot\left(-\frac{1}{n}\cos nx\right)\right]_0^{\pi} - \int_0^{\pi}\left(-\frac{1}{n}\cos nx\right)dx\right)$$
$$= \frac{1}{\pi}\left(-\frac{\pi\cos n\pi}{n} + \frac{1}{n}\left[\frac{1}{n}\sin nx\right]_0^{\pi}\right) = -\frac{1}{n}(-1)^n = \frac{1}{n}(-1)^{n+1}$$

したがって,フーリエ級数は

$$f(x) = \frac{\pi}{4} - \frac{2}{\pi}\left(\cos x + \frac{1}{3^2}\cos 3x + \frac{1}{5^2}\cos 5x + \cdots\right)$$
$$+ \left(\sin x - \frac{1}{2}\sin 2x + \frac{1}{3}\sin 3x - \cdots\right)$$
$$= \frac{\pi}{4} - \frac{2}{\pi}\sum_{k=1}^{\infty}\frac{1}{(2k-1)^2}\cos(2k-1)x + \sum_{n=1}^{\infty}\frac{1}{n}(-1)^{n+1}\sin nx. \qquad\square$$

以後,周期関数の表示において "1 周期について示したものである" という注意書きを省略する.

問2 次の周期 2π の関数をフーリエ級数展開せよ．

$$f(x) = \begin{cases} 2x & (0 \leq x \leq \pi) \\ 0 & (-\pi < x < 0) \end{cases}$$

基本的な周期関数として，偶関数または奇関数がしばしば用いられる．偶関数のグラフは y 軸対称である．ゆえにフーリエ級数展開すると y 軸対称な cos の項と定数項のみ現れる．偶関数を**フーリエ級数展開**したものを**フーリエ余弦級数**という．また奇関数のグラフは原点対称である．ゆえにフーリエ級数展開すると，同じく原点対称な関数 sin の項のみ現れる．奇関数をフーリエ級数展開したものを**フーリエ正弦級数**という．

フーリエ余弦級数（周期 2π）

偶関数 $f(x)$ に対し

$$\begin{aligned} f(x) &= \frac{a_0}{2} + a_1 \cos x + a_2 \cos 2x + \cdots \\ &= \frac{a_0}{2} + \sum_{n=1}^{\infty} a_n \cos nx \end{aligned} \tag{2.5}$$

フーリエ係数は

$$a_0 = \frac{2}{\pi} \int_0^{\pi} f(x) dx \tag{2.6}$$

$$a_n = \frac{2}{\pi} \int_0^{\pi} f(x) \cos nx \, dx \quad (n = 1, 2, \cdots) \tag{2.7}$$

フーリエ正弦級数（周期 2π）

奇関数 $f(x)$ に対し

$$\begin{aligned} f(x) &= b_1 \sin x + b_2 \sin 2x + \cdots \\ &= \sum_{n=1}^{\infty} b_n \sin nx \end{aligned} \tag{2.8}$$

フーリエ係数は

$$b_n = \frac{2}{\pi} \int_0^{\pi} f(x) \sin nx \, dx \quad (n = 1, 2, \cdots) \tag{2.9}$$

[**解説**] 偶関数 $f(x)$ は $f(-x) = f(x)$ をみたし，奇関数 $f(x)$ は $f(-x) = -f(x)$ をみたす．

また余弦関数は $\cos(-x) = \cos x$（偶関数の性質）をみたし，正弦関数は $\sin(-x) = -\sin x$（奇関数の性質）をみたす．

(i) $f(x)$ が偶関数のとき

$f(-x)\cos(-x) = f(x)\cos x$ より $f(x)\cos x$ は偶関数である．よって a_0, a_n は $0 \leq x \leq \pi$ での積分値の 2 倍となる．

また $f(-x)\sin(-x) = -f(x)\sin x$ より $f(x)\sin x$ は奇関数である．ゆえに $b_n = 0$ となる．

(ii) $f(x)$ が奇関数のとき

$f(-x)\cos(-x) = -f(x)\cos x$ より $f(x)\cos x$ は奇関数である．ゆえに $a_0 = 0$, $a_n = 0$ となる．

また $f(-x)\sin(-x) = f(x)\sin x$ より $f(x)\sin x$ は偶関数である．よって b_n は $0 \leq x \leq \pi$ での積分値の 2 倍となる． □

例題 2.5 周期 2π の関数

$$f(x) = \begin{cases} 1 & (0 < x < \pi) \\ 0 & (x = -\pi, 0, \pi) \\ -1 & (-\pi < x < 0) \end{cases}$$

をフーリエ級数展開せよ．

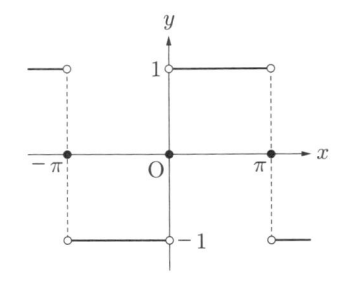

図 2.3

(**解**) 関数 $f(x)$ は奇関数である．ゆえにフーリエ正弦級数を求める．フーリエ係数は次のようになる．

$$a_0 = 0, \quad a_n = 0 \quad (n = 1, 2, \cdots)$$

$$b_n = \frac{2}{\pi}\int_0^\pi f(x)\sin nx\,dx = \frac{2}{\pi}\int_0^\pi \sin nx\,dx = \frac{2}{\pi}\left[-\frac{1}{n}\cos nx\right]_0^\pi$$

$$= -\frac{2\{(-1)^n - 1\}}{n\pi} = \begin{cases} \dfrac{4}{n\pi} & (n = 2k-1) \\ 0 & (n = 2k) \end{cases} \quad (k = 1, 2, \cdots)$$

したがって，フーリエ級数は

$$f(x) = \frac{4}{\pi}\left(\sin x + \frac{1}{3}\sin 3x + \frac{1}{5}\sin 5x + \cdots\right)$$
$$= \frac{4}{\pi}\sum_{k=1}^{\infty}\frac{1}{2k-1}\sin(2k-1)x$$

である．文字 n を用いて次のように表してもよい．

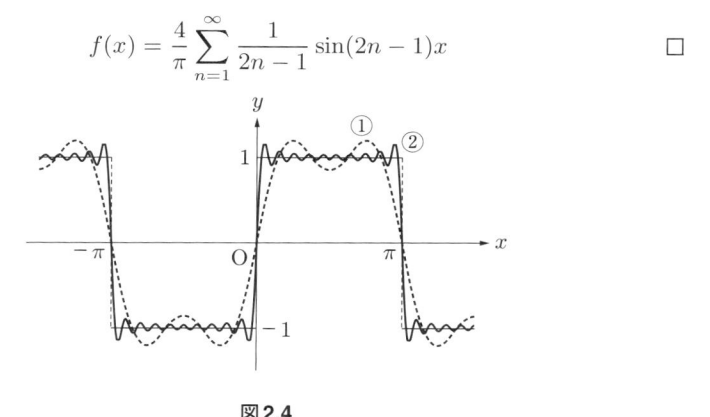

$$f(x) = \frac{4}{\pi}\sum_{n=1}^{\infty}\frac{1}{2n-1}\sin(2n-1)x$$

□

図 2.4
① $k=2$ までの和，② $k=10$ までの和

例題 2.6 周期 2π の関数

$$f(x) = \begin{cases} x & (0 \leq x \leq \pi) \\ -x & (-\pi \leq x < 0) \end{cases}$$

をフーリエ級数展開せよ．

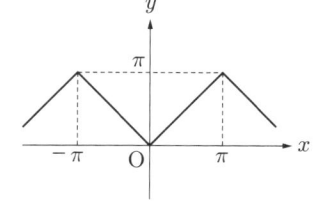

図 2.5

(**解**) 関数 $f(x)$ は偶関数である．ゆえにフーリエ余弦級数を求める．フーリエ係数は次のようになる．

$$a_0 = \frac{2}{\pi}\int_0^{\pi}f(x)dx = \frac{2}{\pi}\int_0^{\pi}xdx = \frac{2}{\pi}\left[\frac{x^2}{2}\right]_0^{\pi} = \frac{2}{\pi}\cdot\frac{\pi^2}{2} = \pi$$

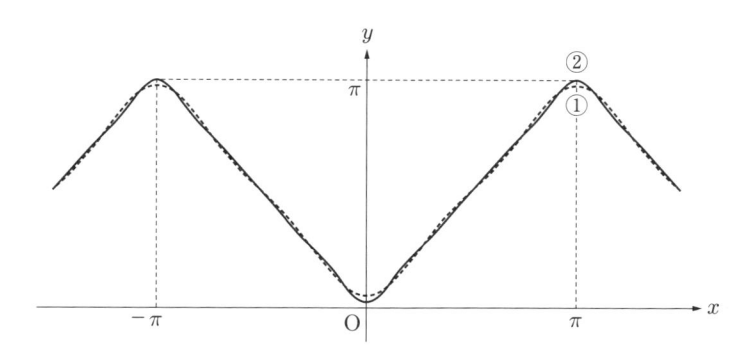

2.1 フーリエ級数

図 2.6
① $n=3$ $(k=2)$ までの和，② $n=7$ $(k=4)$ までの和

$$a_n = \frac{2}{\pi}\int_0^\pi f(x)\cos nx\,dx = \frac{2}{\pi}\int_0^\pi x\cos nx\,dx$$
$$= \frac{2}{\pi}\left(\left[x\cdot\frac{1}{n}\sin nx\right]_0^\pi - \int_0^\pi \frac{1}{n}\sin nx\,dx\right)$$
$$= \frac{2}{\pi}\cdot\frac{1}{n}\left[\frac{1}{n}\cos nx\right]_0^\pi$$
$$= \frac{2}{n^2\pi}(\cos n\pi - 1)$$
$$= \frac{2}{n^2\pi}\{(-1)^n - 1\}$$
$$= \begin{cases} -\dfrac{4}{n^2\pi} & (n=2k-1) \\ 0 & (n=2k) \end{cases} \quad (k=1,2,\cdots)$$

$$b_n = 0 \quad (n=1,2,\cdots)$$

したがって，フーリエ級数は

$$f(x) = \frac{\pi}{2} - \frac{4}{\pi}\left(\cos x + \frac{1}{3^2}\cos 3x + \frac{1}{5^2}\cos 5x + \cdots\right)$$
$$= \frac{\pi}{2} - \frac{4}{\pi}\sum_{k=1}^\infty \frac{1}{(2k-1)^2}\cos(2k-1)x. \qquad \square$$

問 3 周期 2π の次の関数をフーリエ級数展開せよ．また $y = f(x)$ のグラフを描き，偶関数，奇関数，どちらでもない関数のいずれかを答えよ．

(1) $f(x) = \begin{cases} x & (-\pi < x < \pi) \\ 0 & (x = -\pi, \pi) \end{cases}$

(2) $f(x) = \begin{cases} \pi - x & (0 \leq x \leq \pi) \\ \pi + x & (-\pi \leq x < 0) \end{cases}$

周期が 2π と限らない周期関数についてもフーリエ級数展開を行うことができる．周期 $2L$ （$L > 0$）の関数のフーリエ級数は次のとおりである．

---**フーリエ級数展開（周期 $2L$）**---

$$f(x) = \frac{a_0}{2} + a_1 \cos \frac{\pi}{L} x + a_2 \cos \frac{2\pi}{L} x + \cdots + b_1 \sin \frac{\pi}{L} x + b_2 \sin \frac{2\pi}{L} x + \cdots$$

$$= \frac{a_0}{2} + \sum_{n=1}^{\infty} \left(a_n \cos \frac{n\pi}{L} x + b_n \sin \frac{n\pi}{L} x \right) \tag{2.10}$$

フーリエ係数 a_0, a_n, b_n は次で定められる．

$$a_0 = \frac{1}{L} \int_{-L}^{L} f(x) dx \tag{2.11}$$

$$a_n = \frac{1}{L} \int_{-L}^{L} f(x) \cos \frac{n\pi}{L} x \, dx \qquad (n = 1, 2, \cdots) \tag{2.12}$$

$$b_n = \frac{1}{L} \int_{-L}^{L} f(x) \sin \frac{n\pi}{L} x \, dx \qquad (n = 1, 2, \cdots) \tag{2.13}$$

[解説] 関数 $f(x)$ の周期を $2L$ とする．変数変換 $u = (\pi/L)x$（すなわち $x = (L/\pi)u$）により $f((L/\pi)u)$ を u の関数と考えれば周期 2π である．関数 $f((L/\pi)u)$ を周期 2π としてフーリエ級数展開し最後に変数を x へ戻すと，周期 $2L$ の場合のフーリエ級数展開が得られる． □

周期 $2L$ （$L > 0$）の，偶関数に対するフーリエ余弦級数ならびに奇関数に対するフーリエ正弦級数は次のとおりである．

フーリエ余弦級数（周期 $2L$）

偶関数 $f(x)$ に対し

$$f(x) = \frac{a_0}{2} + a_1 \cos\frac{\pi}{L}x + a_2 \cos\frac{2\pi}{L}x + \cdots$$
$$= \frac{a_0}{2} + \sum_{n=1}^{\infty} a_n \cos\frac{n\pi}{L}x \tag{2.14}$$

フーリエ係数は

$$a_0 = \frac{2}{L}\int_0^L f(x)dx \tag{2.15}$$

$$a_n = \frac{2}{L}\int_0^L f(x)\cos\frac{n\pi}{L}x\,dx \qquad (n=1,2,\cdots) \tag{2.16}$$

フーリエ正弦級数（周期 $2L$）

奇関数 $f(x)$ に対し

$$f(x) = b_1 \sin\frac{\pi}{L}x + b_2 \sin\frac{2\pi}{L}x + \cdots$$
$$= \sum_{n=1}^{\infty} b_n \sin\frac{n\pi}{L}x \tag{2.17}$$

フーリエ係数は

$$b_n = \frac{2}{L}\int_0^L f(x)\sin\frac{n\pi}{L}x\,dx \qquad (n=1,2,\cdots) \tag{2.18}$$

問 4 次の関数をフーリエ級数展開せよ（それぞれ 1 周期について示されている）．また $y = f(x)$ のグラフを描き，偶関数，奇関数，どちらでもない関数のいずれかを答えよ．

(1) $f(x) = |x| \qquad (-1 \leq x \leq 1)$

(2) $f(x) = \begin{cases} 1 & (0 < x < 2) \\ 0 & (x = -2, 0, 2) \\ -1 & (-2 < x < 0) \end{cases}$

複素数を用いてフーリエ級数を表すことがある．後述のフーリエ変換の基礎となる．

> **複素形フーリエ級数（周期 $2L$）**
>
> $$f(x) = \sum_{n=-\infty}^{\infty} c_n e^{i\frac{n\pi}{L}x} \qquad (2.19)$$
>
> フーリエ係数 c_n は次で定められる．
>
> $$c_n = \frac{1}{2L}\int_{-L}^{L} f(x) e^{-i\frac{n\pi}{L}x} dx \qquad (n = 0, \pm 1, \pm 2, \cdots) \qquad (2.20)$$

注意 2.7
$L = \pi$ とすれば周期 2π の場合の**複素形フーリエ級数**となる．

問 5 オイラーの公式
$$\cos\frac{n\pi}{L}x = \frac{1}{2}(e^{i\frac{n\pi}{L}x} + e^{-i\frac{n\pi}{L}x}), \quad \sin\frac{n\pi}{L}x = \frac{1}{2i}(e^{i\frac{n\pi}{L}x} - e^{-i\frac{n\pi}{L}x})$$
を周期 $2L$ のフーリエ級数展開へ代入し，複素形フーリエ級数 (2.19), (2.20) を導け．

2.2 三角関数とベクトルの比較

本節では三角関数の性質とベクトルの性質との共通点について考える．フーリエ級数展開を計算できさえすればよいと考える読者は，本節を飛ばしても差し支えない．しかし，理工学の諸分野で"直交関数"や"内積"という言葉が用いられる．本節ではこれらの意味について学習する．

区間 $[a,b]$ 上の関数 $f(x)$ が

$$\int_a^b |f(x)|^2 \, dx < \infty$$

をみたすとき，$f(x)$ を **2 乗可積分関数**（L^2 **関数**）という．2 乗可積分関数 f, g の内積 (f,g) を次により定める．

2.2 三角関数とベクトルの比較

$$(f,g) = \int_a^b f(x)g(x)dx$$

上記は関数が実数値の場合の定義である．関数が複素数値の場合，$g(x)$ を共役複素数 $\overline{g(x)}$ として内積を定める．また

$$(f,g) = 0$$

のとき関数 f と g は**互いに直交する**という．区間 $[a,b]$ 上の関数列 $\{f_1(x), f_2(x), \cdots\}$ が

$$i \neq j \quad \text{のとき} \quad (f_i, f_j) = 0$$

をみたすとき関数列 $\{f_1(x), f_2(x), \cdots\}$ を区間 $[a,b]$ 上の**直交関数系**という．

例 2.8 関数列 $\{1, \cos x, \cos 2x, \cdots, \sin x, \sin 2x, \cdots\}$ は区間 $[-\pi, \pi]$ 上の直交関数系である．異なる関数の内積が 0 となるからである．

$$(1, \cos nx) = \int_{-\pi}^{\pi} \cos nx\, dx = 0,$$

$$(1, \sin nx) = \int_{-\pi}^{\pi} \sin nx\, dx = 0$$

$$(\cos mx, \cos nx) = \int_{-\pi}^{\pi} \cos mx \cos nx\, dx = 0 \quad (m \neq n)$$

$$(\sin mx, \sin nx) = \int_{-\pi}^{\pi} \sin mx \sin nx\, dx = 0 \quad (m \neq n)$$

$$(\sin mx, \cos nx) = \int_{-\pi}^{\pi} \sin mx \cos nx\, dx = 0 \quad (m, n = 1, 2, \cdots) \quad \square$$

関数と数ベクトルを比較しよう．

2 つの数ベクトル $\boldsymbol{a} = [a_1, a_2, \cdots, a_n]$, $\boldsymbol{b} = [b_1, b_2, \cdots, b_n]$ の内積を $(\boldsymbol{a}, \boldsymbol{b}) = a_1 b_1 + a_2 b_2 + \cdots + a_n b_n$ により定義することができる．また $(\boldsymbol{a}, \boldsymbol{b}) = 0$ のとき 2 つのベクトルは直交するという．そしてベクトルの内積，直交を真似たものが"関数の内積，直交"である．以下に具体例を見よう．

3 次元数ベクトルの場合，互いに直交する 3 つのベクトル $\boldsymbol{e}_1 = [1, 0, 0]$, $\boldsymbol{e}_2 = [0, 1, 0]$, $\boldsymbol{e}_3 = [0, 0, 1]$ の 1 次結合（重ね合わせ）により任意のベクトルを表すことができる．

例えば

$$[1, 3, -2] = e_1 + 3e_2 - 2e_3$$

のように表すことができる．周期関数の場合はベクトル $e_1, e_2, \cdots$ の代わりに直交関数系を用いる．

例えば

$$f(x) = \sin x + 3\sin 2x - 2\sin 3x + \cdots$$

のように表すことがある．

また 3 次元数ベクトル $[1, 3, -2] = e_1 + 3e_2 - 2e_3$ とベクトル e_1 との内積は

$$(e_1 + 3e_2 + 2e_3, e_1) = (e_1, e_1) + 3(e_2, e_1) + 2(e_3, e_1) = 1 \cdot 1 + 3 \cdot 0 + 2 \cdot 0 = 1$$

である．この値は $[1, 3, 2]$ の e_1 成分に一致する．同様にベクトル e_2, e_3 それぞれとの内積は $[1, 3, 2]$ の e_2 成分，e_3 成分それぞれに一致する．一方，関数 $f(x) = \sin x + 3\sin 2x - 2\sin 3x + \cdots$ と $\sin x$ との内積は

$$(\sin x + 3\sin 2x - 2\sin 3x + \cdots, \ \sin x)$$
$$= (\sin x, \sin x) + 3(\sin 2x, \sin x) - 2(\sin 3x, \sin x) + \cdots$$
$$= \pi + 3 \cdot 0 - 2 \cdot 0 + \cdots$$
$$= \pi$$

である．$1/\pi$ 倍すると $\sin x$ の係数 1 となる．同様に $\sin 2x$, $\sin 3$, $\cdots$ それぞれとの内積を $1/\pi$ 倍すると $\sin 2x$ の係数 3，$\sin 3x$ の係数 -2, $\cdots$ となる．これらの係数をフーリエ係数と呼んでいる（先のベクトルの成分計算と異なり，大きさの調整のため $1/\pi$ 倍が必要である．しかし内積を利用する点は同じである）．

このように，フーリエ係数（フーリエ成分）を求めるにはベクトルの成分を求める計算に似たことを行えばよい．なお，"直交"といっても "90 度で交わる目に見える矢印"を扱うと限らないので注意しよう．

本書では直交関数系として三角関数の集まりを考える．しかし直交関数系として三角関数以外の関数が用いられる場合でも，それらの重ね合わせをフーリエ級数展開と呼ぶことがある．

2.3 フーリエ級数の性質

フーリエ級数の代表的な性質を学習しよう．

各 x に対するフーリエ級数展開の値がもとの関数の値 $f(x)$ へ収束するか否かについて，次の定理が知られている．

―― フーリエ級数の収束 ――――――――――――――――――――
周期関数 $f(x)$ が 2 乗可積分関数であり，$f(x)$ と $f'(x)$ が区分的に連続であるならば，

(i) $f(x)$ が $x = x_0$ で連続のとき，$f(x)$ のフーリエ級数展開の $x = x_0$ での値は $f(x_0)$ へ収束する．

(ii) $f(x)$ が $x = x_0$ で不連続のとき，$f(x)$ のフーリエ級数展開の $x = x_0$ での値は
$$\frac{1}{2}(f(x_0+0) + f(x_0-0))$$
(右極限と左極限の平均値) へ収束する．

関数が**区分的に連続**とは，任意の有限閉区間（区間 $-\pi \le x \le \pi$，区間 $0 \le x \le 2\pi$ など）において有限個の点を除き関数が連続であり，不連続点での関数値に右極限，左極限が存在することをいう．また，2.2 節を学習していない読者は，2 乗可積分関数についての 2.2 節冒頭の説明を読むとよい．

注意 2.9 フーリエ級数展開の値が収束するとは，フーリエ級数の**有限和**

$$\frac{a_0}{2} + a_1 \cos x + a_2 \cos 2x + \cdots + a_N \cos Nx + b_1 \sin x + b_2 \sin 2x + \cdots + b_N \sin Nx$$
$$= \frac{a_0}{2} + \sum_{n=1}^{N}(a_n \cos nx + b_n \sin nx) \quad (N \text{ は自然数})$$

の各 x での値が，$N \to \infty$ のとき有限の値へ近づくことをいう（この定義は周期 2π の場合についてである．周期 $2L$ の場合も同様である）．

注意 2.10 関数 $f(x)$ の不連続点の近くでは，フーリエ級数の有限和の値が $f(x)$ の値から大きく外れる場所がある．しかも和をとる項の数 N が大きいほど，外れの度合いは大きく見える．この現象を**ギブス現象**と呼ぶ．

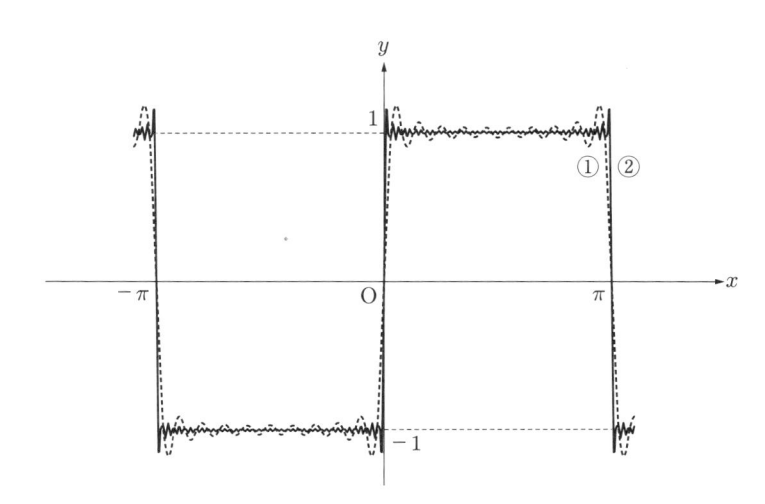

図 2.7 ギブス現象（例題 2.5 のフーリエ級数の有限和）
① $\frac{4}{\pi}\left(\sin x + \frac{1}{3}\sin 3x + \cdots + \frac{1}{19}\sin 19x\right)$
② $\frac{4}{\pi}\left(\sin x + \frac{1}{3}\sin 3x + \cdots + \frac{1}{79}\sin 79x\right)$

例 2.11 2.1 節，例題 2.4 の関数

$$f(x) = \begin{cases} x & (0 \leq x \leq \pi) \\ 0 & (-\pi < x < 0) \end{cases}$$

のフーリエ級数展開の各 x での値は，次の関数の値 $f_0(x)$ へ収束する．

$$f_0(x) = \begin{cases} x & (0 \leq x < \pi) \\ \frac{\pi}{2} & (x = \pi) \\ 0 & (-\pi < x < 0) \end{cases}$$

関数 $f(x)$ の不連続点 $x = \pi$ において，関数の値 $f(\pi)$ と $f_0(\pi)$ が異なっている．フーリエ級数展開の $x = \pi$ での極限は，$x = \pi$ におけるもとの関数 f の右極限と左極限の平均

$$\frac{1}{2}(f(\pi+0) + f(\pi-0)) = \frac{1}{2}(0+\pi)$$
$$= \frac{\pi}{2}$$

である． □

2.3 フーリエ級数の性質

フーリエ級数の収束についての性質を利用し，等式を証明することができる．

例題 2.12 例題 2.6 のフーリエ級数

$$f(x) = \frac{\pi}{2} - \frac{4}{\pi}\left(\cos x + \frac{1}{3^2}\cos 3x + \frac{1}{5^2}\cos 5x + \cdots\right)$$

を利用し，次の等式を証明せよ．

$$1 + \frac{1}{3^2} + \frac{1}{5^2} + \cdots = \frac{\pi^2}{8}$$

(**解**) 例題 2.6 の関数

$$f(x) = \begin{cases} x & (0 \leq x \leq \pi) \\ -x & (-\pi \leq x < 0) \end{cases}$$

において，$0 \leq x \leq \pi$ の場合へ $x = 0$ を代入すると $f(0) = 0$ である．よってフーリエ級数へ $x = 0$ を代入すると次が成り立つ．

$$0 = \frac{\pi}{2} - \frac{4}{\pi}\left(1 + \frac{1}{3^2} + \frac{1}{5^2} + \cdots\right)$$

($\cos 0 = 1$ に注意せよ) したがって等式

$$1 + \frac{1}{3^2} + \frac{1}{5^2} + \cdots = \frac{\pi^2}{8}$$

が成り立つ． □

問 6 次の等式を証明せよ．

$$1 - \frac{1}{3} + \frac{1}{5} - \frac{1}{7} + \cdots = \frac{\pi}{4}$$

ヒント：例題 2.5 のフーリエ級数へ $x = \pi/2$ を代入する．

周期 2π の関数 $f(x)$ が 2 乗可積分関数であり，$f(x)$ と $f'(x)$ が区分的に連続であるとする（フーリエ級数の収束定理と同じ条件である）．このとき次の性質が知られている．

> **パーセバルの等式（フーリエ級数に関する）**
>
> $$\frac{1}{\pi}\int_{-\pi}^{\pi}\{f(x)\}^2 dx = \frac{a_0^2}{2} + \sum_{n=1}^{\infty}(a_n^2 + b_n^2)$$

[解説] 関数 $f(x)$ の大きさがフーリエ係数の 2 乗和で表されることを，**パーセバルの等式**は示している．$1/\pi$ が掛かっているのは大きさを調整するためである．

数ベクトルと比較してみよう．ベクトル $a = (a_1, a_2, a_3)$ の大きさの 2 乗は $|a|^2 = a_1^2 + a_2^2 + a_3^2$ である．関数 $f(x)^2$ の積分がベクトルの大きさの 2 乗 $|a|^2$ の役割に当たり，フーリエ係数の 2 乗和がベクトル成分の 2 乗和 $a_1^2 + a_2^2 + a_3^2$ の役割に当たることを，パーセバルの等式は示している．

また物体の振動や電気信号を扱う場合，振動，信号の大きさをフーリエ係数（周波数成分）の 2 乗和で表すのが自然であることを，パーセバルの等式は示している．□

2.4 偏微分方程式の解法（フーリエ級数の利用）

"細長い物"（棒や楽器の弦）を伝わる波を表すときは，各質点の変位が原点からの距離 x と時刻 t との関数 $y(x,t)$ になると考える．そして偏導関数を用いた方程式，すなわち偏微分方程式を利用する．本節ではフーリエ級数を利用する**偏微分方程式**の解法について述べる．

なお偏微分方程式において，"細長い物" の端点の変位を与えたものを**境界条件**という．例えば長さ L の弦の場合 $x = 0$，$x = L$ は弦の端点の座標を示す．そして弦の両端 $x = 0$，$x = L$ が変位 0 に固定されているならば，$y(0,t) = 0$，$y(L,t) = 0$ と書く．

また時刻 $t = 0$ での各点 x の変位が与えられたものを**初期条件**という．例えば振動を観測し始めた時刻 $t = 0$ における弦の形を示したものである．ゆえに $y(x,0)$ を x の関数で表す．もし時刻 $t = 0$ に弦がピンと張られていれば "x の関数" は直線を表す式となる．弦が波打つ様子を表すなら "x の関数" は三角関数または複雑な波形となるだろう．

偏導関数の階数により**熱方程式**（または**熱拡散方程式**），**波動方程式**などに分類される．熱方程式は，物質中を熱が伝わる様子を表す．次の例題の熱方程式において，定数 κ が大きいとき物質中を熱が速く伝わる．ゆえに定数 κ を熱拡散率という．波動方程式については章末問題を参照してほしい．

2.4 偏微分方程式の解法（フーリエ級数の利用）

例題 2.13 偏微分方程式

$$\frac{\partial y}{\partial t} = \kappa \frac{\partial^2 y}{\partial x^2} \quad (0 \leq x \leq 1, t \geq 0) \quad (\kappa > 0 \text{ は定数}) \quad :熱方程式$$

境界条件：$y(0,t) = y(1,t) = 0$

について次の問に答えよ．

(1) 初期条件

$$y(x,0) = \sin \pi x + \frac{1}{2}\sin 2\pi x + \frac{1}{3}\sin 3\pi x$$

に対する解を求めよ．

(2) 初期条件

$$y(x,0) = \begin{cases} x & (0 \leq x < \frac{1}{2}) \\ 1-x & (\frac{1}{2} \leq x \leq 1) \end{cases}$$

に対する解を求めよ．

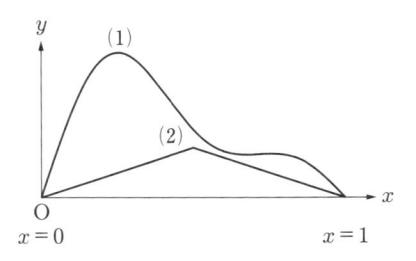

図 2.8 初期条件のグラフ

（**解**）(1) 変数 x の関数 $X(x)$ と変数 t の関数 $T(t)$ との積 $y(x,t) = X(x)T(t)$ の形の解をまず求める．両辺を変数 x で 2 階微分，ならびに変数 t で 1 階微分すると

$$\frac{\partial^2 y}{\partial x^2} = X''(x)T(t), \quad \frac{\partial y}{\partial t} = X(x)T'(t)$$

となる．もとの偏微分方程式へあてはめると

$$X(x)T'(t) = \kappa X''(x)T(t)$$

となる．さらに左辺へ変数 t の関数を，右辺へ変数 x の関数を移項すると

$$\frac{T'(t)}{T(t)} = \kappa \frac{X''(x)}{X(x)} \quad :変数分離形$$

と変形される．これは t の関数と x の関数が恒等的に等しいことを意味する．ゆえに左辺と右辺はいずれも文字 t と x を含まない．したがって

$$\frac{T'(t)}{T(t)} = \kappa \frac{X''(x)}{X(x)} = \lambda \qquad (\lambda \text{は定数})$$

とおくことができる．

$$\kappa \frac{X''(x)}{X(x)} = \lambda, \qquad \frac{T'(t)}{T(t)} = \lambda$$

より次式が成り立つ．

$$X''(x) = \frac{\lambda}{\kappa} X(x) \tag{2.21}$$
$$T'(t) = \lambda T(t) \tag{2.22}$$

式 (2.21) は変数 x の常微分方程式，式 (2.22) は変数 t の常微分方程式である（ゆえに前章の知識により解くことができる）．また境界条件の方が初期条件よりも扱いやすい形である．よって x に関する方程式 (2.21) を先に解く．

i) $\lambda > 0$ のとき，$X = A\cosh\sqrt{\frac{\lambda}{\kappa}}x + B\sinh\sqrt{\frac{\lambda}{\kappa}}x$ (A, B：定数) である（2 階微分がもとの関数の正数倍となるため）．境界条件をあてはめると $0 = A\cosh 0 + B\sinh 0$ かつ $0 = A\cosh\sqrt{\frac{\lambda}{\kappa}} + B\sinh\sqrt{\frac{\lambda}{\kappa}}$，すなわち $A = 0$ かつ $B = 0$ となる．よって自明な解 $X(x) \equiv 0$ となる．

ii) $\lambda = 0$ のとき，$X''(x) = 0$ より $X = Ax + B$ (A, B：定数) である．境界条件をあてはめると $0 = A \cdot 0 + B$ かつ $0 = A \cdot 1 + B$，すなわち $A = 0$ かつ $B = 0$ となる．よって自明な解 $X(x) \equiv 0$ となる．

iii) $\lambda < 0$ のとき，$X = A\cos\sqrt{-\frac{\lambda}{\kappa}}x + B\sin\sqrt{-\frac{\lambda}{\kappa}}x$ (A, B：定数) である（2 階微分がもとの関数の負数倍となるため）．境界条件をあてはめると $0 = A\cos 0 + B\sin 0$ かつ $0 = A\cos\sqrt{-\frac{\lambda}{\kappa}} + B\sin\sqrt{-\frac{\lambda}{\kappa}}$，すなわち $A = 0$ かつ $B\sin\sqrt{-\frac{\lambda}{\kappa}} = 0$ となる．$B = 0$ のとき $X(x) \equiv 0$ となるが，$B \neq 0$ のとき $\sin\sqrt{-\frac{\lambda}{\kappa}} = 0$ である．ゆえに

$$\sqrt{-\frac{\lambda}{\kappa}} = n\pi, \quad \lambda = -\kappa n^2 \pi^2 \qquad (n = 1, 2, \cdots)$$

となり，常微分方程式 (2.21) の解は次のとおりである．

$$X = B\sin n\pi x \qquad (B \text{ は定数}) \ (n = 1, 2, \cdots)$$

2.4 偏微分方程式の解法（フーリエ級数の利用）

（場合分け i), ii), iii) は以上である）

さて，t に関する常微分方程式 (2.22) の解は $T = Ce^{\lambda t}$（C：定数）である．$\lambda = -\kappa n^2 \pi^2$ を代入すると

$$T = Ce^{-\kappa n^2 \pi^2 t} \qquad (C \text{ は定数})$$

と表せる．

以上より，$y(x,t) = X(x)T(t)$ の形の解は $y(x,t) = A_n e^{-\kappa n^2 \pi^2 t} \sin n\pi x$（$A_n$：$n$ により定まる定数）となり，$n = 1, 2, \cdots$ についての重ね合わせ

$$\sum_{n=1}^{\infty} A_n e^{-\kappa n^2 \pi^2 t} \sin n\pi x \tag{2.23}$$

はもとの偏微分方程式の解である．

最後に初期条件について考える．$t = 0$ を解 (2.23) へ代入したもの

$$\sum_{n=1}^{\infty} A_n \sin n\pi x \tag{2.24}$$

が与えられた初期条件 $y(x, 0) = \sin \pi x + \dfrac{1}{2} \sin 2\pi x + \dfrac{1}{3} \sin 3\pi x$ に一致すればよい．ゆえに係数を比較すると

$$A_1 = 1, \quad A_2 = \frac{1}{2}, \quad A_3 = \frac{1}{3}, \quad A_n = 0 \quad (n = 4, 5, \cdots)$$

である．これらを式 (2.23) へあてはめ，偏微分方程式の解を次のように得る．

$$y(x,t) = e^{-\kappa \pi^2 t} \sin \pi x + \frac{1}{2} e^{-4\kappa \pi^2 t} \sin 2\pi x + \frac{1}{3} e^{-9\kappa \pi^2 t} \sin 3\pi x$$

(2) 式 (2.23) へ $t = 0$ を代入し，式 (2.24) を導くまでの手順は前問 (1) に同じである．式 (2.24) が与えられた初期条件に一致するよう，係数 A_n を定めればよい．そのため初期条件を sin で表したもの，すなわちフーリエ正弦級数展開

$$\sum_{k=1}^{\infty} (-1)^{k-1} \frac{4}{(2k-1)^2 \pi^2} \sin(2k-1)\pi x$$

との係数比較を行う．すると次が成り立つ．

$$A_{2k-1} = (-1)^{k-1}\frac{4}{(2k-1)^2\pi^2}, \quad A_{2k} = 0 \quad (k = 1, 2, \cdots)$$

これらを式 (2.23) へあてはめ，偏微分方程式の解を次のように得る．

$$y(x,t) = \sum_{k=1}^{\infty} (-1)^{k-1}\frac{4}{(2k-1)^2\pi^2} e^{-\kappa(2k-1)^2\pi^2 t} \sin(2k-1)\pi x \qquad \square$$

注意 2.14　例題 2.13 (2) において，初期条件は区間 $0 \leq x \leq 1$ のみについて述べられている．しかし無限に続く周期関数の一部が有限区間 $0 \leq x \leq 1$ へ現れたと考える．初期条件が正弦により表される場合，区間 $x < 0$ へ奇関数として拡張しフーリエ正弦級数を求める．

注意 2.15　例題 2.13 の解法に慣れた後は $T'/T = \kappa X''/X = -\lambda$ $(\lambda > 0)$ とおいてもよい．

問 7　次の偏微分方程式の解を求めよ．

(1) $\dfrac{\partial y}{\partial t} = 2\dfrac{\partial^2 y}{\partial x^2}$ 　 $(0 \leq x \leq 1, t \geq 0)$

　　境界条件：$y(0,t) = y(1,t) = 0$

　　初期条件：$y(x,0) = \sin \pi x + \dfrac{1}{3}\sin 3\pi x + \dfrac{1}{5}\sin 5\pi x$

(2) $\dfrac{\partial y}{\partial t} = 3\dfrac{\partial^2 y}{\partial x^2}$ 　 $(0 \leq x \leq 1, t \geq 0)$

　　境界条件：$y(0,t) = y(1,t) = 0$

　　初期条件：

$$y(x,0) = \begin{cases} x & \left(0 \leq x < \frac{1}{2}\right) \\ 1-x & \left(\frac{1}{2} \leq x \leq 1\right) \end{cases}$$

2.5　フーリエ変換

　フーリエ級数展開は，"離散的な値"の周波数に対する三角関数を重ね合わせ，周期関数を表すものである．周期 2π の場合なら $1, \cos x, \cos 2x, \cdots, \sin x, \sin 2x, \cdots$ の重ね合わせでもとの関数を表すことができる．しかし周期をもたない関数を三角関数の重ね合わせにより表す場合，三角関数の周波数としてあらゆる実数値を使う．すな

2.5 フーリエ変換

わち

$$1, \cdots, \cos 0.4x, \cdots, \cos x, \cdots, \cos\sqrt{2}x, \cdots, \cos 2x, \cdots, \cos 2.8395601x, \cdots,$$
$$\sin 0.0072x, \cdots, \sin x, \cdots, \sin\sqrt{3}x, \cdots, \sin 2x, \cdots, \sin\pi x, \cdots$$

のような"連続的な値"の周波数に対する三角関数の，重ね合わせを利用する．そのための手段がフーリエ変換である．

周期をもたない関数は，周期が無限大の関数であると考えられる．したがって周期 $2L$ の関数において周期 L を無限大へ近づけるときのフーリエ級数展開の極限を利用し，フーリエ変換を定義する．

条件 $\int_{-\infty}^{\infty}|f(x)|dx<\infty$ をみたす周期をもたない関数 $f(x)$ に対し，まず周期 $2L$ の関数のフーリエ級数展開の計算式 (2.10) をあてはめよう．$x=x_0$ とし，式 (2.10) へフーリエ係数 (2.11)，(2.12)，(2.13) を代入すると，次のようになる．

$$\begin{aligned}f(x_0) &= \frac{a_0}{2}+\sum_{n=1}^{\infty}\left(a_n\cos\frac{n\pi}{L}x_0+b_n\sin\frac{n\pi}{L}x_0\right)\\ &= \frac{1}{2L}\int_{-L}^{L}f(x)dx+\frac{1}{L}\sum_{n=1}^{\infty}\left(\left\{\int_{-L}^{L}f(x)\cos\frac{n\pi}{L}xdx\right\}\cos\frac{n\pi}{L}x_0\right.\\ &\quad\left.+\left\{\int_{-L}^{L}f(x)\sin\frac{n\pi}{L}xdx\right\}\sin\frac{n\pi}{L}x_0\right)\\ &= \int_{-L}^{L}f(x)\left\{\frac{1}{2L}+\frac{1}{L}\sum_{n=1}^{\infty}\cos\frac{n\pi}{L}(x-x_0)\right\}dx\end{aligned}$$

$\Delta\omega=\dfrac{\pi}{L}$ とおくと

$$\begin{aligned}f(x_0) &= \int_{-L}^{L}f(x)\left\{\frac{\Delta\omega}{2\pi}+\frac{\Delta\omega}{\pi}\sum_{n=1}^{\infty}\cos n\Delta\omega(x-x_0)\right\}dx\\ &= \frac{1}{\pi}\int_{-L}^{L}f(x)\left\{\frac{\Delta\omega}{2}+\sum_{n=1}^{\infty}\Delta\omega\cos n\Delta\omega(x-x_0)\right\}dx\end{aligned}$$

である．ここで $L\to\infty$ とすると，$\Delta\omega\to 0$ であることと，x が $\Delta\omega$ に無関係であることから，

$$f(x_0)=\frac{1}{\pi}\int_{-\infty}^{\infty}f(x)\left\{\int_0^{\infty}\cos\omega(x-x_0)d\omega\right\}dx$$

が成り立つ（積分の定義を思い出し，総和 Σ を積分へ置き換えた）．さらに積分の順序を交換できるとし，次のように変形する．

$$f(x_0) = \frac{1}{\pi} \int_0^\infty \int_{-\infty}^\infty f(x) \cos \omega(x - x_0) dx d\omega \qquad (2.25)$$

式 (2.25) を関数 $f(x)$ のフーリエ積分表示という．

　フーリエ積分の性質を考察するには，cos の成分と sin の成分へ分解するとよい．そのため加法定理により変形された式 (2.26) も，関数 $f(x)$ の**フーリエ積分表示**と呼ばれる．

$$f(x_0) = \frac{1}{\pi} \int_0^\infty \{A(\omega) \cos \omega x_0 + B(\omega) \sin \omega x_0\} d\omega \qquad (2.26)$$

ただし

$$A(\omega) = \int_{-\infty}^\infty f(x) \cos \omega x dx, \qquad (2.27)$$

$$B(\omega) = \int_{-\infty}^\infty f(x) \sin \omega x dx. \qquad (2.28)$$

フーリエ級数が $n = 0, 1, 2, \cdots$ に関する和で表されるのに対し，フーリエ積分では ω に関する積分が用いられる．そしてフーリエ級数での係数 a_n，b_n の代わりに，$A(\omega)$，$B(\omega)$ が cos，sin の係数となる．

　また指数関数を用いて表した式 (2.29) も関数 $f(x)$ のフーリエ積分表示と呼ばれる．

$$f(x_0) = \frac{1}{2\pi} \int_{-\infty}^\infty \int_{-\infty}^\infty f(x) e^{-i\omega(x - x_0)} dx d\omega \qquad (2.29)$$

式 (2.25) へ $\cos \omega(x - x_0) = (e^{i\omega(x-x_0)} + e^{-i\omega(x-x_0)})/2$ を代入し計算を進めると式 (2.29) を導くことができる（読者は計算してみよう）．

　さて式 (2.29) の二重積分を，x に関する積分と，ω に関する積分とに分けよう．$e^{-i\omega(x-x_0)} = e^{-i\omega x} \cdot e^{i\omega x_0}$ より，式 (2.29) は次のようになる．

$$f(x_0) = \frac{1}{\sqrt{2\pi}} \int_{-\infty}^\infty \left\{ \frac{1}{\sqrt{2\pi}} \int_{-\infty}^\infty f(x) e^{-i\omega x} dx \right\} e^{i\omega x_0} d\omega$$

中括弧内は ω の関数であるから $F(\omega)$ とおく．すると次のように表される．

$$f(x_0) = \frac{1}{\sqrt{2\pi}} \int_{-\infty}^\infty F(\omega) e^{i\omega x_0} d\omega \qquad (2.30)$$

条件 $\int_{-\infty}^\infty |f(x)| dx < \infty$ をみたし，かつ $f(x)$ と $f'(x)$ が区分的に連続な関数 $f(x)$ に対する**フーリエ変換**と**フーリエ逆変換**（または逆フーリエ変換）を，次式により定義する．

2.5 フーリエ変換

─ フーリエ変換 ─

$$F(\omega) = \frac{1}{\sqrt{2\pi}} \int_{-\infty}^{\infty} f(x) e^{-i\omega x} dx$$

─ フーリエ逆変換 ─

$$f(x) = \frac{1}{\sqrt{2\pi}} \int_{-\infty}^{\infty} F(\omega) e^{i\omega x} d\omega$$

フーリエ逆変換の定義は，式 (2.30) の文字 x_0 を x へ置き換えたものである．なお点 $x = x_0$ での右極限 $f(x_0 + 0)$，左極限 $f(x_0 - 0)$ が存在するとき，フーリエ逆変換の $x = x_0$ での値はそれらの平均 $(f(x_0 + 0) + f(x_0 - 0))/2$ である．

フーリエ変換の意味を確認しよう．フーリエ変換の変数 ω は振動現象の角周波数を表す（以下，単に周波数と呼ぶ）．$F(\omega)$ の値が大きいときの ω は，もとの関数 $f(x)$ の示す振動現象に多く含まれる周波数である．そして，周波数ごとに重みを付けた三角関数，指数関数を重ね合わせ，もとの関数 $f(x)$ へ戻す操作がフーリエ逆変換である．

注意 2.16 変数 x が時間を表す場合，文字 x の代わりに文字 t がしばしば用いられる．また，本書では数式の対称性を重視し，フーリエ変換とフーリエ逆変換それぞれの係数を $1/\sqrt{2\pi}$ とした．しかし理工学書では，フーリエ変換の定義を簡単化するため，次のように定義することがある（係数の積が $1/(2\pi)$ となるように定義する）．

$$F(\omega) = \int_{-\infty}^{\infty} f(t) e^{-i\omega t} dt : \text{フーリエ変換（理工学書の例）}$$
$$f(t) = \frac{1}{2\pi} \int_{-\infty}^{\infty} F(\omega) e^{i\omega t} d\omega : \text{フーリエ逆変換（理工学書の例）}$$

偶関数，奇関数に対しては "$x \geq 0$ の範囲を積分し 2 倍する" という簡便な計算によりフーリエ変換を表すことができる（フーリエ余弦級数，フーリエ正弦級数と同様の考え方である）．

偶関数のフーリエ変換を**フーリエ余弦変換**といい，奇関数のフーリエ変換を**フーリエ正弦変換**という．

第 2 章 フーリエ級数とフーリエ変換

---**フーリエ余弦変換**---

$$C(\omega) = \sqrt{\frac{2}{\pi}} \int_0^\infty f(x) \cos \omega x \, dx \quad : \text{フーリエ余弦変換}$$

$$f(x) = \sqrt{\frac{2}{\pi}} \int_0^\infty C(\omega) \cos \omega x \, d\omega \quad : \text{フーリエ余弦逆変換}$$

---**フーリエ正弦変換**---

$$S(\omega) = \sqrt{\frac{2}{\pi}} \int_0^\infty f(x) \sin \omega x \, dx \quad : \text{フーリエ正弦変換}$$

$$f(x) = \sqrt{\frac{2}{\pi}} \int_0^\infty S(\omega) \sin \omega x \, d\omega \quad : \text{フーリエ正弦逆変換}$$

[**解説**] $e^{-i\omega x} = \cos \omega x - i \sin \omega x$ をフーリエ変換の定義へあてはめると

$$\begin{aligned} F(\omega) &= \frac{1}{\sqrt{2\pi}} \int_{-\infty}^\infty f(x) e^{-i\omega x} dx \\ &= \frac{1}{\sqrt{2\pi}} \int_{-\infty}^\infty f(x) \{\cos \omega x - i \sin \omega x\} dx \\ &= \frac{1}{\sqrt{2\pi}} \int_{-\infty}^\infty f(x) \cos \omega x \, dx - i \frac{1}{\sqrt{2\pi}} \int_{-\infty}^\infty f(x) \sin \omega x \, dx \end{aligned}$$

である．フーリエ余弦級数の解説で述べたように，$f(x)$ が偶関数のとき $f(x) \cos \omega x$ は偶関数であり，$f(x) \sin \omega x$ は奇関数である．ゆえに

$$F(\omega) = \frac{2}{\sqrt{2\pi}} \int_0^\infty f(x) \cos \omega x \, dx = \sqrt{\frac{2}{\pi}} \int_0^\infty f(x) \cos \omega x \, dx$$

である．ここで $C(\omega) = F(\omega)$ とおいたものがフーリエ余弦変換である．

またフーリエ正弦級数の解説で述べたように，$f(x)$ が奇関数のとき $f(x) \cos \omega x$ は奇関数であり，$f(x) \sin \omega x$ は偶関数である．ゆえに

$$F(\omega) = -i \frac{2}{\sqrt{2\pi}} \int_0^\infty f(x) \sin \omega x \, dx = -i \sqrt{\frac{2}{\pi}} \int_0^\infty f(x) \sin \omega x \, dx$$

である．ここで，右辺から $-i$ を除く部分を $S(\omega)$ とおいたものがフーリエ正弦変換である． □

2.5 フーリエ変換

注意 2.17 奇関数のフーリエ変換を定義どおりに計算するとフーリエ正弦変換の $-i$ 倍，すなわち $F(\omega) = -iS(\omega)$ が導かれる．本書や他書において，奇関数のフーリエ変換の値として $F(\omega)$ ではなく $S(\omega)$ を挙げることが多いので，注意すること．

例題 2.18 次の関数のフーリエ変換を求めよ．

$$f(x) = \begin{cases} 1 & (|x| < 1) \\ \dfrac{1}{2} & (x = -1, 1) \\ 0 & (|x| > 1) \end{cases}$$

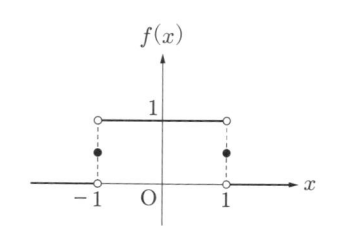

図 2.9 フーリエ変換前

(**解**) 偶関数であるからフーリエ余弦変換を行う．

$$\begin{aligned} C(\omega) &= \sqrt{\frac{2}{\pi}} \int_0^\infty f(x) \cos \omega x \, dx \\ &= \sqrt{\frac{2}{\pi}} \int_0^1 \cos \omega x \, dx \\ &= \sqrt{\frac{2}{\pi}} \left[\frac{\sin \omega x}{\omega} \right]_0^1 = \sqrt{\frac{2}{\pi}} \frac{\sin \omega}{\omega} \end{aligned}$$

(**別解**) 偶関数，奇関数と限らない場合のフーリエ変換公式を用いる．

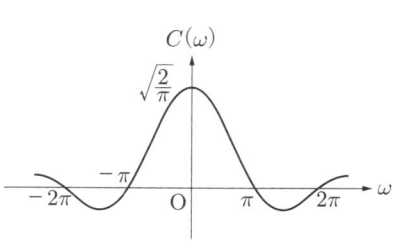

$$\begin{aligned} F(\omega) &= \frac{1}{\sqrt{2\pi}} \int_{-\infty}^\infty f(x) e^{-i\omega x} dx \\ &= \frac{1}{\sqrt{2\pi}} \int_{-1}^1 e^{-i\omega x} dx \\ &= \frac{1}{\sqrt{2\pi}} \frac{1}{-i\omega} \left[e^{-i\omega x} \right]_{-1}^1 = -\frac{1}{\sqrt{2\pi}} \frac{e^{-i\omega} - e^{i\omega}}{i\omega} \\ &= \frac{2}{\sqrt{2\pi}} \frac{e^{i\omega} - e^{-i\omega}}{2i\omega} = \sqrt{\frac{2}{\pi}} \frac{\sin \omega}{\omega} \end{aligned}$$

図 2.10 フーリエ変換後

ここで公式 $\sin \omega = (e^{i\omega} - e^{-i\omega})/2i$ を用いた． □

74　第 2 章　フーリエ級数とフーリエ変換

注意 2.19　先の例題で求めたフーリエ変換は分母に文字 ω を含む．ゆえに $\omega = 0$ となる場合を本来なら考慮しなければならない．そのためには，まず $\omega \neq 0$ の場合についてフーリエ変換する（解，別解と同じ計算結果となる）．次に $\omega = 0$ の場合についてフーリエ変換したものが，$\omega \neq 0$ に対するフーリエ変換の $\omega \to 0$ での極限に一致することを示せばよい．

以後 $\omega = 0$ の場合についての説明を省略する．

問 8　次の関数のフーリエ変換を求めよ．また $y = f(x)$ のグラフを描き，偶関数，奇関数，どちらでもない関数のいずれかを答えよ．ただし $a > 0$ とする．

(1) $f(x) = \begin{cases} 1 & (|x| < a) \\ \frac{1}{2} & (x = -a, a) \\ 0 & (|x| > a) \end{cases}$
(2) $f(x) = \begin{cases} 1 & (0 < x < 1) \\ -1 & (-1 < x < 0) \\ 0 & (その他) \end{cases}$

(3) $f(x) = \begin{cases} 1 & (0 < x < a) \\ -1 & (-a < x < 0) \\ 0 & (その他) \end{cases}$
(4) $f(x) = \begin{cases} x & (0 < x < 1) \\ \frac{1}{2} & (x = 1) \\ 0 & (その他) \end{cases}$

2.6　フーリエ変換の性質

フーリエ変換の代表的な性質について述べる．種々のフーリエ変換を容易に求めたり，理工学面での意味付けをしたりするために用いられる．

関数 $f(x)$ のフーリエ変換を $\mathcal{F}[f(x)]$ または $F(\omega)$ と記す．

―**フーリエ変換の性質**―

(1) **線形性**

$$\mathcal{F}[af(x) + bg(x)] = aF(\omega) + bG(\omega)$$

(2) **原関数**の平行移動（時間軸の推移）

$$\mathcal{F}[f(x-a)] = e^{-i\omega a} F(\omega)$$

2.6 フーリエ変換の性質

(3) **像関数**の平行移動（周波数の変調）

$$\mathcal{F}[e^{iax}f(x)] = F(\omega - a)$$

(4) **相似性**

$$\mathcal{F}[f(ax)] = \frac{1}{|a|}F\left(\frac{\omega}{a}\right) \quad (a \neq 0)$$

(5) **対称性**

$$\mathcal{F}[F(x)] = f(-\omega)$$

(6) 原関数の微分

$$\mathcal{F}[f'(x)] = i\omega F(\omega) \quad (\lim_{x \to \pm\infty} f(x) = 0 \text{ のとき})$$

(7) 像関数の微分

$$\mathcal{F}[-ixf(x)] = F'(\omega) \quad (\lim_{\omega \to \pm\infty} F(\omega) = 0 \text{ のとき})$$

(a, b : (2)〜(4) については実数定数．(1) については実数定数または複素数定数)

[**解説**] (1) フーリエ変換の定義より

$$\begin{aligned}\mathcal{F}[af(x) + bg(x)] &= \frac{1}{\sqrt{2\pi}} \int_{-\infty}^{\infty} \{af(x) + bg(x)\}e^{-i\omega x}dx \\ &= a\frac{1}{\sqrt{2\pi}} \int_{-\infty}^{\infty} f(x)e^{-i\omega x}dx + b\frac{1}{\sqrt{2\pi}} \int_{-\infty}^{\infty} g(x)e^{-i\omega x}dx \\ &= aF(\omega) + bG(\omega).\end{aligned}$$

(2) フーリエ変換の定義より

$$\mathcal{F}[f(x-a)] = \frac{1}{\sqrt{2\pi}} \int_{-\infty}^{\infty} f(x-a)e^{-i\omega x}dx$$

である．ここで $t = x - a$ とおくと，$dt/dx = 1$ より $dt = dx$ が成り立つ．かつ

$x = t+a$ である. ゆえに

$$\mathcal{F}[f(x-a)] = \frac{1}{\sqrt{2\pi}} \int_{-\infty}^{\infty} f(t) e^{-i\omega(t+a)} dt$$
$$= e^{-i\omega a} \frac{1}{\sqrt{2\pi}} \int_{-\infty}^{\infty} f(t) e^{-i\omega t} dt$$
$$= e^{-i\omega a} F(\omega).$$

(**注意**：文字 x を t に取り換え，フーリエ変換の定義を

$$F(\omega) = \frac{1}{\sqrt{2\pi}} \int_{-\infty}^{\infty} f(t) e^{-i\omega t} dt$$

のように表すことができる.) □

問9
フーリエ変換の性質 (3)〜(7) を証明せよ.

他にも重要な性質がある.

合成積のフーリエ変換

関数 $f(x), g(x)$ の **合成積**（たたみ込み積分）

$$f(x) * g(x) = \int_{-\infty}^{\infty} f(\tau) g(x-\tau) d\tau$$

に対し

$$\mathcal{F}[f(x) * g(x)] = \sqrt{2\pi} F(\omega) G(\omega)$$

注意 2.20 フーリエ変換の定義によっては右辺の係数が $\sqrt{2\pi}$ とならない. 先に述べたフーリエ変換（理工学書の例）の場合，右辺の係数は 1 となる.

合成積のフーリエ変換は，情報通信やシステム制御などの分野において大切な概念である. 現在の時刻 x に対し，時間 τ だけ過去の信号 $g(x-\tau)$ に重み付け $f(\tau)$ を与えて重ね合わせたものが，フーリエ変換の積 $F(\omega)G(\omega)$ で計算されるという意味である.

フーリエ級数に関してと同様，フーリエ変換に関する**パーセバルの等式**が知られている. 関数 $f(x)$ が 2 乗可積分関数であるとき，次の等式が成り立つ.

2.6 フーリエ変換の性質

> **パーセバルの等式（フーリエ変換に関する）**
>
> $$\int_{-\infty}^{\infty} |f(x)|^2 dx = \int_{-\infty}^{\infty} |F(\omega)|^2 d\omega$$

[**解説**] フーリエ級数に関するパーセバルの等式では，フーリエ係数の2乗和を総和記号 Σ で示し，関数の大きさを表した．しかし $f(x)$ が周期関数と限らない場合，あらゆる実数値の周波数が現れるため Σ を用いて和を表すことができない．よってフーリエ変換を2乗積分し，関数 $f(x)$ の大きさを表す． □

本節の最後に，特徴的なフーリエ変換の例を挙げる．証明には**超関数**の知識を要するため，結果を述べるにとどめる．しかし理工学分野でしばしば利用されるフーリエ変換である．

例 2.21 ガウス分布

$$f(x) = e^{-ax^2} \quad (a > 0)$$

のフーリエ変換は，ガウス分布

$$F(\omega) = \frac{1}{\sqrt{2a}} e^{-\frac{\omega^2}{4a}}$$

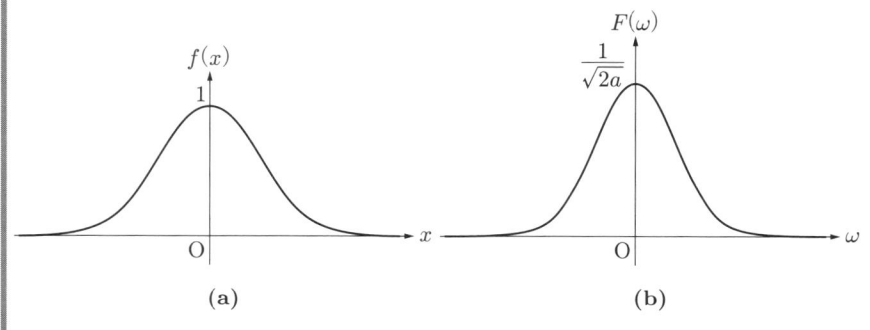

図 2.11 ガウス分布

である（フーリエ変換の計算には複素関数の知識を必要とする）．なおガウス分布は，確率統計学において**正規分布**と呼ばれる． □

例 2.22 関数列 $\{\sqrt{\frac{n}{\pi}}e^{-nx^2}\}$ ($n = 1, 2, \cdots$) について，各関数のグラフは面積 1 のガウス分布である．すなわち

$$\int_{-\infty}^{\infty} \sqrt{\frac{n}{\pi}} e^{-nx^2} dx = 1$$

をみたす．また $n \to \infty$ のとき関数の値は $x = 0$ で ∞ へ近づき，$x \neq 0$ で 0 へ近づく．ゆえに 1 点で発散するため，関数列の極限は関数でない．しかし超関数となる（超関数の厳密な定義については関数解析学の書物を参照のこと）．この場合，関数列の極限は**デルタ関数**と呼ばれ $\delta(x)$ で表される．超関数のフーリエ変換は，フーリエ変換された関数列の極限として定義される．よってデルタ関数 $\delta(x)$ のフーリエ変換は

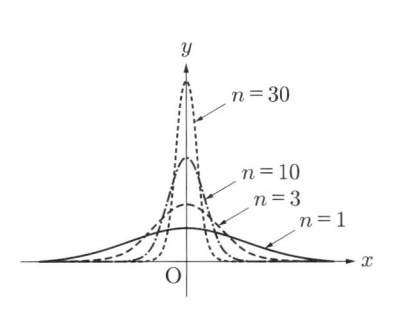

図 2.12 デルタ関数へ近づく関数列

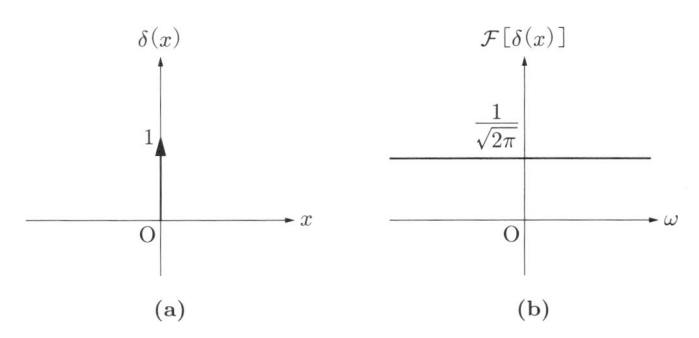

図 2.13 デルタ関数

$$\mathcal{F}[\delta(x)] = \lim_{n \to \infty} \mathcal{F}\left[\sqrt{\frac{n}{\pi}} e^{-nx^2}\right] = \lim_{n \to \infty} \sqrt{\frac{n}{\pi}} \mathcal{F}[e^{-nx^2}]$$
$$= \lim_{n \to \infty} \sqrt{\frac{n}{\pi}} \frac{1}{\sqrt{2n}} e^{-\frac{\omega^2}{4n}} = \frac{1}{\sqrt{2\pi}}$$

である．ここで例 2.21（ガウス分布のフーリエ変換）を公式として利用した． □

例 2.23 デルタ関数 $\delta(x)$ を a だけ平行移動させた超関数 $\delta(x - a)$ のフーリエ変換は，フーリエ変換の性質 (2)（原関数の平行移動）と例 2.22 より，次式となる．

$$\mathcal{F}[\delta(x-a)] = e^{-i\omega a} \mathcal{F}[\delta(x)] = \frac{1}{\sqrt{2\pi}} e^{-i\omega a}$$

□

2.6 フーリエ変換の性質

デルタ関数を利用し，$\int_{-\infty}^{\infty}|f(x)|dx<\infty$ をみたさない関数（指数関数，三角関数）のフーリエ変換を定義することができる．

例 2.24 指数関数 e^{iax} のフーリエ変換は，フーリエ変換の性質 (5) $\mathcal{F}[F(x)]=f(-\omega)$ より

$$\mathcal{F}[e^{iax}] = \sqrt{2\pi}\mathcal{F}[\frac{1}{\sqrt{2\pi}}e^{-ix(-a)}]$$
$$= \sqrt{2\pi}\delta(-\omega-(-a)) = \sqrt{2\pi}\delta(\omega-a)$$

と求められる．ここでデルタ関数の，次の性質を用いた．

$$\delta(-x) = \delta(x)$$ □

例 2.25 余弦関数，正弦関数のフーリエ変換は次のようになる．

$$\mathcal{F}[\cos ax] = \mathcal{F}[\frac{e^{iax}+e^{-iax}}{2}] = \sqrt{\frac{\pi}{2}}\{\delta(\omega-a)+\delta(\omega+a)\}$$
$$\mathcal{F}[\sin ax] = \mathcal{F}[\frac{e^{iax}-e^{-iax}}{2i}] = -i\sqrt{\frac{\pi}{2}}\{\delta(\omega-a)-\delta(\omega+a)\}$$

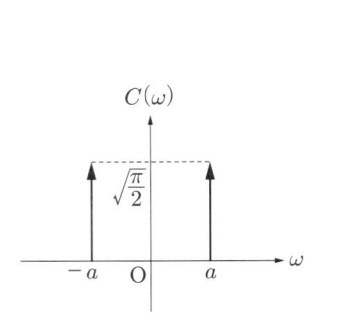

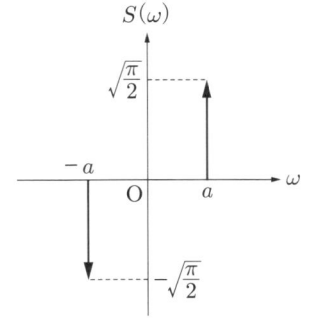

図 2.14 $\cos ax$ のフーリエ変換　　**図 2.15** $\sin ax$ のフーリエ変換

余弦関数に対するフーリエ余弦変換を $C(\omega)=\mathcal{F}[\cos ax]$ とする．一方正弦関数については，$-i$ を除いた部分をフーリエ正弦変換 $S(\omega)$ とし，$\mathcal{F}[\sin ax]=-iS(\omega)$ と定義することが多い． □

2.7 偏微分方程式の解法（フーリエ変換の利用）

有限の長さの物質には，原則として基本周波数の 2 倍，3 倍，… の周波数の波しか現れない．しかし無限に長い物質には，基本周波数の整数倍と限らないあらゆる実数倍の周波数の波が現れる．したがって無限に長い物質中を伝わる波に関する偏微分方程式を解く場合，フーリエ級数ではなくフーリエ変換を用いる．

例題 2.26 偏微分方程式

$$\frac{\partial y}{\partial t} = \kappa \frac{\partial^2 y}{\partial x^2} \quad (x \geq 0, t \geq 0) \quad (\kappa > 0 \text{ は定数})$$
$$: 熱方程式$$

境界条件：$y(0, t) = 0$

初期条件：
$$y(x, 0) = \begin{cases} 1 & (0 \leq x \leq 1) \\ 0 & (1 < x) \end{cases}$$

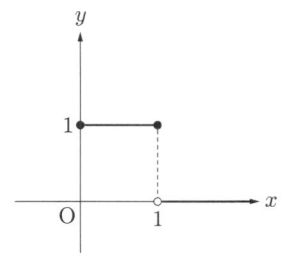

図2.16 初期条件のグラフ

の解を求めよ．ただし $y(x, t)$ は有界であるとする．

（**解**）変数 x の関数 $X(x)$ と変数 t の関数 $T(t)$ との積 $y(x, t) = X(x)T(t)$ の形の解をまず求める．両辺を変数 x で 2 階微分，ならびに変数 t で 1 階微分すると

$$\frac{\partial^2 y}{\partial x^2} = X''(x)T(t), \quad \frac{\partial y}{\partial t} = X(x)T'(t)$$

となる．もとの偏微分方程式へあてはめると

$$X(x)T'(t) = \kappa X''(x)T(t)$$

となる．さらに左辺へ変数 t の関数を，右辺へ変数 x の関数を移項すると

$$\frac{T'(t)}{T(t)} = \kappa \frac{X''(x)}{X(x)} \quad : 変数分離形$$

と変形される．これは t の関数と x の関数が恒等的に等しいことを意味する．ゆえ

に左辺と右辺はいずれも文字 t と x を含まない．したがって

$$\frac{T'(t)}{T(t)} = \kappa \frac{X''(x)}{X(x)} = \lambda \quad (\lambda\text{は定数})$$

とおくことができる．

$$\kappa \frac{X''(x)}{X(x)} = \lambda, \quad \frac{T'(t)}{T(t)} = \lambda$$

より次式が成り立つ．

$$X''(x) = \frac{\lambda}{\kappa} X(x) \tag{2.31}$$
$$T'(t) = \lambda T(t) \tag{2.32}$$

(ここまでは 2.4 節偏微分方程式 (フーリエ級数の利用) の例題解法と同様である．x に関する方程式 (2.31) を先に解くことも同様である．ただし，境界条件に加えて"x が有界である"ことを用いる点が異なっている．)

i) $\lambda > 0$ のとき，$X = A\cosh\sqrt{\frac{\lambda}{\kappa}}x + B\sinh\sqrt{\frac{\lambda}{\kappa}}x$（$A$, B：定数）である (2 階微分がもとの関数の正数倍となるため)．境界条件をあてはめると $0 = A\cosh 0 + B\sinh 0$ となる．ゆえに $A = 0$ である．もし $B \neq 0$ とすると $X = B\sinh\sqrt{\frac{\lambda}{\kappa}}x$ は有界でない．これは，$y(x,t)$ が有界であることに矛盾する．したがって $B = 0$ である．よって自明な解 $X \equiv 0$ となる．

ii) $\lambda = 0$ のとき，$X''(x) = 0$ より $X = Ax + B$（A, B：定数）である．境界条件をあてはめると $0 = A \cdot 0 + B$, すなわち $B = 0$ である．もし $A \neq 0$ とすると $X = Ax$ は有界でない．これは，$y(x,t)$ が有界であることに矛盾する．したがって $B = 0$ である．よって自明な解 $X \equiv 0$ となる．

iii) $\lambda < 0$ のとき，$X = A\cos\sqrt{-\frac{\lambda}{\kappa}}x + B\sin\sqrt{-\frac{\lambda}{\kappa}}x$（$A$, B：定数）である (2 階微分がもとの関数の負数倍となるため)．境界条件をあてはめると，$0 = A\cos 0 + B\sin 0$ となる．ゆえに $A = 0$ である．よって $X = B\sin\sqrt{-\frac{\lambda}{\kappa}}x$ である．ここで $\sqrt{-\frac{\lambda}{\kappa}}$ は任意の正の数である．したがって $\sqrt{-\frac{\lambda}{\kappa}} = \omega > 0$ とおくと，常微分方程式 (2.31) の解は次のとおりである．

$$X = B\sin\omega x \quad (B \text{ は定数}) (\omega > 0)$$

（場合分け i), ii), iii) は以上である）

さて，t に関する常微分方程式 (2.32) の解は $T = Ce^{\lambda t}$（C：定数）である．$\lambda = -\kappa\omega^2$ を代入すると

$$T = Ce^{-\kappa\omega^2 t} \qquad (C\text{ は定数})$$

と表せる．

以上より，$y(x,t) = X(x)T(t)$ の形の解は $A(\omega)e^{-\kappa\omega^2 t}\sin\omega x$（$A(\omega)$：$\omega$ の関数）となる．そして ω についての重ね合わせ

$$\int_0^\infty A(\omega)e^{-\kappa\omega^2 t}\sin\omega x \, d\omega \tag{2.33}$$

はもとの偏微分方程式の解である．

最後に初期条件について考える．$t=0$ を解 (2.33) へ代入したもの

$$\int_0^\infty A(\omega)\sin\omega x \, d\omega \tag{2.34}$$

が与えられた初期条件に一致するように，関数 $A(\omega)$ を定めればよい．初期条件の右辺の関数（$f(x)$ とおく）をフーリエ正弦変換すると，次のようになる．

$$\begin{aligned}
S(\omega) &= \sqrt{\frac{2}{\pi}}\int_0^\infty f(x)\sin\omega x \, dx \\
&= \sqrt{\frac{2}{\pi}}\int_0^1 \sin\omega x \, dx \\
&= \sqrt{\frac{2}{\pi}}\left[-\frac{1}{\omega}\cos\omega x\right]_0^1 = \sqrt{\frac{2}{\pi}}\frac{1-\cos\omega}{\omega}
\end{aligned}$$

これより初期条件の関数 $f(x)$ は

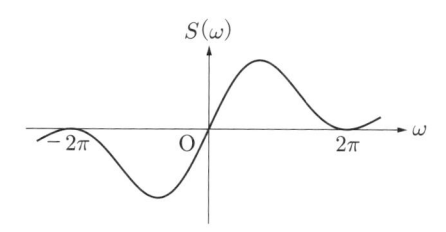

図2.17 初期条件のフーリエ変換

2.7 偏微分方程式の解法（フーリエ変換の利用）

$$f(x) = \sqrt{\frac{2}{\pi}} \int_0^\infty S(\omega) \sin \omega x \, d\omega$$
$$= \sqrt{\frac{2}{\pi}} \int_0^\infty \sqrt{\frac{2}{\pi}} \frac{1-\cos\omega}{\omega} \sin \omega x \, d\omega$$
$$= \int_0^\infty \frac{2}{\pi} \frac{1-\cos\omega}{\omega} \sin \omega x \, d\omega \tag{2.35}$$

と表せる．式 (2.34) と式 (2.35) を比較すると

$$A(\omega) = \frac{2}{\pi} \frac{1-\cos\omega}{\omega} \tag{2.36}$$

である．式 (2.36) を式 (2.33) へあてはめ，偏微分方程式の解を次のように得る．

$$y(x,t) = \frac{2}{\pi} \int_0^\infty \frac{1-\cos\omega}{\omega} e^{-\kappa\omega^2 t} \sin \omega x \, d\omega \qquad \Box$$

注意 2.27 例題において，初期条件は区間 $x \geq 0$ のみについて述べられている．しかし $-\infty$ から ∞ まで無限に続く関数が右半分の区間 $x \geq 0$ へ現れたと考える．ゆえに区間 $x < 0$ へ奇関数として拡張し，フーリエ正弦級数を求める．

問 10 偏微分方程式

$$\frac{\partial y}{\partial t} = 2 \frac{\partial^2 y}{\partial x^2} \quad (x \geq 0, t \geq 0)$$

境界条件：$y(0,t) = 0$

初期条件：
$$y(x,0) = \begin{cases} 1 & (0 \leq x \leq 3) \\ 0 & (3 < x) \end{cases}$$

の解を求めよ．ただし $y(x,t)$ は有界であるとする．

第2章 章末問題

[**1**]　周期 2π の次の関数をフーリエ級数展開せよ．また $y = f(x)$ のグラフを描き，偶関数，奇関数，どちらでもない関数のいずれであるかを答えよ．

(1) $f(x) = \begin{cases} 1 & (-\pi < x < 0) \\ 0 & (x = -\pi, 0, \pi) \\ -1 & (0 < x < \pi) \end{cases}$

(2) $f(x) = \begin{cases} 1 & (-\frac{\pi}{2} < x < \frac{\pi}{2}) \\ 0 & (x = -\frac{\pi}{2}, \frac{\pi}{2}) \\ -1 & (-\pi \leq x < -\frac{\pi}{2}, \frac{\pi}{2} < x \leq \pi) \end{cases}$

(3) $f(x) = \begin{cases} 2x & (-\frac{\pi}{2} \leq x \leq \frac{\pi}{2}) \\ -2x + 2\pi & (\frac{\pi}{2} < x \leq \pi) \\ -2x - 2\pi & (-\pi \leq x < -\frac{\pi}{2}) \end{cases}$

(4) $f(x) = \begin{cases} \sin x & (0 \leq x \leq \pi) \\ 0 & (-\pi \leq x < 0) \end{cases}$

[**2**]　次のように1周期について示された周期関数を，フーリエ級数展開せよ．また $y = f(x)$ のグラフを描き，偶関数，奇関数，どちらでもない関数のいずれかを答えよ．

(1) $f(x) = \begin{cases} 1 & (-\pi < x < \pi) \\ 0 & (x = -\pi, \pi) \\ -1 & (-2\pi \leq x < -\pi, \pi < x \leq 2\pi) \end{cases}$

(2) $f(x) = \begin{cases} x & (-1 \leq x \leq 1) \\ -x + 2 & (1 < x \leq 2) \\ -x - 2 & (-2 \leq x < -1) \end{cases}$

(3) $f(x) = \begin{cases} -x + 3 & (0 \leq x \leq 3) \\ x + 3 & (-3 \leq x < 0) \end{cases}$

(4) $f(x) = |\sin x| (0 \leq x \leq \pi)$

[**3**]　次の関数のフーリエ変換を求めよ．また $y = f(x)$ のグラフを描き，偶関数，奇関数，どちらでもない関数のいずれであるかを答えよ．ただし $a > 0, b > 0$ とする．

(1) $f(x) = \begin{cases} 1 & (|x| < 2) \\ \frac{1}{2} & (x = -2, 2) \\ 0 & (|x| > 2) \end{cases}$

(2) $f(x) = \begin{cases} x & (-1 \leq x \leq 1) \\ 0 & (その他) \end{cases}$

(3) $f(x) = \begin{cases} 1-x & (0 \leq x \leq 1) \\ 1+x & (-1 \leq x < 0) \\ 0 & (その他) \end{cases}$ (4) $f(x) = \begin{cases} b\left(1 - \frac{|x|}{a}\right) & (|x| \leq a) \\ 0 & (|x| > a) \end{cases}$

[**4**] 次の等式を証明せよ．

(1) $1 + \dfrac{1}{3^2} + \dfrac{1}{5^2} + \cdots = \dfrac{\pi^2}{8}$ （例題 2.6 ではなく例題 2.4 を利用すること）

(2) $\dfrac{1}{1 \cdot 3} - \dfrac{1}{3 \cdot 5} + \dfrac{1}{5 \cdot 7} - \cdots = \dfrac{\pi}{4} - \dfrac{1}{2}$ （**ヒント**：本章末問題 [2](4)）

[**5**] 周期 2π の関数 $f(x)$ がフーリエ級数展開可能なとき，$-\pi \leq x \leq \pi$ に対し等式

$$\int_0^x f(t)dt = \frac{a_0}{2}\int_0^x dt + \sum_{n=1}^{\infty}\left(a_n \int_0^x \cos nt\, dt + b_n \int_0^x \sin nt\, dt\right)$$

が成り立つ（項別積分の定理）．この等式を利用し周期 2π の関数

$$g(x) = x^2 \quad (-\pi \leq x \leq \pi)$$

のフーリエ級数展開を求めよ（**ヒント**：第 2 章問 3 (1) の $f(x)$ を積分する）．

[**6**] 例題 2.18 のフーリエ変換の逆変換により，次の (1) の等式を証明せよ．また (1) を利用し (2) の等式を証明せよ．

(1) $\dfrac{1}{\pi} \displaystyle\int_{-\infty}^{\infty} \dfrac{\sin \omega}{\omega} \cos \omega x\, d\omega = \begin{cases} 1 & (|x| < 1) \\ \frac{1}{2} & (x = -1, 1) \\ 0 & (|x| > 1) \end{cases}$

(2) $\displaystyle\int_0^{\infty} \dfrac{\sin \omega}{\omega}\, d\omega = \dfrac{\pi}{2}$

[**7**] 次の偏微分方程式（波動方程式）を解け．ここで $y_t = \partial y / \partial t$ とする．

$$\frac{\partial^2 y}{\partial t^2} = 4\frac{\partial^2 y}{\partial x^2} \quad (0 \leq x \leq \pi,\, t \geq 0)$$

　　境界条件：$y(0, t) = y(\pi, t) = 0$

　　初期条件：

$$y(x, 0) = \begin{cases} 2x & \left(0 \leq x \leq \frac{\pi}{2}\right) \\ -2x + 2\pi & \left(\frac{\pi}{2} < x \leq 1\right) \end{cases}, \qquad y_t(x, 0) = 0$$

第3章 ラプラス変換

波の伝わり方を周波数ごとに解析するための基礎となるラプラス変換について学ぶ．種々の計算公式を身につけることと，ラプラス変換の応用のうち，常微分方程式の初期値問題の解法を目的とする．

3.1 ラプラス変換

ここで学ぶラプラス変換では，次のような関数を考える．

$$f(t) : 0 < t < \infty \text{ で定義された関数}$$

通常，$t < 0$ では $f(t) = 0$ と考える．すると，$t = 0$ に機械のスイッチを入れて，その後の機械の何かの動きを表していると見ることができる．$t = 0$ での値については，最初に学ぶときにはくわしくは触れないでおくほうがよいようである．

s を実数とする．次の積分を**ラプラス積分**という．

$$\int_0^\infty f(t) e^{-st} dt$$

この積分が収束するとき，この積分結果を $f(t)$ の**ラプラス変換**といい，ここでは $\mathcal{L}\{f(t)\}$ や $F(s)$ で表す．この積分のなかにはパラメータ s が含まれるので，この積分は s の関数である．

ラプラス変換

$$F(s) = \mathcal{L}\{f(t)\} = \int_0^\infty f(t) e^{-st} dt \tag{3.1}$$

$F(s)$ を**像関数**，$f(t)$ を**原関数**という．$f(t)$ から $F(s)$ を求めることを，ラプラス変換するという．また，$F(s)$ から $f(t)$ を求めることを，**逆ラプラス変換**（またはラプラス逆変換）するといい，$\mathcal{L}^{-1}\{F(s)\}$ で表す．像関数のことを，簡単にラプラス変換と呼ぶこともある．

3.2 簡単なラプラス変換

まず，定数関数のラプラス変換を考えよう．

> **公式**
> $$\mathcal{L}\{a\} = \frac{a}{s} \qquad (ただし\ a = 一定,\ s > 0) \tag{3.2}$$

[**説明**] $t < 0$ では，$f(t) = 0$ なので，グラフで描くと図 3.1 のようになる．$t = 0$ で $f(0) = \frac{a}{2}$ とすると数学の公式と整合する．ただ，この関数はエンジンのスイッチを入れたときの回転数とか，電気回路のスイッチを入れたときの電流のアンペア数などを理想化した関数である．スイッチを入れた瞬間に，いきなり $\frac{a}{2}$ になることは現実にはない．いくら急激に増加するとしても，連続な曲線になるはずである．$s \neq 0$ のとき

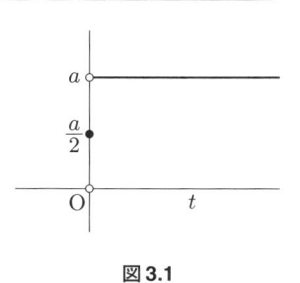

図 3.1

$$\mathcal{L}\{a\} = \int_0^\infty a e^{-st} dt = \lim_{T \to \infty} a \int_0^T e^{-st} dt = \lim_{T \to \infty} a \left[\frac{e^{-st}}{-s}\right]_0^T = a \lim_{T \to \infty} \frac{e^{-sT}}{-s} + \frac{a}{s}$$

ここで $T \to \infty$ の極限に関係しているのは e^{-sT} なので，それだけを考えてみよう．

$$s > 0 \text{ のとき} \qquad \lim_{T \to \infty} e^{-sT} = 0$$
$$s < 0 \text{ のとき} \qquad \lim_{T \to \infty} e^{-sT} = \infty$$

$s = 0$ のときのラプラス積分は，もとの定義に戻って考えなければならない．

$$\mathcal{L}\{a\} = \int_0^\infty a e^0 dt = \lim_{T \to \infty} \int_0^T a dt = \lim_{T \to \infty} [at]_0^T = \lim_{T \to \infty} aT = \begin{cases} \infty & (a > 0) \\ -\infty & (a < 0) \end{cases}$$

となって，ラプラス積分は発散してしまう．したがって，ラプラス積分は $s > 0$ のときのみ存在する．積分値は (3.2) のとおりである． □

このように，ある s の値 s_0 を境にして，$s > s_0$ ではラプラス積分が存在し，$s < s_0$ では存在しないということがある．このとき，s_0 を収束座標といい，$s > s_0$ を収束域という．これ以後は，あまりこのような収束する条件を吟味しないで話を進めることにする．実際のラプラス変換の応用では，広義積分をいちいち計算することは少なくて，このような積分をした結果を公式として使うことが多いからである．

3.2 簡単なラプラス変換

例題 3.1 $\mathcal{L}\{5\}$ を求めよ．

(解)
$$\mathcal{L}\{5\} = \frac{5}{s}$$
□

問 1 次のラプラス変換を求めよ．
(1) 0　　(2) π　　(3) 100

関数 t^n のラプラス変換を導くために必要な，**ガンマ関数**の公式について述べる．

---**ガンマ関数**---

ガンマ関数は次式で定義される．
$$\Gamma(a) = \int_0^\infty e^{-u} u^{a-1} du \tag{3.3}$$

この積分は $a > 0$ で存在する．そうでない場合には，$u = 0$ での被積分関数の性質のために発散してしまう．$a = 1$ の場合には簡単に計算できる．

$$\Gamma(1) = \int_0^\infty e^{-u} u^{1-1} du = \int_0^\infty e^{-u} du = [-e^{-u}]_0^\infty = -\lim_{T \to \infty} e^{-T} + e^0 = 1$$

a が 2 以上の正の整数の場合にも同じようにして計算できるが，それよりはガンマ関数の次の公式を使う方がよい．$a \geq 2$ のとき，部分積分法を使って

$$\begin{aligned}\Gamma(a) &= \int_0^\infty e^{-u} u^{a-1} du = [-e^{-u} u^{a-1}]_0^\infty - \int_0^\infty \{-e^{-u}(u^{a-1})'\} du \\ &= -\lim_{T \to \infty} e^{-T} T^{a-1} + 0 + \int_0^\infty e^{-u}(a-1)u^{a-2} du\end{aligned} \tag{3.4}$$

ロピタルの定理より

$$\lim_{T \to \infty} e^{-T} T^{a-1} = \lim_{T \to \infty} \frac{T^{a-1}}{e^T} = \lim_{T \to \infty} \frac{(T^{a-1})'}{(e^T)'} = \cdots = 0$$

したがって，(3.4) は

$$\begin{aligned}\Gamma(a) &= (a-1) \int_0^\infty e^{-u} u^{a-2} du = (a-1) \int_0^\infty e^{-u} u^{a-1-1} du \\ &= (a-1)\Gamma(a-1)\end{aligned}$$

つまり
$$\Gamma(a) = (a-1)\Gamma(a-1) \tag{3.5}$$
という公式が成り立つ．これを使うと，例えば次の計算が可能である．

$\Gamma(3) = (3-1)\Gamma(3-1) = 2\Gamma(2) = 2\times(2-1)\Gamma(2-1) = 2\times 1\times \Gamma(1) = 2\times 1 = 2! = 2$

$\Gamma(4), \Gamma(5), \cdots\cdots$ の計算も同様なので，公式としてかいておく．

$$\Gamma(n) = (n-1)! \quad (n \text{ は正の整数}) \tag{3.6}$$

また，$a = 1/2$ を (3.3) にあてはめると次のようになる．

$$\Gamma\left(\frac{1}{2}\right) = \int_0^\infty e^{-u} u^{-\frac{1}{2}} du = 2\int_0^\infty e^{-v^2} dv = \sqrt{\pi} \tag{3.7}$$

例題 3.2 次のガンマ関数の値を計算せよ．

(1) $\Gamma(6)$ (2) $\Gamma\left(\dfrac{5}{2}\right)$

(**解**) (1) $\Gamma(6) = 5\cdot(5-1)\Gamma(5-1) = 5\cdot 4\Gamma(4) = 5\cdot 4\cdot(4-1)\Gamma(4-1)$
$= 5\cdot 4\cdot 3\Gamma(3) = 5\cdot 4\cdot 3\cdot(3-1)\Gamma(3-1) = 5\cdot 4\cdot 3\cdot 2\Gamma(2) = 5\cdot 4\cdot 3\cdot 2\cdot 1 = 5! = 120$

(2) $\Gamma\left(\dfrac{5}{2}\right) = \left(\dfrac{5}{2}-1\right)\Gamma\left(\dfrac{5}{2}-1\right) = \dfrac{3}{2}\Gamma\left(\dfrac{3}{2}\right) = \dfrac{3}{2}\times\dfrac{1}{2}\Gamma\left(\dfrac{1}{2}\right) = \dfrac{3\sqrt{\pi}}{4}$ □

問 2 次の値を計算せよ．

(1) $\Gamma(5)$ (2) $\Gamma\left(\dfrac{7}{2}\right)$ (3) $0!$

関数 t^n のラプラス変換は，次のとおりである．

公式
$$\mathcal{L}\{t^n\} = \frac{n!}{s^{n+1}} \quad (n \text{ は正の整数}) \tag{3.8}$$

[**説明**] $t^a \ (a > -1)$ のラプラス変換は

$$\mathcal{L}\{t^a\} = \int_0^\infty t^a e^{-st} dt$$

3.2 簡単なラプラス変換

ここで，次の変数変換をする．ただし $s>0$ の場合を考える．

$$u = st, \quad t=0 \text{ のとき } u=0, \quad t \to \infty \text{ のとき } u \to \infty, \quad t = \frac{u}{s}, \quad dt = \frac{du}{s}$$

であるので

$$\mathcal{L}\{t^a\} = \int_0^\infty \left(\frac{u}{s}\right)^a e^{-u} \frac{du}{s} = \frac{1}{s^{a+1}} \int_0^\infty u^{a+1-1} e^{-u} du = \frac{\Gamma(a+1)}{s^{a+1}}$$

a が正の整数 n のとき，(3.6) より (3.8) が得られる． □

例題 3.3 次の関数のラプラス変換を求めよ．

(1) t (2) $t^{3/2}$

(**解**) (1) $\mathcal{L}\{t\} = \dfrac{\Gamma(2)}{s^2} = \dfrac{1!}{s^2} = \dfrac{1}{s^2}$

(2) $\mathcal{L}\left\{t^{\frac{3}{2}}\right\} = \dfrac{\Gamma\left(\frac{3}{2}+1\right)}{s^{\frac{3}{2}+1}} = \dfrac{\Gamma\left(\frac{5}{2}\right)}{s^{\frac{5}{2}}} = \dfrac{\frac{3}{2}\Gamma\left(\frac{3}{2}\right)}{s^{\frac{5}{2}}} = \dfrac{\frac{3}{2} \times \frac{1}{2}\Gamma\left(\frac{1}{2}\right)}{s^{\frac{5}{2}}} = \dfrac{3\sqrt{\pi}}{4s^{\frac{5}{2}}}$ □

問 3 次の関数のラプラス変換を求めよ．

(1) t^2 (2) $t^{1/2}$ (3) t^3

指数関数 e^{at} のラプラス変換は，次のようになる．

公式

$$\mathcal{L}\{e^{at}\} = \frac{1}{s-a} \tag{3.9}$$

[**説明**] $F(s) = \mathcal{L}\{e^{at}\} = \displaystyle\int_0^\infty e^{at} e^{-st} dt = \int_0^\infty e^{(a-s)t} dt = \lim_{T \to \infty} \left[\dfrac{e^{(a-s)t}}{a-s}\right]_0^T$

$= \displaystyle\lim_{T \to \infty} \dfrac{e^{(a-s)T}}{a-s} - \dfrac{e^0}{a-s}$

$a < s$ のとき $\displaystyle\lim_{T \to \infty} e^{(a-s)T} = 0$

よって，このとき

$$F(s) = -\frac{e^0}{a-s} = \frac{1}{s-a}$$ □

例題 3.4 次の関数のラプラス変換を求めよ．
(1) e^{-t} (2) e^{2t}

(解)
(1) $\mathcal{L}\{e^{-t}\} = \dfrac{1}{s-(-1)} = \dfrac{1}{s+1}$ (2) $\mathcal{L}\{e^{2t}\} = \dfrac{1}{s-2}$ □

問 4 次の関数のラプラス変換を求めよ．
(1) e^{3t} (2) e^{100t} (3) e^{-6t}

公式
$$\mathcal{L}\{\cosh at\} = \frac{s}{s^2 - a^2} \tag{3.10}$$

[説明] $\cosh at$ や $\sinh at$ のラプラス変換のためには，公式 (3.9) を使う．

$$F(s) = \mathcal{L}\{\cosh at\} = \int_0^\infty (\cosh at) e^{-st} dt = \int_0^\infty \frac{e^{at} + e^{-at}}{2} e^{-st} dt$$
$$= \frac{1}{2}\left(\int_0^\infty e^{at} e^{-st} dt + \int_0^\infty e^{-at} e^{-st} dt\right) = \frac{1}{2}\left(\mathcal{L}\{e^{at}\} + \mathcal{L}\{e^{-at}\}\right)$$
$$= \frac{1}{2}\left(\frac{1}{s-a} + \frac{1}{s+a}\right) = \frac{1}{2}\frac{s+a+s-a}{(s-a)(s+a)} = \frac{s}{s^2-a^2} \quad \square$$

公式
$$\mathcal{L}\{\sinh at\} = \frac{a}{s^2 - a^2} \tag{3.11}$$

[説明] $F(s) = \mathcal{L}\{\sinh at\} = \int_0^\infty (\sinh at) e^{-st} dt = \int_0^\infty \dfrac{e^{at} - e^{-at}}{2} e^{-st} dt$
$$= \frac{1}{2}\left(\int_0^\infty e^{at} e^{-st} dt - \int_0^\infty e^{-at} e^{-st} dt\right)$$
$$= \frac{1}{2}\left(\mathcal{L}\{e^{at}\} - \mathcal{L}\{e^{-at}\}\right) = \frac{1}{2}\left(\frac{1}{s-a} - \frac{1}{s+a}\right)$$
$$= \frac{1}{2}\frac{s+a-s+a}{(s-a)(s+a)} = \frac{a}{s^2-a^2} \quad \square$$

例題 3.5 次の関数のラプラス変換を求めよ．
(1) $\cosh 2t$ (2) $\sinh 3t$

3.2 簡単なラプラス変換

(解)

(1) $\mathcal{L}\{\cosh 2t\} = \dfrac{s}{s^2 - 2^2} = \dfrac{s}{s^2 - 4}$ (2) $\mathcal{L}\{\sinh 3t\} = \dfrac{3}{s^2 - 3^2} = \dfrac{3}{s^2 - 9}$ □

問 5 次の関数のラプラス変換を求めよ.
(1) $\cosh \sqrt{2}t$ (2) $\cosh(-\sqrt{2}t)$ (3) $\sinh 4t$ (4) $\sinh(-4t)$

三角関数のラプラス変換は有用であるので，公式として述べる.

公式
$$\mathcal{L}\{\cos at\} = \frac{s}{s^2 + a^2} \tag{3.12}$$

[説明] $\cos at$ や $\sin at$ のラプラス積分を求めるには，部分積分法を適用すればよい．しかしここでは，0 章で学んだ純虚数の指数関数で三角関数を表す公式を使う．

$$F(s) = \mathcal{L}\{\cos at\} = \int_0^\infty (\cos at)e^{-st}dt = \int_0^\infty \frac{e^{iat} + e^{-iat}}{2}e^{-st}dt$$
$$= \frac{1}{2}\left(\int_0^\infty e^{iat}e^{-st}dt + \int_0^\infty e^{-iat}e^{-st}dt\right) = \frac{1}{2}\left(\mathcal{L}\{e^{iat}\} + \mathcal{L}\{e^{-iat}\}\right)$$
$$= \frac{1}{2}\left(\frac{1}{s-ai} + \frac{1}{s+ai}\right) = \frac{1}{2}\frac{s+ai+s-ai}{(s-ai)(s+ai)} = \frac{s}{s^2+a^2}$$ □

公式
$$\mathcal{L}\{\sin at\} = \frac{a}{s^2 + a^2} \tag{3.13}$$

[説明] $F(s) = \mathcal{L}\{\sin at\} = \int_0^\infty (\sin at)e^{-st}dt = \int_0^\infty \dfrac{e^{iat} - e^{-iat}}{2i}e^{-st}dt$

$$= \frac{1}{2i}\left(\int_0^\infty e^{iat}e^{-st}dt - \int_0^\infty e^{-iat}e^{-st}dt\right)$$
$$= \frac{1}{2i}\left(\mathcal{L}\{e^{iat}\} - \mathcal{L}\{e^{-iat}\}\right) = \frac{1}{2i}\left(\frac{1}{s-ai} - \frac{1}{s+ai}\right)$$
$$= \frac{1}{2i}\frac{s+ai-s+ai}{(s-ai)(s+ai)} = \frac{a}{s^2+a^2}$$ □

例題 3.6　次の関数のラプラス変換を求めよ．
(1) $\cos 2t$　　(2) $\sin \sqrt{2}t$

(解)

(1) $\mathcal{L}\{\cos 2t\} = \dfrac{s}{s^2 + 2^2} = \dfrac{s}{s^2 + 4}$

(2) $\mathcal{L}\{\sin \sqrt{2}t\} = \dfrac{\sqrt{2}}{s^2 + (\sqrt{2})^2} = \dfrac{\sqrt{2}}{s^2 + 2}$　　□

問 6　次の関数のラプラス変換を求めよ．
(1) $\cos \sqrt{3}t$　　(2) $\cos(-\sqrt{3}t)$　　(3) $\sin 3t$
(4) $\sin(-3t)$　　(5) $2\sin t \cos t$

デルタ関数のラプラス変換も，理工学への応用上重要である．

公式

$$\mathcal{L}\{b\delta(t-a)\} = be^{-as} \qquad (a, b \text{ は定数}) \tag{3.14}$$

[説明]　$\delta(t-a)$ は (ディラックの) **デルタ関数**と呼ばれ，次の性質をもつ（例 2.22, 例 2.23 参照）．

$$\begin{aligned} t < a \text{ のとき}　&\delta(t-a) = 0 \\ t = a \text{ のとき}　&\delta(t-a) = \infty \\ t > a \text{ のとき}　&\delta(t-a) = 0 \end{aligned}$$

$$\int_{-\infty}^{\infty} \delta(t-a)dt = 1$$

これらの性質から，まず重要な公式 (3.15) を示す．ここで

$$I = \int_{-\infty}^{\infty} g(t)\delta(t-a)dt$$

とおく．$t = a$ 以外では $\delta(t-a)$ は 0 なので，そこで $g(t)$ がどんな値をとっても，$g(t)\delta(t-a)$ は 0 である．0 の定積分は 0 であるから，$t = a$ 以外で $g(t)$ がどんな値をとっても，積分 I の値は同じである．計算が簡単になるように，$t = a$ 以外の t の

値に対する $g(t)$ の値として $g(a)$ の値をとると，積分内の $g(t)$ は結局定数関数 $g(a)$ で置き換えても，積分の値は同じである．ゆえに

$$I = \int_{-\infty}^{\infty} g(a)\delta(t-a)dt = g(a)\int_{-\infty}^{\infty} \delta(t-a)dt = g(a)$$

となる．したがって

$$\int_{-\infty}^{\infty} g(t)\delta(t-a)dt = g(a) \tag{3.15}$$

である．またラプラス変換では，$t < 0$ では $f(t) = 0$ と考えるから

$$\int_{-\infty}^{\infty} f(t)e^{-st}dt = \int_{-\infty}^{0} f(t)e^{-st}dt + \int_{0}^{\infty} f(t)e^{-st}dt = 0 + \int_{0}^{\infty} f(t)e^{-st}dt$$
$$= \int_{0}^{\infty} f(t)e^{-st}dt \tag{3.16}$$

したがって，デルタ関数のラプラス変換は，(3.15) と (3.16) より

$$\mathcal{L}\{b\delta(t-a)\} = \int_{0}^{\infty} f(t)e^{-st}dt = \int_{-\infty}^{\infty} f(t)e^{-st}dt$$
$$= \int_{-\infty}^{\infty} b\delta(t-a)e^{-st}dt = be^{-as} \qquad \square$$

例題 3.7 $\pi\delta(t-2)$ のラプラス変換を求めよ．

(解)
$$\mathcal{L}\{\pi\delta(t-2)\} = \pi e^{-2s} \qquad \square$$

問 7 次の関数のラプラス変換を求めよ．
(1) $\delta(t)$　　(2) $3\delta(t-4)$

3.3 ラプラス変換の性質

3.3.1 ラプラス変換の線形性

$$\mathcal{L}\{f(t)\} = F(s), \qquad \mathcal{L}\{g(t)\} = G(s)$$

ならば，A, B を定数とするとき次の性質が成り立つ．

> **線形性**
> $$\mathcal{L}\{Af(t)+Bg(t)\} = A\mathcal{L}\{f(t)\} + B\mathcal{L}\{g(t)\} = AF(s) + BG(s) \tag{3.17}$$

[**説明**]
$$\begin{aligned}
\mathcal{L}\{Af(t)+Bg(t)\} &= \int_0^\infty \{Af(t)+Bg(t)\}e^{-st}dt \\
&= A\int_0^\infty f(t)e^{-st}dt + B\int_0^\infty g(t)e^{-st}dt \\
&= A\mathcal{L}\{f(t)\} + B\mathcal{L}\{g(t)\} = AF(s) + BG(s) \quad \square
\end{aligned}$$

この結果を一般化すると
$$\mathcal{L}\left\{\sum_{k=1}^n c_k f_k(t)\right\} = \sum_{k=1}^n c_k \mathcal{L}\{f_k(t)\} \tag{3.18}$$
となる.ただし,$c_k(k=1,2,3,\cdots,n)$ は定数である.

例題 3.8 次の関数のラプラス変換を求めよ.
$$3 - 2t + 5\sin 6t$$

(**解**)
$$\begin{aligned}
\mathcal{L}\{3-2t+5\sin 6t\} &= \mathcal{L}\{3\} - 2\mathcal{L}\{t\} + 5\mathcal{L}\{\sin 6t\} \\
&= \frac{3}{s} - \frac{2}{s^2} + 5 \times \frac{6}{s^2+6^2} = \frac{3}{s} - \frac{2}{s^2} + \frac{30}{s^2+36} \quad \square
\end{aligned}$$

問 8 次の関数のラプラス変換を求めよ.
(1) $2t^2 + 3\cos 2t$ (2) $3\sin t - \cosh 2t + 2e^{-4t}$

3.3.2 相似性

原関数の変数 t を,a 倍した場合の性質を述べる.

> **相似性**
> $$\mathcal{L}\{f(t)\} = F(s) \text{ のとき,} \mathcal{L}\{f(at)\} = \frac{1}{a}F\left(\frac{s}{a}\right) \quad (a>0) \tag{3.19}$$

[説明] 次のような変数変換をする．

$u = at$ とおくと，$t = \dfrac{u}{a}$, $dt = \dfrac{du}{a}$, $t = 0$ のとき $u = 0$, $t \to \infty$ のとき $u \to \infty$

$$\mathcal{L}\{f(at)\} = \int_0^\infty f(at)e^{-st}dt = \int_0^\infty f(u)e^{-\frac{s}{a}u}\frac{du}{a} = \frac{1}{a}\int_0^\infty f(u)e^{-\frac{s}{a}u}du$$
$$= \frac{1}{a}F\left(\frac{s}{a}\right) \qquad \square$$

例題 3.9 $\cos t$ のラプラス変換の公式から，(3.19) を使って $\cos 3t$ のラプラス変換の公式を導け．

(**解**)
$$\mathcal{L}\{\cos t\} = \frac{s}{s^2+1} = F(s)$$
とする．
$$\mathcal{L}\{\cos 3t\} = \frac{1}{3}F\left(\frac{s}{3}\right) = \frac{1}{3}\frac{\frac{s}{3}}{\left(\frac{s}{3}\right)^2+1} = \frac{s}{s^2+3^2} = \frac{s}{s^2+9} \qquad \square$$

問 9 $\sin t$ のラプラス変換の公式から，(3.19) を使って $\sin \frac{t}{3}$ のラプラス変換の公式を導け．

3.3.3 像関数の平行移動

像関数 F の変数 s を $s - a$ に変えたものを，像関数の平行移動と呼ぶ．

像関数の平行移動

$$\mathcal{L}\{e^{at}f(t)\} = F(s-a) \tag{3.20}$$

[説明]
$$F(s) = \mathcal{L}\{f(t)\} = \int_0^\infty f(t)e^{-st}dt \tag{3.21}$$

とする．ここで a を定数とすると

$$\mathcal{L}\{e^{at}f(t)\} = \int_0^\infty e^{at}f(t)e^{-st}dt = \int_0^\infty e^{-(s-a)t}f(t)dt = F(s-a) \qquad (3.22)$$

式 (3.22) の最後の式は，(3.21) の積分の s を $s-a$ に変えたものが (3.22) の積分であることによる. □

例題 3.10 次の関数のラプラス変換を求めよ（ただし，n は正の整数，a, ω は定数）．

(1) te^{3t}　　(2) $e^{2t}\sin 5t$　　(3) $e^{-2t}\cos 3t$　　(4) $e^{5t}\cosh 2t$
(5) $t^n e^{at}$　　(6) $e^{at}\sin \omega t$　　(7) $e^{at}\cos \omega t$

(**解**)　(1) まず，e^{3t} を除いた t のラプラス変換を考えると

$$\mathcal{L}\{t\} = \frac{1}{s^2} = F(s)$$

であるから

$$\mathcal{L}\{te^{3t}\} = F(s-3) = \frac{1}{(s-3)^2}$$

(2) これでも e^{2t} を除いて，まず $\sin 5t$ のラプラス変換を考える．

$$\mathcal{L}\{\sin 5t\} = \frac{5}{s^2+5^2} = \frac{5}{s^2+25} = F(s)$$

$$\mathcal{L}\{e^{2t}\sin 5t\} = F(s-2) = \frac{5}{(s-2)^2+25} = \frac{5}{s^2-4s+29}$$

(3)

$$\mathcal{L}\{\cos 3t\} = \frac{s}{s^2+3^2} = \frac{s}{s^2+9} = F(s)$$

$$\mathcal{L}\{e^{-2t}\cos 3t\} = F(s-(-2)) = F(s+2) = \frac{s+2}{(s+2)^2+9} = \frac{s+2}{s^2+4s+13}$$

(4)

$$\mathcal{L}\{\cosh 2t\} = \frac{s}{s^2-2^2} = \frac{s}{s^2-4} = F(s)$$

$$\mathcal{L}\{e^{5t}\cosh 2t\} = F(s-5) = \frac{s-5}{(s-5)^2-4} = \frac{s-5}{s^2-10s+21}$$

(5)

$$\mathcal{L}\{t^n\} = \frac{n!}{s^{n+1}} = F(s)$$

であるから

$$\mathcal{L}\{t^n e^{at}\} = F(s-a) = \frac{n!}{(s-a)^{n+1}}$$

(6)
$$\mathcal{L}\{\sin\omega t\} = \frac{\omega}{s^2 + \omega^2} = F(s)$$

であるから
$$\mathcal{L}\{e^{at}\sin\omega t\} = F(s-a) = \frac{\omega}{(s-a)^2 + \omega^2}$$

(7)
$$\mathcal{L}\{\cos\omega t\} = \frac{s}{s^2 + \omega^2} = F(s)$$

であるから
$$\mathcal{L}\{e^{at}\cos\omega t\} = F(s-a) = \frac{s-a}{(s-a)^2 + \omega^2} \qquad \square$$

問 10 次の関数のラプラス変換を求めよ．
(1) $t^3 e^{-2t}$ (2) $e^{3t}\sin t$ (3) $e^{-2t}\cos 4t$ (4) $e^{3t}\sinh 2t$
(5) $e^{-t}\cosh \pi t$

3.3.4 導関数の変換

導関数のラプラス変換を，原関数のラプラス変換で表す方法を考えよう．

―導関数のラプラス変換―
$$\mathcal{L}\left\{\frac{df}{dt}\right\} = -f(0) + sF(s) \qquad (3.23)$$

[説明]
$$\lim_{t \to \infty} e^{-st} f(t) = 0 \qquad (3.24)$$

が成立するとする．$\mathcal{L}\{f(t)\} = F(s)$ とし，部分積分法を使うと

$$\begin{aligned}
\mathcal{L}\left\{\frac{df}{dt}\right\} &= \int_0^\infty e^{-st}\frac{df}{dt}dt = \left[e^{-st}f(t)\right]_0^\infty - \int_0^\infty \left(\frac{de^{-st}}{dt}\right)f(t)dt \\
&= \lim_{T \to \infty} e^{-sT}f(T) - e^{-0}f(0) - \int_0^\infty (-s)e^{-st}f(t)dt \\
&= -f(0) + s\int_0^\infty e^{-st}f(t)dt = -f(0) + sF(s) \qquad \square \qquad (3.25)
\end{aligned}$$

次に 2 次導関数の場合を考える．

$$\mathcal{L}\{y(t)\} = Y(s)$$

とする．公式 (3.23) を使うと次のようになる．

$$\mathcal{L}\left\{\frac{dy}{dt}\right\} = -y(0) + sY(s) \tag{3.26}$$

ここで

$$y(t) = \frac{df}{dt} \tag{3.27}$$

とおくと，次の (3.28), (3.29) が成り立つ．

$$Y(s) = \mathcal{L}\{y(t)\} = \mathcal{L}\left\{\frac{df}{dt}\right\} = -f(0) + sF(s) \tag{3.28}$$

$$\frac{dy}{dt} = \frac{d}{dt}\left(\frac{df}{dt}\right) = \frac{d^2 f}{dt^2}, \quad y(0) = f'(0) \tag{3.29}$$

式 (3.27), (3.28), (3.29) を式 (3.26) へ代入し，第 2 次導関数のラプラス変換を得る．

$$\mathcal{L}\left\{\frac{d^2 f}{dt^2}\right\} = -f'(0) + s(-f(0) + sF(s))$$

$$\boxed{\mathcal{L}\left\{\frac{d^2 f}{dt^2}\right\} = -f'(0) - sf(0) + s^2 F(s)} \tag{3.30}$$

同様に，3 次以上の導関数についても公式が作れる．第 n 次導関数のラプラス変換公式は (3.31) のようになる．

$$\boxed{\begin{aligned}\mathcal{L}\left\{\frac{d^n f}{dt^n}\right\} &= -f^{(n-1)}(0) - sf^{(n-2)}(0) - s^2 f^{(n-3)} - \cdots\cdots \\ &\quad - s^{n-2} f'(0) - s^{n-1} f(0) + s^n F(s) \\ &= -\sum_{k=1}^{n} s^{k-1} f^{(n-k)}(0) + s^n F(s)\end{aligned}} \tag{3.31}$$

ただし

$$f^{(n)}(0) = \left(\frac{d^n f}{dt^n}\right)_{t=0}$$

である．つまり，$f(t)$ を n 回微分したあと t に 0 を代入したものである．ここで注目すべきは，n 回微分した導関数のラプラス変換では，<u>微分した回数だけ s を</u>

$F(s)$ に掛けた項が出ていることである．この公式は，微分方程式を解くときに重要になる．

例題 3.11 $\mathcal{L}\{f(t)\} = F(s),\ f(0) = 1,\ f'(0) = -1,\ f''(0) = 4$ のとき $\mathcal{L}\{f'''(t)\}$ を求めよ．

(解)
$$\mathcal{L}\left\{\frac{d^3 f}{dt^3}\right\} = -f''(0) - sf'(0) - s^2 f(0) + s^3 F(s) = -4 + s - s^2 + s^3 F(s) \quad \square$$

問 11 $\mathcal{L}\{f(t)\} = F(s)$ とする．次の導関数のラプラス変換を求めよ．
(1) $\mathcal{L}\{f'(t)\},\ \ f(0) = 2$ 　　(2) $\mathcal{L}\{f''(t)\},\ \ f(0) = -1,\ \ f'(0) = 3$

3.3.5 原関数の積分

ある関数の積分のラプラス変換を，その関数のラプラス変換で表す方法を考えよう．

――積分のラプラス変換――
$$\mathcal{L}\left\{\int_0^t f(u) du\right\} = \frac{\mathcal{L}\{f(t)\}}{s} \tag{3.32}$$

[説明]
$$\mathcal{L}\{g(t)\} = G(s)$$

とする．導関数のラプラス変換の公式 (3.23) を使って次式を得る．

$$\mathcal{L}\left\{\frac{dg(t)}{dt}\right\} = -g(0) + sG(s) \tag{3.33}$$

ここで
$$g(t) = \int_0^t f(u) du$$

とおくと
$$\frac{dg(t)}{dt} = \frac{d}{dt}\int_0^t f(u) du = f(t), \quad g(0) = \int_0^0 f(u) du = 0$$

となる．これらを (3.33) に代入すると，次のようになる．

$$\mathcal{L}\{f(t)\} = -0 + s\mathcal{L}\left\{\int_0^t f(u)du\right\}$$

両辺を s で割ると，(3.32) が求まる． □

この公式で注意したいのは，$f(t)$ を上記のように 1 回積分した場合，$F(s)$ を s で 1 回割ることである．これは，$f(t)$ を 1 回微分する場合，$F(s)$ に s を 1 回掛けるのと反対の演算である．不定積分を微分したり，微分したものを積分したりすると定数の部分を除いてほぼ関数は元に戻るが，この性質がラプラス変換に反映されている．

例題 3.12 $\int_0^t \sin 3u\, du$ のラプラス変換を (3.32) 使って求めよ．

(**解**)
$$\mathcal{L}\{\sin 3t\} = \frac{3}{s^2 + 3^2} = \frac{3}{s^2 + 9}$$

であるので
$$\mathcal{L}\left\{\int_0^t \sin 3u\, du\right\} = \frac{\mathcal{L}\{\sin 3t\}}{s} = \frac{1}{s} \times \frac{3}{s^2 + 9} = \frac{3}{s(s^2 + 9)}$$
□

問 12 次の関数のラプラス変換を (3.32) 使って求めよ．

(1) $\int_0^t e^u \sin u\, du$ (2) $\int_0^t u^2 e^{-2u} du$

3.3.6 $t^n f(t)$ の変換 (像関数の微分)

ラプラス変換 $F(s)$ の導関数を関数 $f(t)$ で表すための公式を紹介する．

―像関数の微分―
$$\mathcal{L}\{tf(t)\} = -\frac{dF(s)}{ds} \tag{3.34}$$

[**説明**] $f(t)$ のラプラス変換の定義式
$$F(s) = \mathcal{L}\{f(t)\} = \int_0^\infty e^{-st} f(t) dt$$

を s で微分する．さらに，微分と積分の順序が変更可能であると仮定すると

$$\frac{dF(s)}{ds} = \frac{d}{ds}\int_0^\infty e^{-st}f(t)dt = \int_0^\infty \frac{\partial}{\partial s}\left(e^{-st}f(t)\right)dt = \int_0^\infty \frac{\partial e^{-st}}{\partial s}f(t)dt$$
$$= \int_0^\infty (-t)e^{-st}f(t)dt = -\int_0^\infty tf(t)e^{-st}dt = -\mathcal{L}\{tf(t)\} \qquad \square$$

同様に $F(s)$ を n 回微分すると，次の計算となる．

$$\frac{d^n F(s)}{ds^n} = \frac{d^n}{ds^n}\int_0^\infty e^{-st}f(t)dt = \int_0^\infty (-t)^n e^{-st}f(t)dt$$
$$= (-1)^n \int_0^\infty t^n f(t)e^{-st}dt = (-1)^n \mathcal{L}\{t^n f(t)\}$$

よって，両辺を $(-1)^n$ で割ると $t^n f(t)$ のラプラス変換が求まる．

$$\boxed{\mathcal{L}\{t^n f(t)\} = (-1)^n \frac{d^n F(s)}{ds^n}} \tag{3.35}$$

例題 3.13 $t\cos t$ のラプラス変換を (3.35) を用いて求めよ．

(**解**)
$$\mathcal{L}\{\cos t\} = \frac{s}{s^2+1} = F(s)$$

となるので

$$\mathcal{L}\{t\cos t\} = -\frac{dF(s)}{ds} = -\frac{d}{ds}\frac{s}{s^2+1} = -\frac{s'(s^2+1) - s(s^2+1)'}{(s^2+1)^2}$$
$$= -\frac{s^2+1 - s \times 2s}{(s^2+1)^2} = \frac{s^2-1}{(s^2+1)^2} \qquad \square$$

問 13 次の関数のラプラス変換を (3.35) を用いて求めよ．
(1) $t^3 e^{-t}$ (2) $t\sin 2t$ (3) $t^2 \cos 3t$

3.3.7 原関数の移動

ここで，階段関数 $U(t-a)$ を次のように定義する．

$$U(t-a) = \begin{cases} 0 & (0 < t < a) \\ 1 & (a < t) \end{cases} \tag{3.36}$$

ただし $a \geq 0$ とする．U の変数を示すかっこの中が負のときは値が 0 で，正の場合は値が 1 である．これは，$t=a$

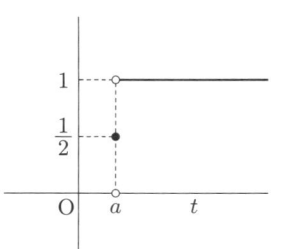

図 3.2

のところで 0 から 1 にジャンプする関数である．図に描くと図 3.2 のようになる．

縦軸に y を，横軸に t をとった平面で，曲線 $y = g(t)$ を t 軸方向に a だけ平行移動すると，曲線 $y = g(t-a)$ になる．しかしラプラス変換では，$t < 0$ のとき $g(t) = 0$ である．ゆえに平行移動した曲線では $t < a$ で $g(t-a) = 0$ でなければならないので，$U(t-a)$ を掛けておく．

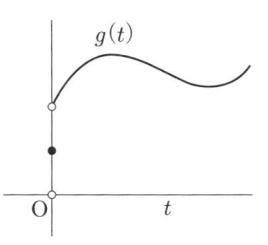

$$f(t) = U(t-a)g(t-a)$$
$$= \begin{cases} 0 & (0 < t < a) \\ g(t-a) & (a < t) \end{cases} \quad (3.37)$$

$g(t)$ のラプラス変換を

$$\mathcal{L}\{g(t)\} = G(s) = \int_0^\infty e^{-st}g(t)dt \quad (3.38)$$

図 3.3

とするとき，次が成り立つ．

---原関数の移動---

$$\mathcal{L}\{g(t-a)U(t-a)\} = e^{-as}G(s) = e^{-as}\mathcal{L}\{g(t)\} \quad (3.39)$$

[**説明**]

$$\mathcal{L}\{g(t-a)U(t-a)\} = \int_0^\infty e^{-st}g(t-a)U(t-a)dt$$
$$= \int_0^a e^{-st}g(t-a)U(t-a)dt + \int_a^\infty e^{-st}g(t-a)U(t-a)dt$$

第 1 項の積分では，積分範囲が $0 < t < a$ であるので $U(t-a) = 0$．第 2 項の積分では，$a < t$ であるので $U(t-a) = 1$ である．したがって次のようになる．

$$\mathcal{L}\{g(t-a)U(t-a)\} = \int_a^\infty e^{-st}g(t-a)dt$$

ここで，$u = t - a$ とおくと

$$t = u + a, \quad dt = du, \quad t = a \text{ のとき } u = 0, \quad t \to \infty \text{ のとき } u \to \infty$$

3.3 ラプラス変換の性質

$$\int_a^\infty e^{-st}g(t-s)dt = \int_0^\infty e^{-s(u+a)}g(u)du$$
$$= e^{-sa}\int_0^\infty e^{-su}g(u)du = e^{-as}G(s) \quad (3.40)$$

よって (3.39) が成立することが分かる． □

例題 3.14 $f(t) = t^2$ を 3 だけ右に平行移動し，$t < 3$ では値を 0 とした関数 $g(t)$ のラプラス変換を求めよ．

(解)
$$g(t) = U(t-3)(t-3)^2, \quad \mathcal{L}\{t^2\} = \frac{2!}{s^3} = \frac{2}{s^3} = G(s)$$

より
$$\mathcal{L}\{U(t-3)(t-3)^2\} = e^{-3s}\mathcal{L}\{t^2\} = e^{-3s}\frac{2}{s^3} = \frac{2e^{-3s}}{s^3} \qquad □$$

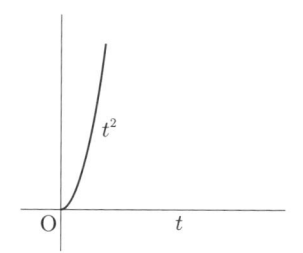

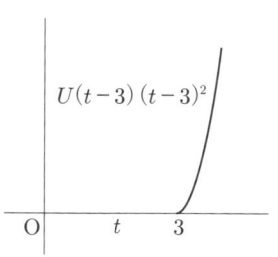

図 3.4

問 14 $f(t) = b$ を a だけ右に平行移動し，$t < a$ では値を 0 とした関数 $bU(t-a)$ のラプラス変換を求めよ（ただし，a, b は定数である）．

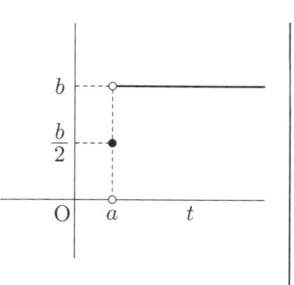

図 3.5

3.3.8 合成積のラプラス変換

$f(t)$ と $g(t)$ の合成積（たたみ込み積分）を，次式で定義する．

$$f(t) * g(t) = \int_0^t f(z)g(t-z)dz \tag{3.41}$$

つまり一種の積分であって，積と言ってはいるが $f(t)g(t)$ とは異なる．また，$t<0$ で $f(t)=0$, $g(t)=0$ とするため，積分範囲は 2.6 節フーリエ変換で扱った合成積と異なる．なお，f と g を入れ換えても積が等しいことが，$t-z=u$ とおき証明される．

$$z = t-u, \quad dz = -du, \quad z=t \text{ のとき } u=0, \quad z=0 \text{ のとき } u=t$$

$$\underline{f(t)*g(t)} = \int_t^0 f(t-u)g(u)(-du) = \int_0^t g(u)f(t-u)du = \underline{g(t)*f(t)} \tag{3.42}$$

例題 3.15 $t^3 * t$ を計算せよ．

(解)

$$t^3 * t = \int_0^t z^3(t-z)dz = \int_0^t (tz^3 - z^4)dz = \left[\frac{tz^4}{4} - \frac{z^5}{5}\right]_0^t$$
$$= \frac{t^5}{4} - \frac{t^5}{5} - 0 = \frac{1}{20}t^5 \qquad \square$$

ゆえに，$t^3 * t$ は $t^3 \times t = t^4$ ではないことが分かる．

問 15 次の合成積を求めよ．
(1) $1*t$ (2) $t*e^t$ (3) $t*\cos t$

この合成積は，次の単位関数

$$U(t-z) = \begin{cases} 0 & (0<t<z) \\ 1 & (z<t) \end{cases} \tag{3.43}$$

を用いて，書き直すことができる．

$$\int_0^\infty f(z)g(t-z)U(t-z)dz = \int_0^t f(z)g(t-z)U(t-z)dz$$
$$+ \int_t^\infty f(z)g(t-z)U(t-z)dz$$
$$= \int_0^t f(z)g(t-z)dz = f(t) * g(t)$$

したがって

$$f(t) * g(t) = \int_0^\infty f(z)g(t-z)U(t-z)dz \tag{3.44}$$

とかける．合成積のラプラス変換の公式は，次のようになる．

---**合成積のラプラス変換**---

$$\mathcal{L}\{f(t) * g(t)\} = \mathcal{L}\{f(t)\}\mathcal{L}\{g(t)\} \tag{3.45}$$

[**説明**]

$$\mathcal{L}\{f(t) * g(t)\} = \int_0^\infty e^{-st} f(t) * g(t) dt$$
$$= \int_0^\infty e^{-st} \left(\int_0^\infty f(z)g(t-z)U(t-z)dz \right) dt$$

積分の順序が変えられるとすると

$$\mathcal{L}\{f(t) * g(t)\} = \int_0^\infty \left(\int_0^\infty e^{-st} f(z)g(t-z)U(t-z)dt \right) dz$$
$$= \int_0^\infty f(z) \left(\int_0^\infty e^{-st} g(t-z)U(t-z)dt \right) dz$$
$$= \int_0^\infty f(z)Q(z)dz \tag{3.46}$$

ただし

$$Q(z) = \int_0^\infty e^{-st} g(t-z)U(t-z)dt$$

である．この $Q(z)$ は，次のように書き換えられる．

$$Q(z) = \int_0^z e^{-st} g(t-z)U(t-z)dt + \int_z^\infty e^{-st} g(t-z)U(t-z)dt = \int_z^\infty e^{-st} g(t-z)dt$$

$u = t - z$ とおくと

$$t = u + z, \quad dt = du, \quad t = z \text{ のとき } u = 0, \quad t \to \infty \text{ のとき } u \to \infty$$

$$Q(z) = \int_0^\infty e^{-s(u+z)} g(u) du = e^{-sz} \int_0^\infty e^{-su} g(u) du \tag{3.47}$$

(3.47) を (3.46) へ代入して

$$\begin{aligned}
\mathcal{L}\{f(t) * g(t)\} &= \int_0^\infty f(z) \left(e^{-sz} \int_0^\infty e^{-su} g(u) du \right) dz \\
&= \int_0^\infty f(z) e^{-sz} dz \int_0^\infty e^{-su} g(u) du = \mathcal{L}\{f(t)\} \mathcal{L}\{g(t)\} \quad \square
\end{aligned}$$

例題 3.16 $\mathcal{L}\{\sin t * \cos 2t\}$ を求めよ．

(**解**)
$$\mathcal{L}\{\sin t\} = \frac{1}{s^2 + 1}, \quad \mathcal{L}\{\cos 2t\} = \frac{s}{s^2 + 4}$$

$$\begin{aligned}
\mathcal{L}\{\sin t * \cos 2t\} &= \mathcal{L}\{\sin t\} \mathcal{L}\{\cos 2t\} \\
&= \frac{1}{s^2 + 1} \times \frac{s}{s^2 + 4} = \frac{s}{(s^2 + 1)(s^2 + 4)} \quad \square
\end{aligned}$$

問 16 次の関数のラプラス変換を求めよ．
(1) $1 * e^t$ (2) $t * \sin 2t$ (3) $e^{-t} * \cos 3t$

3.3.9 周期関数のラプラス変換

関数 $g(t)$ の値は，$t < 0$ で 0, かつ $T \leq t$ で 0 とする．$f(t)$ は，$g(t)$ を周期 T で繰り返す関数であるとする．この関数 $f(t)$ のラプラス変換を求める．

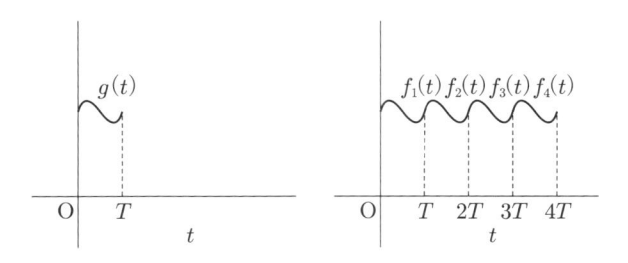

図 3.6

3.3 ラプラス変換の性質

$$f_1(t) = g(t)$$
$$f_2(t) = (f(t) \text{ の } T < t < 2T \text{ の部分}) = (g(t) \text{ を右に } T \text{ だけ平行移動})$$
$$\Rightarrow \mathcal{L}\{f_2(t)\} = e^{-Ts}\mathcal{L}\{g(t)\},$$
$$f_3(t) = (f(t) \text{ の } 2T < t < 3T \text{ の部分}) = (g(t) \text{ を右に } 2T \text{ だけ平行移動})$$
$$\Rightarrow \mathcal{L}\{f_3(t)\} = e^{-2Ts}\mathcal{L}\{g(t)\},$$
$$f_4(t) = (f(t) \text{ の } 3T < t < 4T \text{ の部分}) = (g(t) \text{ を右に } 3T \text{ だけ平行移動})$$
$$\Rightarrow \mathcal{L}\{f_4(t)\} = e^{-3Ts}\mathcal{L}\{g(t)\},$$
$$\vdots$$

とおく．このとき

$$f(t) = f_1(t) + f_2(t) + f_3(t) + f_4(t) + \cdots\cdots = \sum_{k=1}^{\infty} f_k(t)$$

であるから，ラプラス変換の線形性という性質を使うと

$$\begin{aligned}\mathcal{L}\{f(t)\} &= \mathcal{L}\{f_1(t)\} + \mathcal{L}\{f_2(t)\} + \mathcal{L}\{f_3(t)\} + \mathcal{L}\{f_4(t)\}\cdots\cdots = \sum_{k=1}^{\infty}\mathcal{L}\{f_k(t)\} \\ &= \mathcal{L}\{g(t)\} + e^{-Ts}\mathcal{L}\{g(t)\} + e^{-2Ts}\mathcal{L}\{g(t)\} + e^{-3Ts}\mathcal{L}\{g(t)\} \\ &\quad + e^{-4Ts}\mathcal{L}\{g(t)\} + \cdots\cdots \\ &= \mathcal{L}\{g(t)\}\left(1 + e^{-Ts} + e^{-2Ts} + e^{-3Ts} + e^{-4Ts} + \cdots\cdots\right) \\ &= \mathcal{L}\{g(t)\}\left\{1 + e^{-Ts} + (e^{-Ts})^2 + (e^{-Ts})^3 + (e^{-Ts})^4 + \cdots\cdots\right\} \\ &= \mathcal{L}\{g(t)\}\sum_{k=1}^{\infty}(e^{-Ts})^{k-1} \end{aligned} \quad (3.48)$$

式 (3.48) の中かっこ内の和は，初項が 1 で公比が e^{-Ts} の無限等比級数である．周期 T は正であるから，$s > 0$ のとき $e^{-sT} < 1$ となる．ゆえに，この無限等比級数は収束して次のようになる．

$$\begin{aligned}1 + e^{-Ts} + (e^{-Ts})^2 + (e^{-Ts})^3 + (e^{-Ts})^4 + \cdots\cdots &= \sum_{k=1}^{\infty}(e^{-Ts})^{k-1} \\ &= \frac{1}{1 - e^{-Ts}}\end{aligned} \quad (3.49)$$

(3.48) と (3.49) とにより，公式 (3.50) が求まる．

周期関数のラプラス変換

$$\mathcal{L}\{f(t)\} = \frac{\mathcal{L}\{g(t)\}}{1-e^{-Ts}} \tag{3.50}$$

この公式の $\mathcal{L}\{g(t)\}$ の計算では，今まで勉強したラプラス変換の公式は使えず，実際に積分を計算しなければならない．

例題 3.17 次の関数 $g(t)$ の $0<t<1$ の部分を周期 1 で繰り返す関数 $f(t)$ のラプラス変換を求めよ．

$$g(t) = \begin{cases} 0 & (t<0) \\ t & (0<t<1) \\ 0 & (1<t) \end{cases}$$

(**解**)

$$\begin{aligned}
\mathcal{L}\{g(t)\} &= \int_0^\infty g(t)e^{-st}dt = \int_0^1 te^{-st}dt \\
&= \left[\frac{te^{-st}}{-s}\right]_0^1 - \int_0^1 t'\frac{e^{-st}}{-s}dt \\
&= \frac{1\times e^{-s}}{-s} - \frac{0\cdot e^0}{-s} + \frac{1}{s}\int_0^1 e^{-st}dt \\
&= -\frac{e^{-s}}{s} + \frac{1}{s}\left[\frac{e^{-st}}{-s}\right]_0^1 \\
&= -\frac{e^{-s}}{s} + \frac{1}{s}\left(\frac{e^{-s}}{-s} - \frac{e^0}{-s}\right) \\
&= -\frac{e^{-s}}{s} + \frac{1}{s}\left(-\frac{e^{-s}}{s} + \frac{1}{s}\right) \\
&= -\frac{e^{-s}}{s} + \frac{1-e^{-s}}{s^2}
\end{aligned}$$

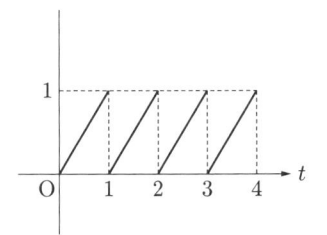

図 3.7

公式 (3.50) より

$$\begin{aligned}
\mathcal{L}\{f(t)\} &= \frac{\mathcal{L}\{g(t)\}}{1-e^{-s}} \\
&= \frac{1}{s^2} - \frac{e^{-s}}{s(1-e^{-s})}
\end{aligned}$$

問 17 次の関数 $g(t)$ の $0 < t < 2$ の部分を周期 2 で繰り返す関数 $f(t)$ のラプラス変換を求めよ．

$$g(t) = \begin{cases} 0 & (t < 0) \\ 3 & (0 < t < 1) \\ -1 & (1 < t < 2) \\ 0 & (2 < t) \end{cases}$$

3.3.10 像関数の積分

ラプラス変換後の関数 $F(s)$ の積分を，もとの関数 $f(t)$ で表す公式について述べる．

像関数の積分

$$\mathcal{L}\left\{\frac{f(t)}{t}\right\} = \int_s^\infty F(u)du \tag{3.51}$$

[**説明**]

$$F(s) = \int_0^\infty f(t)e^{-st}dt$$

のとき，積分の順序が変えられるとすると

$$\begin{aligned}
\int_s^\infty F(u)du &= \int_s^\infty \left(\int_0^\infty f(t)e^{-ut}dt\right)du \\
&= \int_0^\infty \left(\int_s^\infty f(t)e^{-ut}du\right)dt \\
&= \int_0^\infty f(t)\left(\int_s^\infty e^{-ut}du\right)dt
\end{aligned}$$

$s > 0$ のとき，$u > 0$ なので

$$\begin{aligned}
\int_s^\infty e^{-ut}du &= \left[\frac{e^{-ut}}{-t}\right]_s^\infty \\
&= \lim_{T\to\infty}\frac{e^{-uT}}{-T} - \frac{e^{-st}}{-t} = \frac{e^{-st}}{t}
\end{aligned}$$

したがって

$$\int_s^\infty F(u)du = \int_0^\infty \frac{f(t)}{t}e^{-st}dt = \mathcal{L}\left\{\frac{f(t)}{t}\right\} \qquad \square$$

例題 3.18 次の関数のラプラス変換を，(3.51) を用いて計算せよ．

$$\mathcal{L}\left\{\frac{\sin 2t}{t}\right\}$$

(解)

$$\mathcal{L}\{\sin 2t\} = \frac{2}{s^2+4} = F(s)$$

とする．(3.51) より

$$\mathcal{L}\left\{\frac{\sin 2t}{t}\right\} = \int_s^\infty F(u)du = \int_s^\infty \frac{2}{u^2+4}du$$

$x = u/2$ とおくと

$$u = 2x, \quad du = 2dx, \quad u \to \infty \text{ のとき } x \to \infty, \quad u = s \text{ のとき } x = \frac{s}{2}$$

$$\int_s^\infty \frac{2}{u^2+4}du = \int_{\frac{s}{2}}^\infty \frac{2}{4x^2+4}2dx = \int_{\frac{s}{2}}^\infty \frac{1}{x^2+1}dx$$
$$= [\tan^{-1} x]_{\frac{s}{2}}^\infty = \lim_{T \to \infty}\tan^{-1} T - \tan^{-1}\frac{s}{2}$$
$$= \frac{\pi}{2} - \tan^{-1}\frac{s}{2} = \cot^{-1}\frac{s}{2}$$

よって

$$\mathcal{L}\left\{\frac{\sin 2t}{t}\right\} = \cot^{-1}\frac{s}{2} \qquad \square$$

問 18 次の関数のラプラス変換を，(3.51) を用いて計算せよ．
(1) $\dfrac{e^{-3t} - e^{-6t}}{t}$ (2) $\dfrac{\sinh 2t}{t}$

3.4 逆ラプラス変換

3.1 節で述べたが，ラプラス変換すると与えられた関数 $F(s)$ になるものを，$F(s)$ の逆ラプラス変換というのであった．したがって逆ラプラス変換は，ラプラス変換の公式を逆向きに使うことにより計算できる．

3.4.1 簡単な逆ラプラス変換

a を定数とする．n を正の整数とする．逆ラプラス変換の公式をいくつか挙げる．

逆ラプラス変換の公式

(1) $\mathcal{L}\{a\} = \dfrac{a}{s}$ より
$$\mathcal{L}^{-1}\left\{\frac{a}{s}\right\} = a \tag{3.52}$$

(2) $\mathcal{L}\left\{\dfrac{t^{n-1}}{(n-1)!}\right\} = \dfrac{1}{(n-1)!}\mathcal{L}\{t^{n-1}\} = \dfrac{1}{(n-1)!}\dfrac{(n-1)!}{s^n} = \dfrac{1}{s^n}$ より

$$\mathcal{L}^{-1}\left\{\frac{1}{s^n}\right\} = \frac{t^{n-1}}{(n-1)!} = \frac{t^{n-1}}{\Gamma(n)} \tag{3.53}$$

一般には，$n > -1$ をみたす実数 n に対し (3.53) が成り立つ（公式 (3.8) の説明を参照のこと）．

例題 3.19 次の関数の逆ラプラス変換を計算せよ．

(1) $\dfrac{3}{s}$　　(2) $\dfrac{1}{s^2}$　　(3) $\dfrac{1}{s^4}$

(**解**) (1)
$$\mathcal{L}^{-1}\left\{\frac{3}{s}\right\} = 3$$

(2)
$$\mathcal{L}^{-1}\left\{\frac{1}{s^2}\right\} = \frac{t^{2-1}}{(2-1)!} = t$$

(3)
$$\mathcal{L}^{-1}\left\{\frac{1}{s^4}\right\} = \frac{t^{4-1}}{(4-1)!} = \frac{t^3}{3!} = \frac{t^3}{6} \qquad \square$$

問 19 次の関数の逆ラプラス変換を計算せよ．

(1) $\dfrac{2}{s}$　　(2) 0　　(3) $\dfrac{1}{s^3}$　　(4) $\dfrac{1}{s^{1/2}}$

指数関数，双曲線関数についての公式を，次に述べる．

逆ラプラス変換の公式

(3) $\mathcal{L}\{e^{at}\} = \dfrac{1}{s-a}$ より

$$\mathcal{L}^{-1}\left\{\dfrac{1}{s-a}\right\} = e^{at} \tag{3.54}$$

(4) $\mathcal{L}\{\cosh at\} = \dfrac{s}{s^2-a^2}$ より

$$\mathcal{L}^{-1}\left\{\dfrac{s}{s^2-a^2}\right\} = \cosh at \tag{3.55}$$

(5) $\mathcal{L}\{\sinh at\} = \dfrac{a}{s^2-a^2}$ より

$$\mathcal{L}^{-1}\left\{\dfrac{a}{s^2-a^2}\right\} = \sinh at \tag{3.56}$$

例題 3.20 次の関数の逆ラプラス変換を求めよ．

(1) $\dfrac{1}{s-2}$　　(2) $\dfrac{1}{s+3}$　　(3) $\dfrac{s}{s^2-4}$　　(4) $\dfrac{1}{s^2-1}$

(**解**)　(1)
$$\mathcal{L}^{-1}\left\{\dfrac{1}{s-2}\right\} = e^{2t}$$

(2)
$$\mathcal{L}^{-1}\left\{\dfrac{1}{s+3}\right\} = \mathcal{L}^{-1}\left\{\dfrac{1}{s-(-3)}\right\} = e^{-3t}$$

(3)
$$\mathcal{L}^{-1}\left\{\dfrac{s}{s^2-4}\right\} = \mathcal{L}^{-1}\left\{\dfrac{s}{s^2-2^2}\right\} = \cosh 2t$$

(4)
$$\mathcal{L}^{-1}\left\{\dfrac{1}{s^2-1}\right\} = \sinh t$$

問 20 次の関数の逆ラプラス変換を求めよ．

(1) $\dfrac{1}{s+5}$　　(2) $\dfrac{3}{s^2-9}$　　(3) $\dfrac{s}{s^2-16}$

3.4 逆ラプラス変換

三角関数，デルタ関数についての公式は，次のとおりである．

逆ラプラス変換の公式

(6) $\mathcal{L}\{\cos at\} = \dfrac{s}{s^2 + a^2}$ より

$$\mathcal{L}^{-1}\left\{\dfrac{s}{s^2 + a^2}\right\} = \cos at \tag{3.57}$$

(7) $\mathcal{L}\{\sin at\} = \dfrac{a}{s^2 + a^2}$ より

$$\mathcal{L}^{-1}\left\{\dfrac{a}{s^2 + a^2}\right\} = \sin at \tag{3.58}$$

(8) $\mathcal{L}\{b\delta(t - a)\} = be^{-as}$ より

$$\mathcal{L}^{-1}\{be^{-as}\} = b\delta(t - a) \tag{3.59}$$

例題 3.21 次の関数の逆ラプラス変換を求めよ．

(1) $\dfrac{s}{s^2 + 3}$ (2) $\dfrac{3}{s^2 + 9}$ (3) 1

(**解**) (1)

$$\mathcal{L}^{-1}\left\{\dfrac{s}{s^2 + 3}\right\} = \mathcal{L}^{-1}\left\{\dfrac{s}{s^2 + (\sqrt{3})^2}\right\} = \cos\sqrt{3}\,t$$

(2)

$$\mathcal{L}^{-1}\left\{\dfrac{3}{s^2 + 9}\right\} = \mathcal{L}^{-1}\left\{\dfrac{3}{s^2 + 3^2}\right\} = \sin 3t$$

(3)

$$\mathcal{L}^{-1}\{1\} = \mathcal{L}^{-1}\{1 \times e^{-0}\} = 1 \times \delta(t - 0) = \delta(t) \qquad \square$$

問 21 次の関数の逆ラプラス変換を求めよ．

(1) $\dfrac{s}{s^2 + 2}$ (2) $\dfrac{-2}{s^2 + 4}$ (3) 3 (4) $4e^{-5s}$

3.4.2 逆ラプラス変換の性質

(I) 逆ラプラス変換の線形性

$$\mathcal{L}\{f(t)\} = F(s), \quad \mathcal{L}\{g(t)\} = G(s)$$

より

$$f(t) = \mathcal{L}^{-1}\{F(s)\}, \quad g(t) = \mathcal{L}^{-1}\{G(s)\}$$

とかける．A, B を定数とすると

$$\mathcal{L}\{Af(t) + Bg(t)\} = A\mathcal{L}\{f(t)\} + B\mathcal{L}\{g(t)\} = AF(s) + BG(s)$$

が成立するから，逆ラプラス変換の線形性が分かる．

$$\boxed{\mathcal{L}^{-1}\{AF(s) + BG(s)\} = Af(t) + Bg(t) = A\mathcal{L}^{-1}\{F(s)\} + B\mathcal{L}^{-1}\{G(s)\}}$$

一般に $C_i\ (i=1,2,3,\cdots\cdots,N)$ が定数のとき次のように表される．

$$\mathcal{L}^{-1}\left\{\sum_{i=1}^{N} C_i F_i(s)\right\} = \sum_{i=1}^{N} C_i \mathcal{L}^{-1}\{F_i(s)\}$$

例題 3.22　次の関数の逆ラプラス変換を求めよ．

(1) $\dfrac{4}{s-2} - \dfrac{3s}{s^2+16}$　　(2) $\dfrac{5}{s} + \dfrac{4}{s^2} - \dfrac{2s}{s^2+9}$

(**解**)　(1)

$$\mathcal{L}^{-1}\left\{\frac{4}{s-2} - \frac{3s}{s^2+16}\right\} = 4\mathcal{L}^{-1}\left\{\frac{1}{s-2}\right\} - 3\mathcal{L}^{-1}\left\{\frac{s}{s^2+4^2}\right\}$$
$$= 4e^{2t} - 3\cos 4t$$

(2)

$$\mathcal{L}^{-1}\left\{\frac{5}{s} + \frac{4}{s^2} - \frac{2s}{s^2+9}\right\} = 5\mathcal{L}^{-1}\left\{\frac{1}{s}\right\} + 4\mathcal{L}^{-1}\left\{\frac{1}{s^2}\right\} - 2\mathcal{L}^{-1}\left\{\frac{s}{s^2+3^2}\right\}$$
$$= 5 \times 1 + 4\frac{t^{2-1}}{(2-1)!} - 2\cos 3t$$
$$= 5 + 4t - 2\cos 3t$$

問 22 次の関数の逆ラプラス変換を求めよ．

(1) $\dfrac{1}{s^2+4}$ (2) $\dfrac{3}{s^2}-\dfrac{5}{s-2}$ (3) $\dfrac{1}{s^2+5}+\dfrac{3s}{s^2+2}$

(II) 像関数の平行移動の逆ラプラス変換

$$\mathcal{L}\{f(t)\}=F(s) \text{ のとき} \quad \mathcal{L}\{e^{at}f(t)\}=F(s-a)$$

$f(t)=\mathcal{L}^{-1}\{F(s)\}$ であるから

$$\mathcal{L}^{-1}\{F(s-a)\}=e^{at}f(t)=e^{at}\mathcal{L}^{-1}\{F(s)\}$$

この式を使って，次のような逆ラプラス変換の公式が成立する．

$$\mathcal{L}^{-1}\left\{\dfrac{1}{(s-a)^n}\right\}=e^{at}\mathcal{L}^{-1}\left\{\dfrac{1}{s^n}\right\}=e^{at}\dfrac{t^{n-1}}{(n-1)!} \tag{3.60}$$

$$\mathcal{L}^{-1}\left\{\dfrac{s-a}{(s-a)^2+b^2}\right\}=e^{at}\mathcal{L}^{-1}\left\{\dfrac{s}{s^2+b^2}\right\}=e^{at}\cos bt \tag{3.61}$$

$$\mathcal{L}^{-1}\left\{\dfrac{b}{(s-a)^2+b^2}\right\}=e^{at}\mathcal{L}^{-1}\left\{\dfrac{b}{s^2+b^2}\right\}=e^{at}\sin bt \tag{3.62}$$

例題 3.23 次の関数の逆ラプラス変換を求めよ．

(1) $\dfrac{1}{(s-1)^2}$ (2) $\dfrac{s-2}{(s-2)^2+4^2}$ (3) $\dfrac{1}{s^2-2s+5}$

(**解**) (1)

$$\mathcal{L}^{-1}\left\{\dfrac{1}{(s-1)^2}\right\}=e^{t}\mathcal{L}^{-1}\left\{\dfrac{1}{s^2}\right\}=e^{t}\dfrac{t^{2-1}}{(2-1)!}=te^{t}$$

(2)

$$\mathcal{L}^{-1}\left\{\dfrac{s-2}{(s-2)^2+4^2}\right\}=e^{2t}\mathcal{L}^{-1}\left\{\dfrac{s}{s^2+4^2}\right\}=e^{2t}\cos 4t$$

(3)

$$\mathcal{L}^{-1}\left\{\dfrac{1}{s^2-2s+5}\right\}=\mathcal{L}^{-1}\left\{\dfrac{1}{(s-1)^2+2^2}\right\}=\dfrac{1}{2}\mathcal{L}^{-1}\left\{\dfrac{2}{(s-1)^2+2^2}\right\}$$

$$=\dfrac{1}{2}e^{t}\mathcal{L}^{-1}\left\{\dfrac{2}{s^2+2^2}\right\}=\dfrac{1}{2}e^{t}\sin 2t \qquad \square$$

問 23 次の関数の逆ラプラス変換を求めよ．

(1) $\dfrac{3}{(s+2)^3}$ (2) $\dfrac{s+2}{s^2+4s+5}$ (3) $\dfrac{s}{s^2+2s+6}$

(III) 原関数の積分に関する逆ラプラス変換

$$\mathcal{L}\{f(t)\} = F(s) \text{ のとき } \quad \mathcal{L}\left\{\int_0^t f(u)du\right\} = \frac{F(s)}{s} \text{ より}$$

$$\mathcal{L}^{-1}\left\{\frac{F(s)}{s}\right\} = \int_0^t f(u)du = \int_0^t \mathcal{L}^{-1}\{F(s)\}du \qquad (3.63)$$

例題 3.24 次の関数の逆ラプラス変換を (3.63) を使って求めよ．

$$\frac{3}{s(s^2+9)}$$

(**解**)

$$\mathcal{L}^{-1}\left\{\frac{3}{s^2+9}\right\} = \mathcal{L}^{-1}\left\{\frac{3}{s^2+3^2}\right\} = \sin 3t$$

$$\mathcal{L}^{-1}\left\{\frac{3}{s(s^2+9)}\right\} = \int_0^t \sin 3u\,du = \left[-\frac{\cos 3u}{3}\right]_0^t$$

$$= -\frac{1}{3}(\cos 3t - \cos 0) = \frac{1}{3}(1 - \cos 3t) \qquad \square$$

問 24 次の関数の逆ラプラス変換を (3.63) を使って求めよ．

(1) $\dfrac{1}{s(s-1)}$ (2) $\dfrac{2}{s(s^2+4)}$ (3) $\dfrac{1}{s(s^2-4)}$

(IV) 原関数の平行移動に関する逆ラプラス変換

$$\mathcal{L}\{g(t)\} = G(s) \text{ のとき } \quad \mathcal{L}\{g(t-a)U(t-a)\} = e^{-as}G(s) \text{ より}$$

$$\mathcal{L}^{-1}\{e^{-as}G(s)\} = g(t-a)U(t-a) = \begin{cases} 0 & (0 < t < a) \\ g(t-a) & (a < t) \end{cases} \qquad (3.64)$$

3.4 逆ラプラス変換

例題 3.25 次の関数の逆ラプラス変換を (3.64) を使って求めよ．
$$\frac{1}{s^2+1}e^{-\frac{\pi}{3}s}$$

(**解**)
$$\mathcal{L}^{-1}\left\{\frac{1}{s^2+1}\right\} = \sin t$$

$$\mathcal{L}^{-1}\left\{\frac{1}{s^2+1}e^{-\frac{\pi}{3}s}\right\} = \sin\left(t-\frac{\pi}{3}\right)U\left(t-\frac{\pi}{3}\right)$$

$$= \begin{cases} 0 & \left(0 < t < \frac{\pi}{3}\right) \\ \sin\left(t-\frac{\pi}{3}\right) & \left(\frac{\pi}{3} < t\right) \end{cases} \qquad \square$$

問 25 次の関数の逆ラプラス変換を (3.64) を使って求めよ．

(1) $\dfrac{e^{-3s}}{s^3}$ (2) $\dfrac{3e^{-2s}}{s^2+2}$

(V) 像関数の微分の逆ラプラス変換

$$\mathcal{L}\{f(t)\} = F(s) \text{ のとき } \quad \mathcal{L}\{t^n f(t)\} = (-1)^n \frac{d^n F(s)}{ds^n} \text{ より}$$

$$\frac{d^n F(s)}{ds^n} = \frac{1}{(-1)^n}\mathcal{L}\{t^n f(t)\} = (-1)^n \mathcal{L}\{t^n f(t)\} = \mathcal{L}\{(-1)^n t^n f(t)\} = \mathcal{L}\{(-t)^n f(t)\}$$

よって

$$\boxed{\mathcal{L}^{-1}\left\{\frac{d^n F(s)}{ds^n}\right\} = (-t)^n f(t) = (-t)^n \mathcal{L}^{-1}\{F(s)\}} \tag{3.65}$$

例題 3.26 次の関数の逆ラプラス変換から，(3.65) によりどのような逆ラプラス変換の式が得られるか調べよ．

$$\frac{d}{ds}\frac{1}{s^2+1}$$

(**解**)
$$\mathcal{L}^{-1}\left\{\frac{d}{ds}\frac{1}{s^2+1}\right\} = -t\mathcal{L}^{-1}\left\{\frac{1}{s^2+1}\right\} = -t\sin t$$

$$\frac{d}{ds}\frac{1}{s^2+1} = \frac{-(s^2+1)'}{(s^2+1)^2} = \frac{-2s}{(s^2+1)^2}$$

$$\mathcal{L}^{-1}\left\{\frac{-2s}{(s^2+1)^2}\right\} = -t\sin t \quad \text{よって} \quad \mathcal{L}^{-1}\left\{\frac{2s}{(s^2+1)^2}\right\} = t\sin t \qquad \square$$

問 26 次の関数の逆ラプラス変換から，(3.65) によりどのような逆ラプラス変換の式が得られるか調べよ．

(1) $\dfrac{d}{ds}\dfrac{1}{(s^2+2)}$ (2) $\dfrac{d^2}{ds^2}\dfrac{1}{s^2}$ (3) $\dfrac{d}{ds}\dfrac{1}{s^2+2s+3}$

(VI) 合成積に関する逆ラプラス変換

$\mathcal{L}\{f(t)\} = F(s), \mathcal{L}\{g(t)\} = G(s)$ のとき $\mathcal{L}\{f(t) * g(t)\} = F(s)G(s)$

$$\boxed{\mathcal{L}^{-1}\{F(s)G(s)\} = f(t) * g(t) = \mathcal{L}^{-1}\{F(s)\} * \mathcal{L}^{-1}\{G(s)\}} \qquad (3.66)$$

例題 3.27 次の関数の逆ラプラス変換を (3.66) を使って求めよ．

$$\frac{1}{s^2(s-2)}$$

(**解**)

$$\mathcal{L}^{-1}\left\{\frac{1}{s^2(s-2)}\right\} = \mathcal{L}^{-1}\left\{\frac{1}{s^2}\right\} * \mathcal{L}^{-1}\left\{\frac{1}{s-2}\right\} = t * e^{2t}$$
$$= \int_0^t z e^{2(t-z)} dz = e^{2t}\int_0^t z e^{-2z} dz$$
$$\int_0^t z e^{-2z} dz = \left[z\frac{e^{-2z}}{-2}\right]_0^t - \int_0^t z'\frac{e^{-2z}}{-2} dz = \frac{te^{-2t}}{-2} - 0 + \frac{1}{2}\int_0^t e^{-2z} dz$$
$$= -\frac{1}{2}te^{-2t} + \frac{1}{2}\left[\frac{e^{-2z}}{-2}\right]_0^t$$
$$= -\frac{1}{2}te^{-2t} - \frac{1}{4}(e^{-2t} - e^0) = -\frac{1}{2}te^{-2t} + \frac{1}{4} - \frac{1}{4}e^{-2t}$$
$$= \frac{1 - e^{-2t} - 2te^{-2t}}{4} = \frac{1 - (1+2t)e^{-2t}}{4}$$

よって

$$\mathcal{L}^{-1}\left\{\frac{1}{s^2(s-2)}\right\} = e^{2t}\frac{1 - (1+2t)e^{-2t}}{4} = \frac{e^{2t} - 1 - 2t}{4} \qquad \square$$

問 27 次の関数の逆ラプラス変換を (3.66) を使って求めよ．

(1) $\dfrac{1}{s(s+1)}$ (2) $\dfrac{s}{(s^2+4)^2}$

3.5 定数係数線形常微分方程式の初期値問題の解法

初期値問題とは

$$t = t_0 のとき \quad y(t_0) = y_0, \, y'(t_0) = y'_0, \, y''(t_0) = y''_0, \cdots\cdots \tag{3.67}$$

をみたす，与えられた常微分方程式の解を求める問題である．手順はおおよそ次の通りである．

- 常微分方程式全体をラプラス変換する．
- 解のラプラス変換を求める．
- 求めた解のラプラス変換を，逆ラプラス変換して解を求める．

微分方程式 $\longrightarrow$ ラプラス変換 $\longrightarrow$ 解のラプラス変換 $\longrightarrow$ その逆ラプラス変換 $\longrightarrow$ 解

この方法により，初めから，初期条件の入った解を求めることもできる．

例題 3.28 次の常微分方程式の初期値問題をラプラス変換を使って解け．

$$\frac{d^2y}{dt^2} + 3\frac{dy}{dt} + 2y = 0, \quad y(0) = 0, \quad y'(0) = 1 \tag{3.68}$$

(解) $\mathcal{L}\{y(t)\} = Y(s)$ とすると

$$\mathcal{L}\left\{\frac{dy}{dt}\right\} = Y(s)s - y(0) = Y(s)s$$

$$\mathcal{L}\left\{\frac{d^2y}{dt^2}\right\} = Y(s)s^2 - y(0)s - y'(0) = Y(s)s^2 - 1$$

これらを使って，与えられた微分方程式全体をラプラス変換すると

$$\mathcal{L}\left\{\frac{d^2y}{dt^2}\right\} + 3\mathcal{L}\left\{\frac{dy}{dt}\right\} + 2\mathcal{L}\{y\} = \mathcal{L}\{0\}$$

$$Y(s)s^2 - 1 + 3Y(s)s + 2Y(s) = 0$$

$$Y(s) = \frac{1}{s^2 + 3s + 2} = \frac{1}{(s+2)(s+1)}$$

となる．$Y(s)$ の逆ラプラス変換を求めるために，部分分数展開をする．定数 A, B を使って，次のようにおく．

$$Y(s) = \frac{A}{s+2} + \frac{B}{s+1} = \frac{1}{(s+2)(s+1)}$$

$$\lim_{s\to -2}(s+2)Y(s) = \lim_{s\to -2}\left(A + \frac{s+2}{s+1}B\right) = \lim_{s\to -2}\frac{1}{s+1} \quad \text{より, } A = -1$$

$$\lim_{s\to -1}(s+1)Y(s) = \lim_{s\to -1}\left(\frac{s+1}{s+2}A + B\right) = \lim_{s\to -1}\frac{1}{s+2} \quad \text{より, } B = 1$$

したがって

$$Y(s) = -\frac{1}{s+2} + \frac{1}{s+1}$$

である．よって常微分方程式の解は

$$y(t) = \mathcal{L}^{-1}\{Y(s)\} = -\mathcal{L}^{-1}\left\{\frac{1}{s+2}\right\} + \mathcal{L}^{-1}\left\{\frac{1}{s+1}\right\} = -e^{-2t} + e^{-t} \quad \Box$$

例題 3.29 次の常微分方程式の初期値問題を，ラプラス変換を用いて解け．

$$\frac{d^2y}{dt^2} + 6\frac{dy}{dt} + 10y = 0, \quad y(0) = 0, \quad y'(0) = 1 \tag{3.69}$$

(**解**) $\mathcal{L}\{y(t)\} = Y(s)$ とする．

$$\mathcal{L}\left\{\frac{dy}{dt}\right\} = sY(s) - y(0) = sY(s)$$

$$\mathcal{L}\left\{\frac{d^2y}{dt^2}\right\} = s^2Y(s) - y(0)s - y'(0) = s^2Y(s) - 1$$

微分方程式全体をラプラス変換すると

$$\mathcal{L}\left\{\frac{d^2y}{dt^2} + 6\frac{dy}{dt} + 10y\right\} = \mathcal{L}\{0\}$$

$$s^2Y(s) - 1 + 6sY(s) + 10y(s) = 0$$

$$Y(s) = \frac{1}{s^2 + 6s + 10} = \frac{1}{(s+3)^2 - 3^2 + 10} = \frac{1}{(s+3)^2 + 1}$$

と変形される．よって常微分方程式の解は

$$y(t) = \mathcal{L}^{-1}\{Y(s)\} = \mathcal{L}^{-1}\left\{\frac{1}{(s+3)^2 + 1}\right\}$$

$$= e^{-3t}\mathcal{L}^{-1}\left\{\frac{1}{s^2 + 1}\right\} = e^{-3t}\sin t \quad \Box$$

3.6 インパルス応答と合成積

問 28 次の関数の逆ラプラス変換を，部分分数分解して求めよ．

(1) $\dfrac{1}{s^2 - 4s - 5}$ (2) $\dfrac{\sqrt{2}}{s^2 + 2s + 10}$

問 29 次の常微分方程式の初期値問題を，ラプラス変換を用いて解け．

(1) $\dfrac{dx}{dt} - x = e^{-t}, \quad x(0) = 2$

(2) $\dfrac{d^2 y}{dt^2} + 3y = 0, \quad y(0) = 1, \quad y'(0) = 1$

3.6 インパルス応答と合成積

合成積とデルタ関数は，応用上重要であるが，ここでその一端を説明しよう．例として，次の初期値問題 (3.70) を考える．

$$\frac{d^2 y}{dt^2} - 3\frac{dy}{dt} + 2y = e^t, \quad y(0) = 0, \quad y'(0) = 0 \tag{3.70}$$

右辺の e^t をデルタ関数 $\delta(t)$ で置き換えた次の微分方程式 (3.71) の解を**インパルス応答**という．

$$\frac{d^2 x}{dt^2} - 3\frac{dx}{dt} + 2x = \delta(t), \quad x(0) = 0, \quad x'(0) = 0 \tag{3.71}$$

(3.71) は，あるシステムへ瞬時に大きな力が加わる様子を表す式である．また (3.70) と区別するため，(3.71) の関数を y ではなく，x とした．

$\mathcal{L}\{x(t)\} = X(s)$ とおく．

$$\mathcal{L}\left\{\frac{dx}{dt}\right\} = -x(0) + sX(s) = sX(s)$$

$$\mathcal{L}\left\{\frac{d^2 x}{dt^2}\right\} = -x'(0) - sx(0) + s^2 X(s) = s^2 X(s)$$

であるから，方程式 (3.71) 全体をラプラス変換して

$$\mathcal{L}\left\{\frac{d^2 x}{dt^2}\right\} - 3\mathcal{L}\left\{\frac{dx}{dt}\right\} + 2\mathcal{L}\{x\} = \mathcal{L}\{\delta(t)\}$$

$$s^2 X(s) - 3sX(s) + 2X(s) = 1$$

$$X(s) = \frac{1}{(s^2 - 3s + 2)} = \frac{1}{(s-2)(s-1)} = \frac{1}{s-2} - \frac{1}{s-1} \tag{3.72}$$

したがって

$$x(t) = \mathcal{L}^{-1}\{X(s)\} = \mathcal{L}^{-1}\left\{\frac{1}{s-2}\right\} - \mathcal{L}^{-1}\left\{\frac{1}{s-1}\right\} = e^{2t} - e^t \qquad (3.73)$$

となる．このインパルス応答が，もとの微分方程式や初期条件をみたすかどうか確かめてみる．(3.73) の $x(t)$ を実際に計算すると

$$\frac{d^2x}{dt^2} - 3\frac{dx}{dt} + 2x = 0, \quad x(0) = 0, \quad x'(0) = 1$$

となり，(3.70) とは微分方程式の右辺が異なるし，また $x'(0)$ の値が初期値と異なっている．しかし，このインパルス応答を使って (3.70) の解を求めることができる．微分方程式 (3.70) の解のラプラス変換を $Y(s) = \mathcal{L}\{y(t)\}$ とする．微分方程式 (3.70) 全体をラプラス変換して

$$s^2 Y(s) - 3sY(s) + 2Y(s) = \frac{1}{s-1}$$

(3.72) を用いれば

$$Y(s) = \frac{1}{(s-1)^2(s-2)} = X(s)\frac{1}{s-1}$$

となる．逆ラプラス変換の公式を使うと，合成積を使って解 $y(t)$ が次のように書ける．

$$y(t) = \mathcal{L}^{-1}\{Y(s)\} = \mathcal{L}^{-1}\left\{X(s)\frac{1}{s-1}\right\}$$
$$= x(t) * e^t = \int_0^t x(z)e^{t-z}dz$$

この積分を計算してみると，(3.73) から次のようになる．

$$\begin{aligned}
y(t) &= \int_0^t x(z)e^{t-z}dz = \int_0^t (e^{2z} - e^z)e^{t-z}dz \\
&= \int_0^t (e^z - 1)e^t dz = e^t \int_0^t (e^z - 1)dz \\
&= e^t [e^z - z]_0^t = e^t \{e^t - t - (e^0 - 0)\} \\
&= e^t \{e^t - (t+1)\} = e^{2t} - (t+1)e^t
\end{aligned}$$

途中で求めたインパルス応答 $x(t)$ は，最初の微分方程式も，初期条件もみたさなかったが，このようにして求めた解 $y(t)$ は，(3.70) の微分方程式も初期条件も満足する．

3.6 インパルス応答と合成積

a, b, c を定数とするとき

$$a\frac{d^2x}{dt^2} + b\frac{dx}{dt} + cx = \delta(t), \quad x(0) = 0, \quad x'(0) = 0$$

の解 (インパルス応答) が求まると

$$a\frac{d^2y}{dt^2} + b\frac{dy}{dt} + cy = f(t), \quad y(0) = 0, \quad y'(0) = 0$$

の解は

$$y(t) = x(t) * f(t)$$

という合成積を計算すればよい.

なお, 電気回路, システム工学の言葉を使うと, $f(t)$ は入力, $x(t)$ のラプラス変換は伝達関数, $y(t)$ は出力にあたり, 重要な概念である.

問 30 上で求めたインパルス応答 (3.73) を使って, 次の微分方程式の初期値問題を解け.
$$\frac{d^2u}{dt^2} - 3\frac{du}{dt} + 2u = 1, \quad u(0) = 0, \quad u'(0) = 0$$

第3章 章末問題

[**1**] 次の関数のラプラス変換を求めよ．

(1) $(1 - te^{-t})^3$ (2) $(\sin t + \cos t)^2$ (3) $t^{\frac{1}{2}} + t^{-\frac{1}{2}}$ (4) $\dfrac{e^{-2t}}{\sqrt{t}}$

(5) 次の関数 $g(t)$ の $0 < t < 4$ の部分を周期 4 で繰り返す関数 $f(t)$

$$g(t) = \begin{cases} 0 & (t < 0) \\ 2t & (0 < t < 2) \\ 4 & (2 < t < 4) \\ 0 & (4 < t) \end{cases}$$

(6) $U(t - \pi)\sin(t - \pi)$ (7) $t(3\sin 2t - 2\cos 2t)$

[**2**] 次の関数の逆ラプラス変換を求めよ．

(1) $\dfrac{3s + 7}{s^2 - 2s - 3}$ (2) $\dfrac{1}{\sqrt{2s + 3}}$ (3) $\dfrac{5s^2 - 15s - 11}{(s+1)(s-2)^3}$ (4) $\dfrac{6s - 4}{s^2 - 4s + 20}$

(5) $\dfrac{s - 1}{(s+3)(s^2+2s+2)}$ (6) $\dfrac{(s+1)e^{-\pi s}}{s^2 + s + 1}$ (7) $\dfrac{e^{-3s}}{(s+4)^{\frac{5}{2}}}$ (8) $\log\left(1 + \dfrac{1}{s^2}\right)$

[**3**] 次の常微分方程式の初期値問題を解け．

(1) $y'' + 4y = 4t, \ y(0) = 0, \ y'(0) = 5$

(2) $y'' - 3y' + 2y = -6e^{-t}, \ y(0) = 1, \ y'(0) = -1$

(3) $y'' + 2y' + 5y = e^{-t}\sin t, \ y(0) = 0, \ y'(0) = 1$

[**4**] 次の連立常微分方程式の初期値問題をラプラス変換を使って解け．

(1) $\dfrac{dx}{dt} = 2x - 3y, \ \dfrac{dy}{dt} = y - 2x, \ x(0) = 2, \ y(0) = 2$

(2) $\dfrac{dy}{dt} - \dfrac{dz}{dt} = t, \ \dfrac{d^2y}{dt^2} + z = e^{-t}, \ y(0) = 0, \ y'(0) = 0, \ z(0) = 0$

[**5**] 次の積分方程式をラプラス変換を使って解け．

(1) $y(t) = t^3 + \displaystyle\int_0^t y(u)\sin(t - u)du$

(2) $\dfrac{dy(t)}{dt} + \displaystyle\int_0^t y(u)\cos(t - u)du = -\sin t, \ y(0) = 1$

[**6**] ラプラス変換の公式により，次の積分を求めよ．

(1) $\displaystyle\int_0^\infty te^{-3t}\cos 3t \, dt$ (2) $\displaystyle\int_0^\infty t^3 e^{-t}\sin 2t \, dt$

第4章 複素関数

4.1 複素関数

複素数 z を複素数 w に対応させる関数を $w = f(z)$ のようにかく．ここで，x, y を実数，i を虚数単位として，複素数 z を $z = x + yi$ とおくと，z の関数である w も x, y の関数としてかける．また，w は複素数であるから，実部 $u(x, y)$ と虚部 $v(x, y)$ があるはずであり，次のようにかける．

$$w = f(z) = u(x, y) + v(x, y)i \tag{4.1}$$

例題 4.1 $w = f(z) = z^2$ のとき，その実部 $u(x, y)$ と虚部 $v(x, y)$ を x, y を使って表せ．

(解)

$$z^2 = (x + yi)^2 = x^2 + 2xyi + y^2 i^2 = x^2 + 2xyi - y^2 = x^2 - y^2 + 2xyi$$

よって
$$u(x, y) = x^2 - y^2, \, v(x, y) = 2xy \qquad \Box$$

問1 $z = x + yi$ (x, y は実数) とする．次の関数 $f(z)$ の，実部 $u(x, y)$ と虚部 $v(x, y)$ を x, y の関数として表せ．

(1) $f(z) = \overline{z}^3 + 2i$ (2) $f(z) = z\overline{z}$ (3) $f(z) = \mathrm{Im}(z) + i\mathrm{Re}(z)$

一変数の実数関数の場合は，xy 平面にその関数のグラフを描くことにより，おおざっぱな性質を直感的に理解できる．複素関数は，複素平面上の1点から，別の複素平面上の1点への対応を表す．例として，$w = z^2$ の場合にいくつかの複素平面上の

点の対応を見てみることにしよう．

$z = 2 + i$　　のとき　　$w = (2+i)^2 = 3 + 4i$
$z = 1 - i$　　のとき　　$w = (1-i)^2 = -2i$
$z = -1 + i$　のとき　　$w = (-1+i)^2 = -2i$
$z = 2i$　　　のとき　　$w = (2i)^2 = -4$
$z = 1 - 2i$　のとき　　$w = (1-2i)^2 = -3 - 4i$

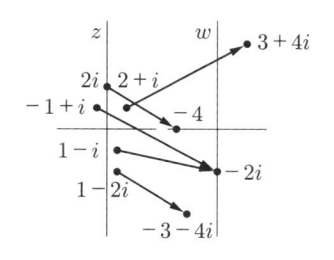

図 **4.1**

実数関数の場合のように，平面上にグラフを描いて複素関数を表すことができないことが，複素関数の理解を難しくしている原因の1つである．

上の例で計算したような z^2 のような関数では，z の1つの値に，w の1つの値が対応する．このような関数を**一価関数**と呼ぶ．当分この一価関数の性質について学ぶことする．

これに対して，z の1つの値に，w の2つ以上の値が対応する場合がある．それを**多価関数**と呼ぶ．複素関数の対数関数や $\sqrt{z}$ がそうである．実数の場合には $\sqrt{x}$ と $-\sqrt{x}$ は異なるものとして扱うが，複素関数の場合は $\sqrt{z}$ とかいただけで，両方含んだものを表すことになっているので，多価関数として扱う．くわしくは後の節で述べる．

4.2　極　　限

複素関数の導関数の定義には，実数の場合と同じように極限を使う．$w = f(z)$ とする．z が z_0 に限りなく近づくとき，w が w_0 に限りなく近づくとする．そのとき

$$\lim_{z \to z_0} f(z) = w_0 \tag{4.2}$$

あるいは

　　　　　$z \to z_0$　　のとき　　$w \to w_0$　　　(4.3)

などとかく．このかき方は実数の場合と形式的には同じである．しかし，実数の場合と異なる意味をもっている．複素数は複素平面上の1点に対応するので，その点にはあらゆる方向から近づける．すなわち，複素数の極限の場合，z が z_0 にどの方向から近づいても w が w_0 に近づかなければ，極限があるとは言わないのである．

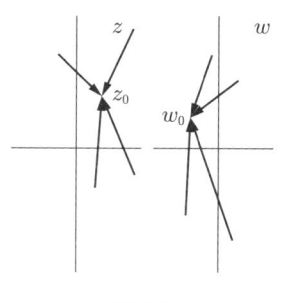

図 **4.2**

4.3 微分係数の定義とコーシー–リーマン方程式　　*129*

極限値が存在するときには，実数の場合と同じように計算してよい．

$$\lim_{z \to z_0} f(z) = f(z_0) \tag{4.4}$$

言葉で言うと，$z \to z_0$ のときの $f(z)$ の極限値は $f(z)$ の z に z_0 を代入すればよい．分母が 0 になるときには気をつけなければならない．そのとき分子の極限が 0 でなければ発散する．また，分子の極限も 0 のときには不定形となる．不定形の場合の極限の計算も実数の場合と同様にできる．

例題 4.2

(1) $\displaystyle\lim_{z \to 2i} \frac{z+i}{z^2+3}$　　(2) $\displaystyle\lim_{z \to i} \frac{3z-3i}{z^2+1}$

（解）

(1) $\displaystyle\lim_{z \to 2i} \frac{z+i}{z^2+3} = \frac{2i+i}{(2i)^2+3} = -3i$

(2) 実数の場合には x^2+1 は因数分解できないが，複素数の場合には次のような因数分解ができる．

$$z^2 + 1 = z^2 - (-1) = z^2 - i^2 = (z-i)(z+i)$$

したがって，次のように計算できる．

$$\lim_{z \to i} \frac{3z-3i}{z^2+1} = \lim_{z \to i} \frac{3(z-i)}{(z-i)(z+i)} = \lim_{z \to i} \frac{3}{z+i} = \frac{3}{i+i} = -\frac{3}{2}i \qquad \square$$

問2　次の極限を計算せよ．

(1) $\displaystyle\lim_{z \to i}(z^2 + iz - 3)$　　(2) $\displaystyle\lim_{z \to i} \frac{z(z-i)}{z^2+1}$

4.3　微分係数の定義とコーシー–リーマン方程式

$w = f(z)$ を領域 D で定義された一価関数とし，$z, z + \Delta z$ を D 内の点とする．

$$\lim_{\Delta z \to 0} \frac{f(z+\Delta z) - f(z)}{\Delta z} \tag{4.5}$$

Δz が 0 に近づく近づき方に関わりなく，この極限が一定値をもつとき，$f(z)$ の z における**微分係数**といい，$f'(z), w', \dfrac{df}{dz}, \dfrac{dw}{dz}$ などとかく．これらを z の関数とみなしたものは**導関数**と呼ぶ．z において $f'(z)$ が存在するとき，z において $f(z)$ は**正則**であるという．また，領域 D 内のすべての点 z で正則ならば $f(z)$ は領域 D で**正則関数**であるという．

$f(z)$ が点 z で正則となるための実部，虚部に対する条件を導いておく．

$$w = f(z) = u(x,y) + iv(x,y) \tag{4.6}$$

とする．微分係数の定義式 (4.5) の z も Δz も複素数であるから，実部と虚部がある（図 4.3）．x, y, h, k を実数として

$$z = x + yi, \quad \Delta z = h + ik$$

とおくと

$$z + \Delta z = x + h + (y+k)i$$

であるから次の式が成り立つ．

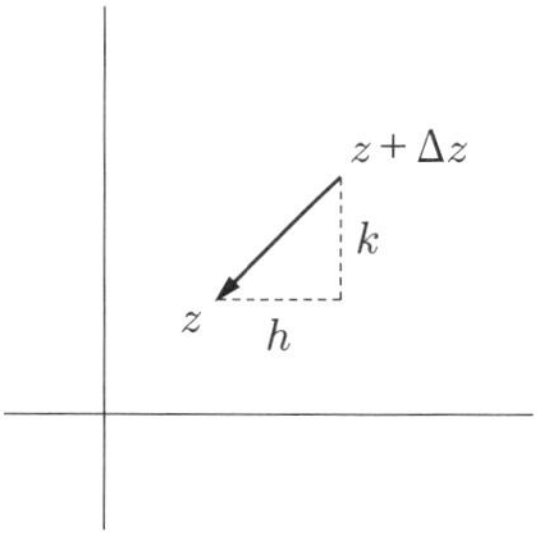

図 4.3

$$\begin{aligned}\frac{f(z+\Delta z) - f(z)}{\Delta z} &= \frac{u(x+h, y+k) + iv(x+h, y+k) - \{u(x,y) + iv(x,y)\}}{h+ki} \\ &= \frac{u(x+h, y+k) - u(x,y) + i\{v(x+h, y+k) - v(x,y)\}}{h+ki}\end{aligned} \tag{4.7}$$

Δz が 0 に近づく極限を考えるのだが，簡単のために，実軸に平行な直線に沿って近づく場合と，虚軸に平行な直線に沿って近づく場合を考えよう．

(1) $z + \Delta z$ が実軸に平行な直線に沿って z に近づくとき（図 4.4 左），$k = 0$ だから，(4.7) より

$$\begin{aligned}&\lim_{\Delta z \to 0} \frac{f(z+\Delta z) - f(z)}{\Delta z} \\ &= \lim_{h \to 0} \frac{u(x+h, y) - u(x,y) + i\{v(x+h, y) - v(x,y)\}}{h} \\ &= \lim_{h \to 0} \frac{u(x+h, y) - u(x,y)}{h} + i \lim_{h \to 0} \frac{v(x+h, y) - v(x,y)}{h} \\ &= \frac{\partial u}{\partial x} + i \frac{\partial v}{\partial x}\end{aligned} \tag{4.8}$$

4.3 微分係数の定義とコーシー–リーマン方程式

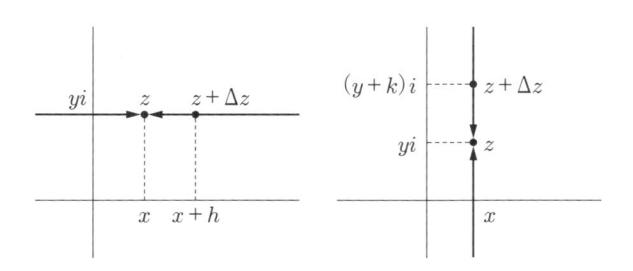

図 4.4

(2) $z + \Delta z$ が虚軸に平行な直線に沿って z に近づくとき（図 4.4 右），$h = 0$ だから，(4.7) より

$$\lim_{\Delta z \to 0} \frac{f(z+\Delta z) - f(z)}{\Delta z} = \lim_{k \to 0} \frac{u(x, y+k) - u(x,y) + i\{v(x,y+k) - v(x,y)\}}{ik}$$
$$= \lim_{k \to 0} \frac{u(x,y+k) - u(x,y)}{ik} + i \lim_{k \to 0} \frac{v(x,y+k) - v(x,y)}{ik}$$
$$= \frac{1}{i}\frac{\partial u}{\partial y} + \frac{\partial v}{\partial y} = -i\frac{\partial u}{\partial y} + \frac{\partial v}{\partial y} \tag{4.9}$$

微分可能であるということは，近づき方がどうであろうと同じ極限値になるから，(4.8) と (4.9) は同じである．

$$\frac{\partial u}{\partial x} + i\frac{\partial v}{\partial x} = -i\frac{\partial u}{\partial y} + \frac{\partial v}{\partial y}$$

2 つの複素数が同じであるときには，実部同士が同じであり，虚部同士も同じであるから次が成り立つ．

$$\boxed{\frac{\partial u}{\partial x} = \frac{\partial v}{\partial y},\ \frac{\partial u}{\partial y} = -\frac{\partial v}{\partial x}} \tag{4.10}$$

これを**コーシー–リーマンの方程式**と呼ぶ．ここでは説明しないが，コーシー–リーマンの方程式が成立すると，その関数は正則であることが示せる．

例題 4.3 次の関数がコーシー–リーマンの方程式をみたすかどうか調べよ．
(1) $f(z) = z^2$ (2) $f(z) = \bar{z} = \overline{x + yi} = x - yi$

（**解**） (1)
$$u(x,y) = x^2 - y^2,\quad v(x,y) = 2xy$$
であるから

$$\frac{\partial u}{\partial x} = \frac{\partial}{\partial x}(x^2 - y^2) = 2x, \quad \frac{\partial u}{\partial y} = \frac{\partial}{\partial y}(x^2 - y^2) = -2y$$

$$\frac{\partial v}{\partial x} = \frac{\partial}{\partial x}(2xy) = 2y, \quad \frac{\partial v}{\partial y} = \frac{\partial}{\partial y}(2xy) = 2x$$

よって

$$\frac{\partial u}{\partial x} = \frac{\partial v}{\partial y}, \quad \frac{\partial u}{\partial y} = -\frac{\partial v}{\partial x}$$

となり，コーシー–リーマンの方程式をみたすので，$f(z) = z^2$ は正則関数．

(2)

$$u = x, \quad v = -y$$

$$\frac{\partial u}{\partial x} = \frac{\partial x}{\partial x} = 1, \quad \frac{\partial u}{\partial y} = \frac{\partial x}{\partial y} = 0$$

$$\frac{\partial v}{\partial x} = \frac{\partial(-y)}{\partial x} = 0, \quad \frac{\partial v}{\partial y} = \frac{\partial(-y)}{\partial y} = -1$$

よって

$$\frac{\partial u}{\partial x} \neq \frac{\partial v}{\partial y}, \quad \frac{\partial u}{\partial y} = -\frac{\partial v}{\partial x}$$

となり，コーシー–リーマンの方程式を両方はみたさないので，$f(z) = \overline{z}$ は正則関数ではない． □

問3 次の関数 $f(z)$ に対してコーシー–リーマンの方程式が成立するかどうか調べよ．

(1) $f(z) = \overline{z}^3 + 2i$　　(2) $f(z) = z^2 + iz$　　(3) $f(z) = \mathrm{Im}(z) + i\mathrm{Re}(z)$

4.4 正則関数の組み合わせ

領域 D で正則な，2つの関数 $f(z), g(z)$ を考えよう．つまり z が領域 D の中にある限り微分ができるとする．つまり $f'(z)$ と $g'(z)$ が存在するとする．導関数の定義式は，形式的に実数の場合と同じであるので，実数と同じ微分の公式が成立する．

― 微分の公式 ―

$$\frac{d}{dz}(Af(z) + Bg(z)) = A\frac{df(z)}{dz} + B\frac{dg(z)}{dz} \quad (A, B \text{ は定数}) \quad (4.11)$$

4.4 正則関数の組み合わせ

$$\frac{d}{dz}(f(z)g(z)) = \frac{df(z)}{dz}g(z) + f(z)\frac{dg(z)}{dz} \quad : 積の微分 \quad (4.12)$$

$$\frac{d}{dz}\frac{f(z)}{g(z)} = \frac{f'(z)g(z) - f(z)g'(z)}{g(z)^2} \quad : 商の微分 \quad (4.13)$$

$$w = f(u), \quad u = g(z) \text{ のとき } \quad \frac{dw}{dz} = \frac{dw}{du}\frac{du}{dz} \quad : 合成関数の微分 \quad (4.14)$$

これより，$Af(z) + Bg(z), f(z)g(z), f(z)/g(z)$ や $f(g(z))$ も正則であることが分かる．また，正則関数の場合，実数関数の場合と同じ要領で微分してよいということが分かる．このほかに，逆関数の微分の公式も実数の場合と同じようにして成り立つ．

ただし，$f(z)/g(z)$ には注意が必要である．どんな数字も 0 では割れないので，分母が 0 となるところではこのような分数は意味をもたなくなる．つまり，そこではこの関数もその導関数も存在しない．言い換えると正則ではないのである．

関数 $f(z) =$ 定数は $f'(z) = 0$ をみたす．微分係数が存在するので正則関数である．次に，z^2 や z^5 の微分については実数関数の場合と同じように次の公式が成立する．

$$\frac{d}{dz}z^m = mz^{m-1} \quad (\text{ただし } m \text{ は整数}, \ m = 0, \pm 1, \pm 2, \pm 3, \cdots) \quad (4.15)$$

ただし，分母が 0 になるところを除く．m を整数に限っているのは多価関数にならないようにするためである．

$3i$ も z^4 も正則であるから，この 2 つを掛けた関数 $3iz^4$ も正則関数である．同じ理由で $5z$ も正則関数である．このどちらも正則関数であるから，この 2 つの正則関数を加えたもの $3iz^4 + 5z$ も正則関数である．同様にして $2z^2 - i$ も正則関数である．したがって関数

$$\frac{3iz^4 + 5z}{2z^2 - i}$$

も，分母が 0 になるところを除いて正則関数である．

例題 4.4 次の関数を微分せよ．

(1) $f(z) = \dfrac{z^2 + i}{z - i}$ (2) $f(z) = (2z^3 - iz - i)^{10}$

(**解**)

(1) $\dfrac{df(z)}{dz} = \dfrac{(z^2 + i)'(z - i) - (z^2 + i)(z - i)'}{(z - i)^2} = \dfrac{2z(z - i) - (z^2 + i) \times 1}{(z - i)^2}$

$$= \frac{z^2 - 2iz - i}{(z-i)^2}$$

(2) $w = 2z^3 - iz - i$ とおくと，$f(z) = w^{10}$

$$\frac{df(z)}{dw} = 10w^9, \qquad \frac{dw}{dz} = 6z^2 - i,$$

$$\frac{df(z)}{dz} = \frac{df(z)}{dw}\frac{dw}{dz} = 10(2z^3 - iz - i)^9(6z^2 - i)$$ □

問 4 次の関数 $f(z)$ を微分せよ．
(1) $f(z) = z^{10} + 8iz^6 + i$ (2) $f(z) = (z^{11} + 2z + i)^{26}$
(3) $f(z) = \dfrac{z + 2i}{z^2 + iz + 1}$ (4) $f(z) = \left(\dfrac{z}{z^2 + i}\right)^3$

4.5 指数関数，三角関数，双曲線関数

指数関数，三角関数や双曲線関数を複素関数に拡張することを考える．対数関数やべき関数などは複素関数に拡張すると多価関数になるので後の節にまわすことにする．

4.5.1 指 数 関 数

まず指数関数を考える．実数の関数

$$y = e^x \tag{4.16}$$

を，単純に複素数に置き換えると

$$w = e^z \tag{4.17}$$

となる．(4.17) で $z = x + yi$ （x と y は実数）とおいてやる．そして $e^{x+yi} = e^x e^{iy}$ が成り立つとすると，0 章で学んだオイラーの公式を使って，次のようにかける．

$$\boxed{e^z = e^{x+yi} = e^x e^{yi} = e^x(\cos y + i \sin y)} \quad \text{：指数関数の定義} \tag{4.18}$$

(4.18) で複素関数の指数関数を定義する．実部 u と虚部 v は

$$u = e^x \cos y, \quad v = e^x \sin y$$

4.5 指数関数,三角関数,双曲線関数

である.これら u, v を x, y で偏微分すると,次のようになる.

$$\frac{\partial u}{\partial x} = e^x \cos y, \quad \frac{\partial v}{\partial x} = e^x \sin y$$

$$\frac{\partial u}{\partial y} = -e^x \sin y, \quad \frac{\partial v}{\partial y} = e^x \cos y$$

よって次が成り立つ.

$$\frac{\partial u}{\partial x} = \frac{\partial v}{\partial y}, \quad \frac{\partial u}{\partial y} = -\frac{\partial v}{\partial x}$$

指数関数 (4.18) はコーシー–リーマンの方程式を満足するので,正則関数となる.

例題 4.5 次の式が成立することを示せ.

$$\boxed{\frac{de^z}{dz} = e^z} \quad \text{:指数関数の微分}$$

(**解**) コーシー–リーマンの方程式を導いたときの式 (4.8) によると

$$\frac{de^z}{dz} = \frac{\partial u}{\partial x} + i\frac{\partial v}{\partial x} = e^x \cos y + ie^x \sin y = e^x(\cos y + i\sin y) = e^z \quad (4.19)$$

□

問 5 (4.19) と合成関数の公式を使って,次の導関数を求めよ.

(1) $\dfrac{d}{dz}e^{iz}$ (2) $\dfrac{d}{dz}e^{-iz^2+3z}$

次に,このように,複素関数に拡張した指数関数の性質を調べることにする.

$$\boxed{e^z e^w = e^{z+w}} \quad \text{:指数関数の性質 (I)} \quad (4.20)$$

[**説明**] $z = a + ib, w = c + id$(ただし,a, b, c, d は実数)のとき

$$e^z e^w = e^a(\cos b + i\sin b)e^c(\cos d + i\sin d)$$

$$= e^{a+c}(\cos b \cos d + i\sin b \cos d + i\cos b \sin d + i^2 \sin b \sin d)$$

$$= e^{a+c}\{\cos b \cos d - \sin b \sin d + i(\sin b \cos d + \cos b \sin d)\}$$

$$= e^{a+c}\{\cos(b+d) + i\sin(b+d)\} \quad \text{(実数の三角関数の加法定理より)}$$

$$= e^{a+c}e^{i(b+d)}$$

$$= e^{a+bi+c+di} = e^{z+w}$$

□

(4.20) の意味は，実数の場合と同様に次のような計算ができるということである．

$$e^{1+i}e^{3-2i} = e^{1+i+3-2i} = e^{4-i}$$

この性質を利用すると，すぐ次の性質があるということが分かる．

$$w = z \text{ のとき} \quad e^z e^z = (e^z)^2 = e^{2z}$$
$$w = 2z \text{ のとき} \quad e^z e^{2z} = e^{z+2z} = e^{3z}$$

したがって，このような計算を繰り返すことにより一般に次の性質が成り立つ．

$$\boxed{(e^z)^m = e^{mz} \quad (m \text{ は整数})} \quad : \text{指数関数の性質 (II)}$$

ここで，m について整数と述べたのは，分数のときには多価関数になるからである．

指数関数の絶対値を計算しよう．y が実数のとき $\cos^2 y + \sin^2 y = 1$ ゆえに

$$|e^z| = |e^x(\cos y + i \sin y)| = \sqrt{(e^x \cos y)^2 + (e^x \sin y)^2}$$
$$= \sqrt{e^{2x}(\cos^2 y + \sin^2 y)} = \sqrt{e^{2x}} = e^x$$

となり，実部 x のみで絶対値が定まることが分かる．

有限の x に対して $e^x \neq 0$ だから，有限の z に対して $|e^z| \neq 0$．よって $e^z \neq 0$．

$$\frac{1}{e^z} = e^{-z} \quad : \text{指数関数の逆数}$$

も，分母が有限の z では 0 にならないので，その範囲で正則関数である．また

$$e^{z+2\pi i} = e^{x+iy+2\pi i} = e^{x+i(y+2\pi)} = e^x \{\cos(y+2\pi) + i\sin(y+2\pi)\}$$
$$= e^x \{\cos y + i \sin y\} = e^z$$

が成り立つ．これより，e^z は周期 $2\pi i$（純虚数）の周期関数であることが分かる．一般には次式が成立する．

$$\boxed{e^{z+2m\pi i} = e^z \quad (m \text{ は整数})} \quad : \text{指数関数の周期性} \qquad (4.21)$$

4.5.2 三角関数

0 章で三角関数を指数関数を使って表すことが可能であるということを見た．それ

4.5 指数関数，三角関数，双曲線関数

らの式で，x（実数）$\to z$（複素数）と拡張して複素関数の三角関数を定義する．

$$\boxed{\sin z = \frac{e^{iz} - e^{-iz}}{2i}, \quad \cos z = \frac{e^{iz} + e^{-iz}}{2}, \quad \tan z = \frac{\sin z}{\cos z}} \quad \text{：三角関数} \quad (4.22)$$

$$\cot z = \frac{1}{\tan z}, \quad \sec z = \frac{1}{\cos z}, \quad \operatorname{cosec} z = \frac{1}{\sin z} \quad \text{：三角関数の逆数}$$

e^{iz}, e^{-iz} は正則関数である．その和，差，積，商も，分母が 0 でないとき正則関数である．つまり $\sin z$ も $\cos z$ も正則であり，$\tan z$ は分母が 0 でないところで正則関数である．

複素数の関数の場合にもオイラーの公式が成り立つ．次の計算で示せる．

$$\begin{aligned}
\underline{\cos z + i \sin z} &= \frac{e^{iz} + e^{-iz}}{2} + i \frac{e^{iz} - e^{-iz}}{2i} \\
&= \frac{e^{iz} + e^{-iz} + e^{iz} - e^{-iz}}{2} = \frac{2e^{iz}}{2} = \underline{e^{iz}}
\end{aligned} \quad (4.23)$$

$\underline{\sin^2 z + \cos^2 z = 1}$ が成立することは，定義に戻り次のように示すことができる．

$$\sin^2 z = \left(\frac{e^{iz} - e^{-iz}}{2i}\right)^2 = \frac{e^{2iz} + e^{-2iz} - 2}{-4} = -\frac{e^{2iz} + e^{-2iz} - 2}{4}$$

$$\cos^2 z = \left(\frac{e^{iz} + e^{-iz}}{2}\right)^2 = \frac{e^{2iz} + e^{-2iz} + 2}{4} = \frac{e^{2iz} + e^{-2iz} + 2}{4}$$

$$\sin^2 z + \cos^2 z = \frac{-e^{2iz} - e^{-2iz} + 2 + e^{2iz} + e^{-2iz} + 2}{4} = \frac{4}{4} = 1 \quad (4.24)$$

例題 4.6 (4.22) より，$\sin(\pi - z) = \sin z$ を示せ．

（解）
$$\begin{aligned}
\sin(\pi - z) &= \frac{e^{i(\pi-z)} - e^{-i(\pi-z)}}{2i} = \frac{e^{i\pi} e^{-iz} - e^{-i\pi} e^{iz}}{2i} \\
&= \frac{-1 \times e^{-iz} - (-1) \times e^{iz}}{2i} = \frac{-e^{-iz} + e^{iz}}{2i} = \sin z \quad (4.25)
\end{aligned}$$

□

問 6 次の式が成り立つことを示せ．

(1) $\cos(\pi - z) = -\cos z$ (2) $\sin(-z) = -\sin z$ (3) $\cos(-z) = \cos z$

(4) $\sin\left(\frac{\pi}{2} - z\right) = \cos z$ (5) $\cos\left(\frac{\pi}{2} - z\right) = \sin z$

138　　　　　　　　　　第 4 章　複 素 関 数

例題 4.7　複素関数の $\sin z$ は周期 2π の周期関数であることを示せ．

（解）
$$\sin(z+2\pi) = \frac{e^{zi+2\pi i} - e^{-zi-2\pi i}}{2i} = \frac{e^{iz}\times 1 - e^{-iz}\times 1}{2i}$$
$$= \frac{e^{iz} - e^{-iz}}{2i} = \sin z \qquad \square$$

問 7　次式が成立することを示せ．
(1) $\cos(z+2\pi) = \cos z$　　　(2) $\tan(z+\pi) = \tan z$

例題 4.8　$\sin z$ の導関数は $\cos z$ であることを示せ．

（解）
$$\frac{d}{dz}\sin z = \frac{d}{dz}\frac{e^{iz} - e^{-iz}}{2i} = \frac{1}{2i}\left(\frac{d}{dz}e^{iz} - \frac{d}{dz}e^{-iz}\right) = \frac{1}{2i}\left\{ie^{iz} - (-i)e^{-iz}\right\}$$
$$= \frac{1}{2i}i(e^{iz} + e^{-iz}) = \frac{e^{iz} + e^{-iz}}{2} = \cos z \qquad (4.26) \qquad \square$$

問 8　次式が成立すること示せ．
(1) $\dfrac{d}{dz}\cos z = -\sin z$　　(2) $\dfrac{d}{dz}\tan z = \dfrac{1}{\cos^2 z} = \sec^2 z$
(3) $\dfrac{d}{dz}\sin iz^2 = 2iz\cos iz^2$

次に，複素関数では $|\sin z| \leq 1$ や $|\cos z| \leq 1$ が一般に成立しないことを，例を計算することによって示す．ただし $\log_e$ は実数の自然対数である．

例題 4.9　$z = \dfrac{\pi}{2} + i\log_e(2+\sqrt{3})$ のとき $|\sin z| > 1$ を示せ．

（解）
$$\exp(iz) = \exp\left\{i\left(\frac{\pi}{2} + i\log(2+\sqrt{3})\right)\right\} = \exp\left\{\frac{\pi}{2}i - \log(2+\sqrt{3})\right\}$$
$$= e^{\frac{\pi}{2}i}\frac{1}{\exp(\log(2+\sqrt{3}))} = i \times \frac{1}{2+\sqrt{3}} = i\frac{2-\sqrt{3}}{2^2 - (\sqrt{3})^2} = (2-\sqrt{3})i$$

同様にして $\exp(-iz) = -(2+\sqrt{3})i$ なので

$$\sin z = \frac{e^{iz} - e^{-iz}}{2i} = \frac{1}{2i}\left\{(2-\sqrt{3})i + (2+\sqrt{3})i\right\} = 2$$

$$|\sin z| = 2 > 1 \qquad \square$$

問 9

$z = i\log_e(3-\sqrt{8})$ のときの $\sin z$ の値を計算せよ．

4.5.3 双曲線関数

複素関数の**双曲線関数**は，実数 x で定義されたものの式で，x（実数）$\to z$（複素数）と置き換えることによって定義する．

$$\sinh z = \frac{e^z - e^{-z}}{2}, \quad \cosh z = \frac{e^z + e^{-z}}{2}, \quad \tanh z = \frac{\sinh z}{\cosh z} \quad \text{：双曲線関数}$$

$$\coth z = \frac{1}{\tanh z}, \quad \operatorname{sech} z = \frac{1}{\cosh z}, \quad \operatorname{cosech} z = \frac{1}{\sinh z} \quad \text{：双曲線関数の逆数}$$

ハイパーボリックサインなどと，ハイパーボリックを前につけて読む．

例題 4.10 $\sin iz = i\sinh z$ を示せ．

（解）

$$\sin(iz) = \frac{e^{iiz} - e^{-iiz}}{2i} = \frac{e^{-z} - e^z}{2i} = \frac{(e^{-z} - e^z)i}{2i^2}$$

$$= -\frac{(e^{-z} - e^z)i}{2} = i\frac{(e^z - e^{-z})}{2} = i\sinh z \qquad \square$$

この例が示すように，実数の場合と違って，$\sin z, \cos z$ と $\sinh z, \cosh z$ は密接に関係している．

問 10 次式が成立することを示せ．

$$\cosh^2 z - \sinh^2 z = 1$$

例題 4.11 $\sinh z$ の導関数は $\cosh z$ であることを示せ.

(解)
$$\begin{aligned}\frac{d}{dz}\sinh z &= \frac{1}{2}\left(\frac{d}{dz}e^z - \frac{d}{dz}e^{-z}\right) \\ &= \frac{1}{2}\{e^z - (-1)e^{-z}\} \\ &= \frac{1}{2}(e^z + e^{-z}) = \cosh z\end{aligned}$$
□

問 11 次式が成立することを示せ.
(1) $\dfrac{d}{dz}\cosh z = \sinh z$ 　　(2) $\dfrac{d}{dz}\tanh z = \operatorname{sech}^2 z$

4.6 特異点と極

複素関数 $f(z)$ が正則でない点を**特異点**という. そのうち, 最も簡単な**極**と呼ばれる場合を説明する. $f(z)$ が $z=a$ 以外の点で正則であり

$$\begin{aligned}&\lim_{z\to a} f(z) = \infty \\ &\lim_{z\to a}(z-a)f(z) = \infty \\ &\lim_{z\to a}(z-a)^2 f(z) = \infty \\ &\qquad\vdots \\ &\lim_{z\to a}(z-a)^{k-1}f(z) = \infty \\ &\lim_{z\to a}(z-a)^k f(z) = \text{有限確定}\end{aligned}$$

のとき, $z=a$ を **k 位の極**という. $f(z)$ は $z\to a$ の極限で発散する. それをおさえるために, この極限で 0 になる因数 $z-a$ を次々と掛けた関数について, 極限をとって調べていく.

$(z-a)^{k-1}$ を掛けた式では発散したが, $(z-a)^k$ を掛けた式では発散がやんだときに k 位の極と呼ぶのである. また, この k を**位数**と呼ぶ.

4.6 特異点と極

例題 4.12 次の関数のすべての極をあげ，その位数を調べよ．

(1) $f(z) = \dfrac{1}{z^2+1}$　　(2) $f(z) = \dfrac{1}{(z-2i)^2}$

（解）(1) 正則でない点の候補を探すには，分母 0 とおく．$z^2+1 = z^2-(-1) = z^2-i^2 = (z-i)(z+i) = 0$ より，特異点の候補は $z = \pm i$ である．

$z = i$ について

$$\lim_{z \to i} f(z) = \lim_{z \to i} \frac{1}{(z-i)(z+i)} = \infty$$

$$\lim_{z \to i}(z-i)f(z) = \lim_{z \to i}(z-i)\frac{1}{(z-i)(z+i)} = \lim_{z \to i}\frac{1}{z+i} = \frac{1}{2i} = -\frac{i}{2} = 有限確定$$

$(z-i)$ を 1 回掛けると有限確定になるので，$z = i$ は 1 位の極である．

$z = -i$ について

$$\lim_{z \to -i} f(z) = \lim_{z \to -i} \frac{1}{(z-i)(z+i)} = \infty$$

$$\lim_{z \to -i}(z+i)f(z) = \lim_{z \to -i}(z+i)\frac{1}{(z-i)(z+i)} = \lim_{z \to i}\frac{1}{z-i} = \frac{1}{-2i} = \frac{i}{2} = 有限確定$$

$(z+i)$ を 1 回掛けると有限確定になるので，$z = -i$ は 1 位の極である．

(2) 分母=0 とおいて，極の候補をさがす．$(z-2i)^2 = 0$ より $z = 2i$ である．

$$\lim_{z \to 2i} f(z) = \lim_{z \to 2i} \frac{1}{(z-2i)^2} = \infty$$

$$\lim_{z \to 2i}(z-2i)f(z) = \lim_{z \to -i}(z-2i)\frac{1}{(z-2i)^2} = \lim_{z \to 2i}\frac{1}{z-2i} = \infty$$

$$\lim_{z \to 2i}(z-2i)^2 f(z) = \lim_{z \to -i}(z-2i)^2 \frac{1}{(z-2i)^2} = \lim_{z \to 2i} 1 = 1 = 有限確定$$

$(z-2i)$ を 2 回掛けると有限確定になるので，$z = 2i$ は 2 位の極である． □

問 12 次の関数 $f(z)$ の極をすべてあげ，その位数を定義に沿って調べよ．

(1) $f(z) = \dfrac{z-2i}{z^2(z^2+4)}$　　(2) $f(z) = \dfrac{z}{(z^2+2)^3}$

この例題で分かると思うが，分数関数で，約分後に分母に $(z-a)^k$ の項があれば，$z = a$ は k 位の極である．しかしそれは，z の多項式の分数関数の場合である．三角

関数や指数関数を含んだ関数の場合にはそう簡単にはいかない．その例として，次の関数を考えてみる．

$$f(z) = \frac{\sin z}{z}$$

分母=0 とおいてみると，$z=0$ となるので極は $z=0$ と思うかもしれない．しかし

$$\lim_{z \to 0} \frac{\sin z}{z}$$

の極限を計算しようとすると，分母も分子も 0 になり，いわゆる不定形になる．$\sin 0 = 0$ を使うとこの極限は次のように書き換えられる．

$$\lim_{z \to 0} \frac{\sin z}{z} = \lim_{z \to 0} \frac{\sin(0+z) - \sin 0}{z}$$

この極限は，$\sin z$ の $z=0$ での微分係数であるから

$$\lim_{z \to 0} \frac{\sin z}{z} = \lim_{z \to 0} \frac{\sin(0+z) - \sin 0}{z} = \left[\frac{d}{dz} \sin z \right]_{z=0} = [\cos z]_{z=0} = \cos 0 = 1$$

となって，関数が $z \to 0$ のときに発散しない．したがって $z=0$ は極ではない．このような場合，たいていは $z=0$ での極限の値をその関数の値としてとることにする．そうすると，$(\sin z)/z$ は $z=0$ で正則な関数となる．このように，見かけは特異点のように見えても実はそうでない点のことを**除去可能な特異点**という．

4.7 複素積分

4.7.1 線積分

　複素関数の $z=a$ から $z=b$ までの積分というとき，複素平面上 a から b まで行く曲線は無数にある．したがって，平面上の関数をある曲線に沿って積分するということを複素関数の積分では考えなければならない．いきなり複素平面上での曲線に沿った積分を考えるのは難しいから，ひとまず xy 平面で考えてみよう．xy 平面上で，例えば関数 $u(x,y) = xy$ を考えることにしよう．この関数を

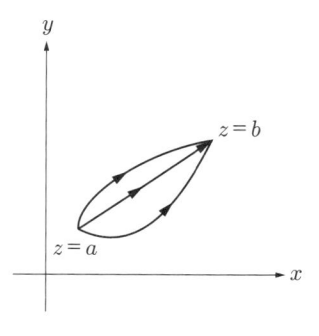

図 4.5

4.7 複素積分

曲線 $C: y = x^2, \quad x = 0 \to x = 1 \qquad (4.27)$

に沿って積分することを考える．この曲線の始めの点は $x = 0$ の点 $(0,0)$ で，終わりの点は $x = 1$ の点 $(1,1)$ である．つまり，この曲線には向きがついている．始めの点を始点，終わりの点を終点，2つ合わせて端点という．

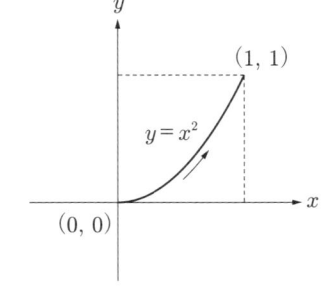

ひとまず x について積分することを考えよう．式をかいてみると

$$\int_a^b u(x,y)dx \qquad (4.28)$$

図 4.6

となる．x で積分するときに，$u(x,y)$ の y をどう取り扱うのかという問題が出てくる．これが分からないと積分できない．そこで，曲線 C に沿っての積分であるということを使う．曲線上の点 (x,y) を考えると，この x と y の間にはある関係があるはずである．それを

$$y = f(x) \qquad (4.29)$$

としよう．式 (4.28) の被積分関数 $u(x,y)$ の y にこの式を代入すると，被積分関数は $u(x, f(x))$ となって x のみの関数になる．したがって積分できるというわけである．上に述べた例の場合は

$$\int_C u(x,y)dx = \int_C xydx = \int_0^1 x \cdot x^2 dx = \int_0^1 x^3 dx = \left[\frac{1}{4}x^4\right]_0^1 = \frac{1}{4} - 0 = \frac{1}{4} \qquad (4.30)$$

と積分が計算できる．

今度は y について積分してみることにしよう．曲線 C は次のようにもかける．

$$曲線 C: x = \sqrt{y} = y^{1/2}, \quad y = 0 \to y = 1 \qquad (4.31)$$

これは同じ曲線である．一般には $\pm\sqrt{y}$ と，プラスの場合とマイナスの場合があるが，指定された範囲では x は正であるのでマイナスの符号はとらない．同じようにして

$$\int_C u(x,y)dy = \int_C xydy = \int_0^1 y^{\frac{1}{2}} \cdot ydy = \int_0^1 y^{\frac{3}{2}} dy = \left[\frac{2}{5}y^{\frac{5}{2}}\right]_0^1 = \frac{2}{5} - 0 = \frac{2}{5} \qquad (4.32)$$

と積分が計算できる．

一般的にかけば，曲線 C が
$$\text{曲線 } C : x = g(y), \quad y = p \to y = q \tag{4.33}$$
のとき
$$\int_C u(x,y)dy = \int_p^q u(g(y),y)dy \tag{4.34}$$
である．こうして一変数の実数の積分に直して計算するのであるから，次の性質をもつということはすぐ分かる．曲線 C が C_1 と C_2 からできているとき
$$\int_C u(x,y)dx = \int_{C_1+C_2} u(x,y)dx = \int_{C_1} u(x,y)dx + \int_{C_2} u(x,y)dx \tag{4.35}$$
である．また，曲線 $-C$ が曲線 C と同じ曲線で，向きが反対な曲線を表すとすると
$$\int_{-C} u(x,y)dx = \int_b^a u(x,f(x))dx = -\int_a^b u(x,f(x))dx = -\int_C u(x,y)dx \tag{4.36}$$

つまり，同じ曲線であるが向きを反対に積分すると符号が異なるのである．上にあげた例で見てみることにしよう．

例題 4.13 次の線積分を計算せよ．ただし，$u(x,y) = xy$ とする．
$$\int_{-C} u(x,y)dx \quad \text{曲線} - C : y = x^2, \quad x = 1 \to x = 0$$

(**解**) $\int_{-C} u(x,y)dx = \int_1^0 x \cdot x^2 dx = \int_1^0 x^3 dx = \left[\frac{1}{4}x^4\right]_1^0 = 0 - \frac{1}{4} = -\frac{1}{4}$ □

問 13 $u(x,y) = xy$ のとき，次の線積分を計算せよ．
$$\int_C u(x,y)dx, \quad \int_C u(x,y)dy \quad C : y = x^2, \quad x = 2 \to x = 0$$

4.7.2 複素平面上での曲線

xy 平面上の曲線の方程式は，一般的には，パラメータ t や θ を使ってかいたほうが複雑な曲線まで表せるし，計算にも便利になることが多い．例えば，曲線 C が次のように表せるとする．
$$x = x(t), \quad y = y(t), \quad t = a \to t = b$$

4.7 複素積分

これを，複素平面に移すには，次のようにするとよい．

$$z = x(t) + y(t)i, \quad t = a \to t = b$$

例題 4.14 次の曲線を複素平面に移したときの曲線の方程式をかけ．
xy 平面で，$x = t^3$, $y = t$, $t = -1 \to t = 1$

（解）これは，xy 平面では曲線 $x = y^3$ を表す．そして，これを複素平面に移すと

$$z = x(t) + y(t)i = t^3 + ti, \quad t = -1 \to t = 1$$

となる．この 2 つの曲線は同じ曲線であるが，xy 平面と複素平面にかかれているところが異なる．　□

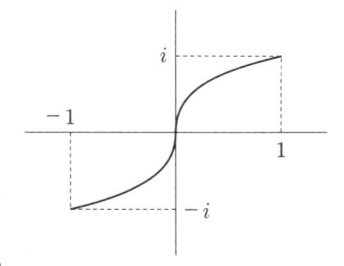

図 4.7

問 14 次の曲線 C を複素平面上にかけ．
(1) $C : z = x + yi$, $x = t$, $y = t^2$, $t = 0 \to t = \sqrt{2}$
(2) $C = C_1 + C_2$
$\quad C_1 : z = x + yi$, $x = t$, $y = t$, $t = 0 \to t = 1$
$\quad C_2 : z = x + yi$, $x = t^2$, $y = t$, $t = 1 \to t = 0$

xy 平面上で中心 (a, b) で半径が r の円を考えよう．さて，点 (a, b) から x 軸に平行な，右側に伸びた半直線を考える．円周上の点 $\mathrm{P}(x, y)$ と中心 $\mathrm{O}(a, b)$ を結んだ線分がこの半直線となす角を θ とする．この θ は，反時計回りにとることにする．すると次の関係式が成り立つことが分かる．

$$x = a + r\cos\theta, \quad y = b + r\sin\theta \qquad (4.37)$$

この (4.37) は円をパラメータ θ を使って表したものである．この式を，複素平面に移すと次のようになる．

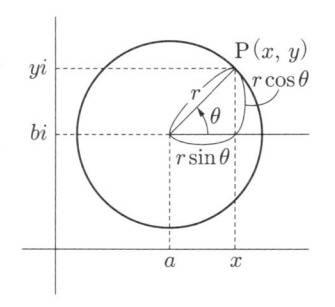

図 4.8

$$z = x(\theta) + y(\theta)i = a + r\cos\theta + (b + r\sin\theta)i$$
$$= a + bi + r(\cos\theta + i\sin\theta) = z_0 + re^{i\theta} \qquad (4.38)$$

ここで $z_0 = a + bi$ は，複素変面上での円の中心を表す複素数である．

4.7.3 複素積分

複素平面上の曲線 C は，パラメータ t を使って次のようにかけるとする．

$$z = z(t) = x(t) + y(t)i, \quad t = a \to t = b$$

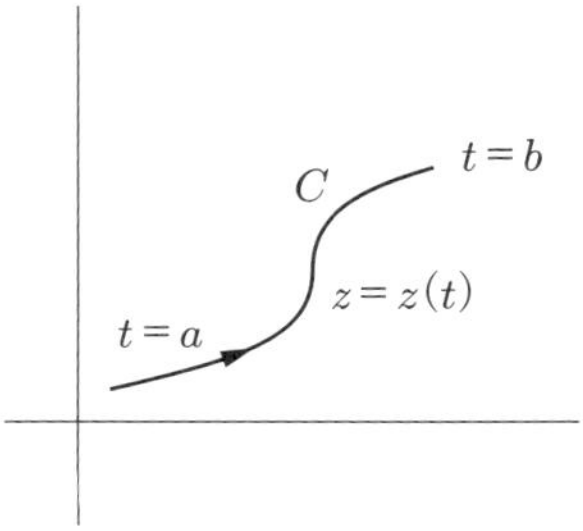

これは，パラメータ t の関数であるとみなせるので，微分すると

$$\frac{dz}{dt} = \frac{dx(t)}{dt} + \frac{dy(t)}{dt}i \qquad (4.39)$$

図 4.9

となる．この曲線 C に沿っての複素関数 $f(z)$ の積分は，次のようにパラメータ t についての積分に直して計算する．

$$\boxed{\int_C f(z)dz = \int_a^b f(z(t))\frac{dz}{dt}dt} \qquad (4.40)$$

$f(z) = u(x,y) + v(x,y)i$ とおくと，$dz = dx + idy$ であるから

$$\int_C f(z)dz = \int_C (u+vi)(dx+idy)$$
$$= \int_C (udx - vdy) + i\int_C (vdx + udy) \qquad (4.41)$$

である．これを，パラメータ t についての積分に直すと次のようになる．

$$\int_C f(z)dz = \int_a^b (u+vi)\left(\frac{dx}{dt} + i\frac{dy}{dt}\right)dt$$
$$= \int_a^b \left(u\frac{dx}{dt} - v\frac{dy}{dt}\right)dt + i\int_a^b \left(v\frac{dx}{dt} + u\frac{dy}{dt}\right)dt \qquad (4.42)$$

4.7 複素積分

例題 4.15 次の複素積分を定義式 (4.40) に従って積分せよ．

$$I_1 = \int_{C_1} z^2 dz$$

C_1: $z = 0$ から $z = 2+i$ へ向かう線分

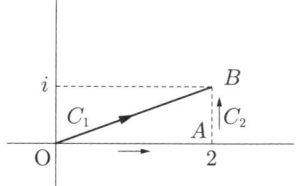

図 4.10

（**解**） xy 平面上で点 $(0,0)$ と点 $(2,1)$ を通る直線の式は $y = \frac{1}{2}x$ であるから，パラメータ t として x をとると，この直線では

$$x = t, \quad y = \frac{1}{2}x = \frac{1}{2}t, \quad t = 0 \to t = 2$$

複素平面上の C_1 では

$$z = x + yi = t + \frac{1}{2}ti = \left(1 + \frac{1}{2}i\right)t, \quad \frac{dz}{dt} = 1 + \frac{1}{2}i$$

$$z^2 = \left\{\left(1 + \frac{1}{2}i\right)t\right\}^2 = \left(\frac{2+i}{2}\right)^2 t^2 = \frac{3+4i}{4}t^2$$

$$\therefore \ I_1 = \int_0^2 \frac{3+4i}{4}t^2\left(1 + \frac{1}{2}i\right)dt = \left(\frac{3+4i}{4}\right)\left(\frac{2+i}{2}\right)\int_0^2 t^2 dt$$

$$= \frac{6+8i+3i-4}{8}\left[\frac{t^3}{3}\right]_0^2 = \frac{2+11i}{8} \times \left(\frac{8}{3} - 0\right) = \frac{2+11i}{3} \quad (4.43)$$

□

次に，上記の例の積分路だけ変えて積分値が変わるかどうかを見てみよう．

例題 4.16 積分路として，原点 $(z = 0)$ から実軸上を点 $A(z = 2)$ まで進んだ後，虚軸に平行に点 $B(z = 2+i)$ まで向かうものを考え，複素積分 I_2 を求めよ．

$$I_2 = \int_{C_2} z^2 dz = \int_{OA} z^2 dz + \int_{AB} z^2 dz$$

$C_2 : O \to A \to B$

(**解**) OA は実軸上にあるので，x をパラメータとすると

$$z = x, \quad x = 0 \to x = 2, \quad \frac{dz}{dx} = 1$$

$$\int_{OA} z^2 dz = \int_0^2 x^2 \frac{dz}{dx} dx = \left[\frac{x^3}{3}\right]_0^2 = \frac{8}{3}$$

一方，AB 上では y をパラメータとみなすと

$$x = 2, \quad z = 2 + yi, \quad y = 0 \to y = 1, \quad \frac{dz}{dy} = i$$

$$\int_{AB} z^2 dz = \int_0^1 (2+yi)^2 \frac{dz}{dy} dy = \int_0^1 (4 + 4iy - y^2) i\, dy$$

$$= i\left[4y - \frac{1}{3}y^3 + 2iy^2\right]_0^1$$

$$= i\left(4 - \frac{1}{3} + 2i\right) = i\frac{12 - 1 + 6i}{3}$$

$$= i\frac{11 + 6i}{3} = \frac{11i - 6}{3}$$

$$\therefore \quad I_2 = \frac{8}{3} + \frac{11i - 6}{3} = \frac{2 + 11i}{3} \tag{4.44}$$

□

例題 4.15 と例題 4.16 を比べると，次が成り立つ．

$$I_1 = I_2 \tag{4.45}$$

このとき，積分路が違っても積分は同じ値である．ということは，$O \to A \to B \to O$ のように閉曲線を 1 周する積分路の場合，積分の値は 0 となる．

$$\int_{OABO} z^2 dz = \int_{OAB} z^2 dz + \int_{BO} z^2 dz$$

$$= I_2 - \int_{OB} z^2 dz = I_2 - I_1 = 0 \tag{4.46}$$

次は，円に沿っての積分を計算してみよう．例題 4.17 は円の上半分を，例題 4.18 は円の下半分を積分路とする．ただし積分路の始点，終点は，いずれも同じである．

4.7 複素積分

例題 4.17 次の複素積分を求めよ．

$$I_3 = \int_{C_3} \frac{1}{z} dz \qquad (4.47)$$

C_3：原点中心，半径 1 の円の上半分を通り $z=-1$ から $z=1$ へ向かう経路

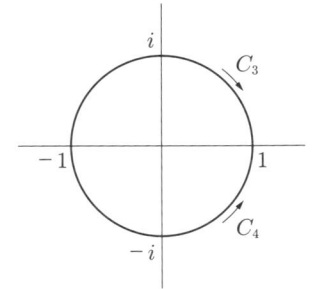

図 4.11

(解) 角度 θ は，反時計回りが正の向きである．今の場合はその反対であるので，$z=1$ の偏角は $z=-1$ の偏角より少なくなる．(4.38) を使って

$$z = e^{i\theta}, \quad \theta = \pi \to \theta = 0$$
$$\frac{dz}{d\theta} = ie^{i\theta}, \quad \frac{1}{z} = \frac{1}{e^{i\theta}} \qquad (4.48)$$

$$I_3 = \int_\pi^0 \frac{1}{e^{i\theta}} ie^{i\theta} d\theta = \int_\pi^0 i d\theta = i[\theta]_\pi^0 = -\pi i \qquad \square \qquad (4.49)$$

例題 4.18 次の複素積分を求めよ．

$$I_4 = \int_{C_4} \frac{1}{z} dz \qquad (4.50)$$

C_4：原点中心，半径 1 の円の下半分を通り $z=-1$ から $z=1$ へ向かう経路

(解) 今度は反時計回りであるから，θ は $z=1$ のほうが $z=-1$ より大きくなる．(4.48) を利用すると

$$z = e^{i\theta}, \quad \theta = -\pi \to \theta = 0$$

$$I_4 = \int_{-\pi}^0 \frac{1}{e^{i\theta}} ie^{i\theta} d\theta = i \int_{-\pi}^0 d\theta = i[\theta]_{-\pi}^0 = i(0+\pi) = \pi i \qquad \square \qquad (4.51)$$

同じく $z=-1$ から $z=1$ までの積分なのに

$$I_3 \neq I_4 \qquad (4.52)$$

である．このように積分路の始点と終点が同じでも，積分路が異なると，積分値が異なることもある．また，この円を 1 周した場合の積分路 C を考える．

$$C：円\ |z|=1, \quad z=-1\ \text{から}\ z=-1\ \text{へ反時計回りに}\ 1\ \text{周}$$

$$I_C = \int_C \frac{1}{z}dz = \int_{C_4} \frac{1}{z}dz - \int_{C_3} \frac{1}{z}dz = \pi i - (-\pi i) = 2\pi i \neq 0 \quad (4.53)$$

閉曲線の積分路を 1 周しても，積分値は 0 にはならない．

> **問 15** 次の複素積分を線積分を使った定義式に従って積分せよ．
>
> (1) $J = \displaystyle\int_C \bar{z}^2 dz \quad C: z = x + yi, \quad x = t^2, \quad y = t, \quad t = 0 \to t = \sqrt{2}$
>
> (2) $J = \displaystyle\int_C \operatorname{Re}\{z^2\} dz$
>
> $\quad C = C_1 + C_2$
> $\quad C_1：z = 1\ \text{と}\ z = -1\ \text{とを結ぶ直線} \quad z = 1 \to z = -1$
> $\quad C_2：|z| = 1\ \text{の上半分を時計回りに} \quad z = -1 \to z = 1$

4.7.4　コーシーの定理と不定積分

まず，**コーシーの定理**について説明し，次に定理より導かれる公式を挙げる．

> ─ コーシーの定理 ─
>
> 関数 $f(z)$ が閉曲線 C 上およびその内部の領域 D で正則であれば
>
> $$\int_C f(z)dz = 0 \quad (4.54)$$
>
> が成立する．

前節の z^2 の例で，閉曲線 $O \to A \to B \to O$ に沿った積分が 0 になっているのは，z^2 が正則であるからである．一方，$1/z$ は，$z=0$ では正則でない．したがって，閉曲線である積分路の中に特異点があるので，円 $|z|=1$ に沿って 1 周して積分しても 0 にはならなかったのである．閉曲線である積分路の中に特異点があっても，積分値が 0 になる場合もあるが，積分路の中に特異点がなければその積分は 0 である．

4.7 複素積分

例題 4.19 次の積分を求めよ.

$$f(z) = \frac{e^z}{z} \text{ のとき } \int_C f(z)dz$$

$C: z = 2i$ を中心とする半径 1 の円 $|z - 2i| = 1$ を反時計回りに 1 周

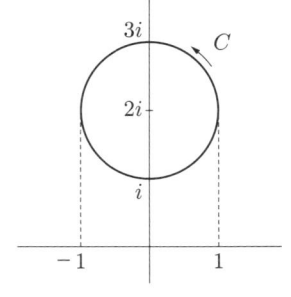

図 4.12

(**解**) このとき, $f(z)$ の特異点は $z = 0$ である. しかし, その特異点は C 上にもその内部にもない. したがって, $f(z)$ は積分路 C 上でもその内部でも正則である. したがって, コーシーの定理より

$$\int_C \frac{e^z}{z} dz = 0$$

となる. □

被積分関数 $f(z)$ が特異点をもつかどうかではない. もし<u>特異点があったとしても,その特異点が,積分路の上にもその中にもなければ,コーシーの定理は成立する</u>のである.

このコーシーの定理から,正則関数についての次のような重要な性質が出てくる.

[**性質**] $f(z)$ が領域 D の内部で正則であるとする. z と z_0 を領域 D 内の 2 点とする. この 2 点を領域 D の中にある曲線 C で結ぶと

$$\int_C f(z)dz$$

は z と z_0 のみに関係し, <u>積分路 C には無関係である</u>.

[**説明**] C と C_1 は, ともに z と z_0 を結ぶ曲線である. 話を簡単にするために, この 2 曲線は交わらないとする. いま, この 2 曲線を使って次のようにたどる曲線 C_2 を考える.

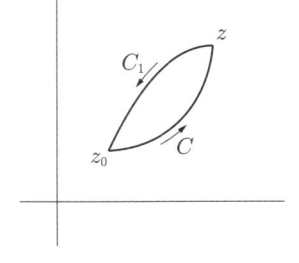

$$C_2 : z_0 \to C \to z \to C_1 \to z_0$$

図 4.13

つまり，z_0 を出発して曲線 C をたどって z まで行き，そこから今度は C_1 を逆にたどって z_0 まで戻る曲線である．この曲線 C_2 は閉曲線であり $f(z)$ が正則であるので，コーシーの定理により

$$\int_{C_2} f(z)dz = 0$$

となる．この左辺の積分をそれぞれの積分路の和として表すと

$$\int_{C_2} f(z)dz = \int_C f(z)dz + \int_{-C_1} f(z)dz = 0$$

$-C_1$ は曲線 C_1 を先に指定された向きと逆にたどるということを意味する．したがって

$$\int_C f(z)dz = -\int_{-C_1} f(z)dz = -\left(-\int_{C_1} f(z)dz\right) = \int_{C_1} f(z)dz$$

ゆえに，曲線 C に沿って積分しても C_1 に沿って積分しても，値は同じである．□

つまり，積分するときに計算しやすいように積分路を変えても，被積分関数が正則関数の場合には積分の値は変わらないのである．被積分関数が特異点をもつときには，積分路を変形するときに被積分関数の特異点を横切らない限りは積分の結果は同じであるということである．すると正則関数の積分は，始点 z_0 を固定した場合に z の関数になる．これを不定積分という．

正則関数 $f(z)$ の不定積分を $F(z)$ とすると

$$\frac{dF(z)}{dz} = f(z)$$

が成立するので，計算は実数の積分と同じようにできる．

不定積分の公式

$$\int z^n dz = \frac{1}{n+1}z^{n+1} + C \quad (n=0,1,2,3,\cdots, C は定数)$$

$$\int e^z dz = e^z + C \quad (C は定数)$$

$$\int \sin z\, dz = -\cos z + C \quad (C は定数)$$

$$\int \cos z\, dz = \sin z + C \quad (C は定数)$$

部分積分法や置換積分法の公式も実数関数と同様に成り立つ．

定積分も実数関数と同じ公式を使って計算できる.

$$\int_\alpha^\beta f(z)dz = [F(z)]_\alpha^\beta = F(\alpha) - F(\beta)$$ ：定積分の公式 (4.55)

例題 4.20 公式 (4.55) を使って，次を計算せよ.

$$\int_0^{2+i} z^2 dz$$

(**解**)
$$\int_0^{2+i} z^2 dz = \left[\frac{z^3}{3}\right]_0^{2+i} = \frac{(2+i)^3}{3} - 0 = \frac{2+11i}{3}$$ □

これは，例題 4.15，例題 4.16 の結果と同じである.

問 16 次の不定積分を求めよ.

(1) $\int (z^3 - zi)dz$ (2) $\int e^{2iz}dz$

(3) $\int z\sin 2iz^2 dz$ (4) $\int z\cos iz\, dz$

問 17 次の定積分を計算せよ.

(1) $\int_{\frac{\pi}{2}i}^{\pi i} e^z dz$ (2) $\int_{1+i}^{\sqrt{2}i} z\, dz$ (3) $\int_\pi^{2\pi} \sinh iz\, dz$

4.7.5 コーシーの積分公式

閉曲線上の積分を簡単に行うため，**コーシーの積分公式**について説明する.

―**コーシーの積分公式**―

$f(z)$ が閉曲線 C 上およびその内部の領域 D で正則であるとして，z を D の内部の任意の 1 点とするとき

$$f(z) = \frac{1}{2\pi i}\int_C \frac{f(\zeta)}{\zeta - z}d\zeta \tag{4.56}$$

が成立する. ただし，積分の向きは反時計回りである.

[**説明**]
$$F(\zeta) = \frac{f(\zeta)}{\zeta - z}$$

とおく．$F(\zeta)$ は，$\zeta = z$ を除く閉曲線 C 上および領域 D 内で正則である．曲線 γ を，z を中心とする半径 ρ の小円を反時計回りに1周したものとする．C は任意の曲線であるが，特異点が z 以外にないため，コーシーの定理を使ってこの積分路を円 γ に直してしまうことができる．

$$\int_C F(\zeta)d\zeta = \int_\gamma F(\zeta)d\zeta$$

γ の半径をいくら小さくしても積分路は特異点を横切らない．したがって，$\rho \to 0$ の極限でも値は変わらないはずである．

$$\int_\gamma F(\zeta)d\zeta = \lim_{\rho \to 0}\int_\gamma F(\zeta)d\zeta$$

この極限では，γ 上の点はみな z に近づく．$f(\zeta)$ はしたがって $f(z)$ に近づく．しかし $1/(\zeta-z)$ は急激に変化するので，この部分の積分はくわしく計算する必要がある．

円 γ は，z を中心とする半径 ρ の円だから

$$\zeta = z + \rho e^{i\theta}$$

とかける．ここで θ は z から実軸に水平に伸ばした直線の z より右側の部分を基準として，反時計回りに測定した角度である．

$$\frac{d\zeta}{d\theta} = \rho i e^{i\theta}$$

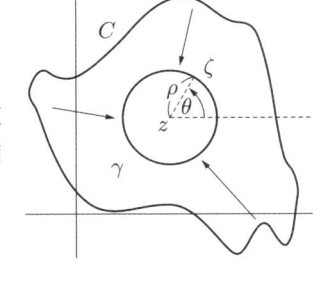

よって

図 4.14

$$\int_\gamma F(\zeta)d\zeta = \lim_{\rho \to 0}\int_\gamma \frac{f(\zeta)}{\zeta-z}d\zeta = \lim_{\rho \to 0}\int_\gamma \frac{f(z)}{\zeta-z}d\zeta$$
$$= f(z)\lim_{\rho \to 0}\int_\gamma \frac{1}{\zeta-z}d\zeta = f(z)\lim_{\rho \to 0}\int_0^{2\pi}\frac{1}{\rho e^{i\theta}}\rho i e^{i\theta}d\theta$$
$$= if(z)\lim_{\rho \to 0}\int_0^{2\pi}d\theta = if(z)[\theta]_0^{2\pi} = 2\pi i f(z)$$

よって，(4.56) が成立する． □

4.7 複素積分

この公式を使って，閉曲線についての積分を計算することができる．

例題 4.21 コーシーの積分公式 (4.56) を使って，次の積分を計算せよ．

$$I = \int_C \frac{\cos z}{z - \pi} dz \qquad C：|z - \pi| = 2 \text{ を反時計回りに1周}$$

（**解**）積分路 C を複素平面上に図示すると，図 4.15 のようになる．積分路 C の内部には，特異点は π のみであるから，公式 (4.56) を使って

$$\frac{I}{2\pi i} = \frac{1}{2\pi i} \int_C \frac{\cos z}{z - \pi} dz$$
$$= [\cos z]_{z=\pi} = \cos \pi = -1$$

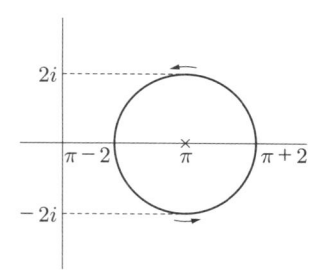

よって

$$I = 2\pi i \times (-1) = -2\pi i \qquad \square$$

図 4.15

問 18 次の積分を計算せよ．

(1) $I = \displaystyle\int_C \frac{\sinh iz}{z - \frac{\pi}{2}} dz \qquad C：\left|z - \frac{\pi}{2}\right| = 1$ を反時計回りに1周

(2) $I = \displaystyle\int_C \frac{e^z}{z - \pi i} dz \qquad C：|z - \pi i| = 1$ を反時計回りに1周

(3) $I = \displaystyle\int_C \frac{\cos z}{z(z^2 + 16)} dz \qquad C：|z| = 2$ を反時計回りに1周

4.7.6 グルサーの定理

導関数を楽に求めるための定理として，グルサーの定理がある．
コーシーの積分公式 (4.56) を z で微分すると次のようになる．

$$\frac{d}{dz} f(z) = \frac{1}{2\pi i} \frac{d}{dz} \int_C \frac{f(\zeta)}{\zeta - z} d\zeta = \frac{1}{2\pi i} \int_C f(\zeta) \frac{\partial}{\partial z} \frac{1}{\zeta - z} d\zeta$$
$$= \frac{1}{2\pi i} \int_C f(\zeta) \left\{ -(\zeta - z)^{-2}(-1) \right\} d\zeta = \frac{1}{2\pi i} \int_C \frac{f(\zeta)}{(\zeta - z)^2} d\zeta \qquad (4.57)$$

もう 1 回微分すると

$$f''(z) = \frac{2!}{2\pi i}\int_C \frac{f(\zeta)}{(\zeta-z)^3}d\zeta \tag{4.58}$$

が成り立つ．一般に，n 次導関数は次のようになる．

$$\boxed{\frac{d^n f(z)}{dz^n} = f^{(n)}(z) = \frac{n!}{2\pi i}\int_C \frac{f(\zeta)}{(\zeta-z)^{n+1}}d\zeta} \tag{4.59}$$

2 番目の式の右上の (n) は，n 回微分したことを表す．

　この公式の導出を見れば分かるように，$f(z)$ が正則ならば $f'(z), f''(z), f'''(z), \cdots$ が存在する．$f''(z)$ が存在するので，$f'(z)$ は正則関数である．また，$f'''(z)$ が存在するので，$f''(z)$ は正則関数である．このようにしていくと，$f^{(n)}(z)$ も正則関数であることが分かる．つまり，正則関数は何回でも微分可能で，しかもその導関数はみな正則関数である．これを**グルサーの定理**という．

例題 4.22 (4.57) を使って，次の積分を計算せよ．

$$I = \int_C \frac{z^2}{(z-i)^2}dz \quad C: |z-i|=1 \text{ を反時計回りに 1 周}$$

（解）

$$\frac{1}{2\pi i}\int_C \frac{z^2}{(z-i)^2}dz = \left[\frac{dz^2}{dz}\right]_{z=i} = [2z]_{z=i} = 2i$$

よって

$$\int_C \frac{z^2}{(z-i)^2}dz = 2i \times 2\pi i = -4\pi \qquad \square$$

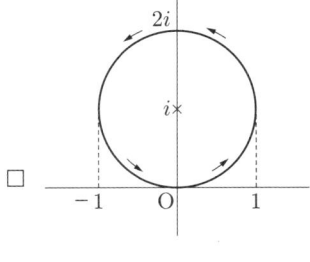

図 4.16

問 19 次の積分を計算せよ．

(1) $\displaystyle\int_C \frac{e^z}{(z-\pi i)^2}dz \quad C: |z-\pi i|=2$ を反時計回りに 1 周

(2) $\displaystyle\int_C \frac{1}{(z^2+4)^2}dz \quad C: |z-i|=2$ を反時計回りに 1 周

4.8 留　　数

4.8.1 留数の計算公式

$z = a$ を $f(z)$ の孤立特異点とする．閉曲線 C は a を中心とする半径 ρ の円を反時計回りに 1 周したものとする．ρ は十分小さくて，この円の中には $f(z)$ の特異点は $z = a$ のみとする．この仮定は，特異点が互いにある程度離れている**孤立特異点**の場合には可能である．次の積分

$$\mathrm{Res}(a) = \frac{1}{2\pi i} \int_C f(z)dz \qquad (4.60)$$

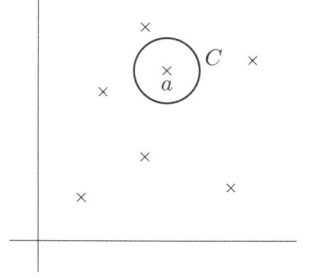

図 4.17

を，関数 $f(z)$ の $z = a$ における**留数**という．この留数の計算公式は (4.59) より導出される．

$z = a$ が 1 位の極のとき，定義によると次が成り立つ．

$$\begin{aligned}\lim_{z \to a} f(z) &= \infty \\ \lim_{z \to a}(z-a)f(z) &= \text{有限確定}\end{aligned}$$

$G_1(z) = (z-a)f(z)$ は $z = a$ では発散せず正則とみなせるので，$f(z)$ は次のようにかける．

$$f(z) = \frac{G_1(z)}{z-a}, \quad G_1(z) \text{ は } z = a \text{ で正則}$$

したがって，(4.56) より留数は次のようになる．

$$\mathrm{Res}(a) = \frac{1}{2\pi i}\int_C f(z)dz = \frac{1}{2\pi i}\int_C \frac{G_1(z)}{z-a}dz = G_1(a) = \lim_{z \to a}(z-a)f(z) \quad (4.61)$$

$z = a$ が 2 位の極のとき

$$\begin{aligned}\lim_{z \to a} f(z) &= \infty \\ \lim_{z \to a}(z-a)f(z) &= \infty \\ \lim_{z \to a}(z-a)^2 f(z) &= \text{有限確定}\end{aligned}$$

であるから，$G_2(z) = (z-a)^2 f(z)$ は $z = a$ では発散せず正則とみなせる．$f(z)$ は次のようにかける．

$$f(z) = \frac{G_2(z)}{(z-a)^2}, \quad G_2(z) \text{ は } z = a \text{ で正則}$$

したがって，(4.57) より留数は次のようになる．

$$\text{Res}(a) = \frac{1}{2\pi i} \int_C f(z) dz = \frac{1}{2\pi i} \int_C \frac{G_2(z)}{(z-a)^2} dz$$
$$= \lim_{z \to a} \frac{d}{dz} G_2(z) = \lim_{z \to a} \frac{d}{dz} \{(z-a)^2 f(z)\} \tag{4.62}$$

同様にして $z = a$ が n 位の極のとき，次の公式が成立することが分かる．

---**留数の計算公式**---

$$\text{Res}(a) = \frac{1}{(n-1)!} \lim_{z \to a} \frac{d^{n-1}}{dz^{n-1}} \{(z-a)^n f(z)\} \tag{4.63}$$

例題 4.23 次の関数 $f(z)$ の $z = 0$ と $z = i$ での留数を計算せよ．

$$f(z) = \frac{z - 2i}{z^2(z-i)}$$

（解）

i) $z = i$ での留数を計算する．
$z = i$ は 1 位の極であるから

$$\text{Res}(i) = \lim_{z \to i} (z-i) f(z) = \lim_{z \to i} (z-i) \frac{z - 2i}{z^2(z-i)}$$
$$= \lim_{z \to i} \frac{z - 2i}{z^2} = \frac{i - 2i}{i^2} = \frac{-i}{-1} = i$$

ii) $z = 0$ での留数を計算する．
$z = 0$ は 2 位の極であるから

$$\text{Res}(0) = \lim_{z \to 0} \frac{d}{dz} \{z^2 f(z)\} = \lim_{z \to 0} \frac{d}{dz} \left\{ z^2 \frac{z - 2i}{z^2(z-i)} \right\} = \lim_{z \to 0} \frac{d}{dz} \frac{z - 2i}{z - i}$$
$$= \lim_{z \to 0} \frac{(z-2i)'(z-i) - (z-2i)(z-i)'}{(z-i)^2} = \lim_{z \to 0} \frac{z - i - (z - 2i)}{(z-i)^2}$$
$$= \lim_{z \to 0} \frac{i}{(z-i)^2} = \frac{i}{(-i)^2} = \frac{i}{-1} = -i \qquad \square$$

問 20 次の関数 $f(z)$ のすべての極とその位数を述べよ．また，そこでの留数を求めよ．

(1) $f(z) = \dfrac{z+1}{z^2+9}$ 　　(2) $f(z) = \dfrac{z+i}{z^2(z-2i)}$

4.8.2 留数定理

関数 $f(z)$ が閉曲線 C の内部の領域 D の $a_1, a_2, a_3, \cdots\cdots a_n$ において孤立特異点を有し，それらにおける留数を $\mathrm{Res}(a_1), \mathrm{Res}(a_2), \mathrm{Res}(a_3), \cdots\cdots, \mathrm{Res}(a_n)$ として，これら特異点を除けば $f(z)$ は閉曲線 C の上およびその内部の領域 D で正則であるとすると，次式が成立する．

留数定理

$$\frac{1}{2\pi i} \int_C f(z)dz = \mathrm{Res}(a_1) + \mathrm{Res}(a_2) + \mathrm{Res}(a_3) + \cdots\cdots + \mathrm{Res}(a_n) \quad (4.64)$$

[**説明**] 一般化は簡単だから，C 内の孤立特異点の数 $n=2$ として成立することを見る．2 つの積分路 C_1, C_2 は互いに交わらず，C 内に含む特異点はそれぞれ a_1 と a_2 のみとする．

曲線 C_1 上に 1 点 P をとる．また，曲線 C_2 上に別の点 Q をとる．この 2 点 P と Q を曲線で結ぶ．特異点は a_1 と a_2 のみであるので，曲線 C は，この 2 つの特異点を横切らなければどのようにでも変形できるので，次のような曲線に変えても，積分の値は変わらない．

点 P から始まって，曲線 C_1 を反時計回りに 1 周し，再び点 P までもどってくる．そこから点 Q まで，その 2 点を結ぶ曲線をとおっていき，曲線 C_2 を反時計回りに 1 周して，また点 Q までもどってくる．そこからきたときと同じ道をたどって，点 P までもどるのである．式でかくと

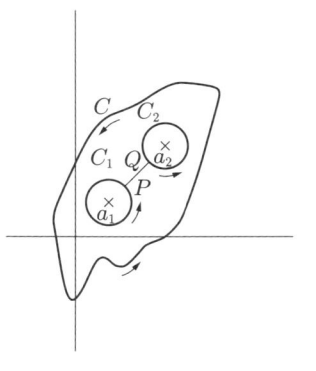

図 4.18

$$\int_C f(z)dz = \int_{C_1} f(z)dz + \int_{PQ} f(z)dz + \int_{C_2} f(z)dz + \int_{QP} f(z)dz$$

となる．この式の右辺の第4番目の積分は，第2番目の積分と同じ積分路を向きを逆に進むのであるから

$$\int_{PQ} f(z)dz + \int_{QP} f(z)dz = \int_{PQ} f(z)dz - \int_{PQ} f(z)dz = 0$$

であるので

$$\int_C f(z)dz = \int_{C_1} f(z)dz + \int_{C_2} f(z)dz$$

となり

$$\frac{1}{2\pi i}\int_C f(z)dz = \frac{1}{2\pi i}\int_{C_1} f(z)dz + \frac{1}{2\pi i}\int_{C_2} f(z)dz$$
$$= \mathrm{Res}(a_1) + \mathrm{Res}(a_2)$$

が成り立つ．孤立特異点が n 個の場合も同様に次が成り立つ．

$$\frac{1}{2\pi i}\int_C f(z)dz = \mathrm{Res}(a_1) + \mathrm{Res}(a_2) + \cdots\cdots + \mathrm{Res}(a_n)$$
$$= \sum_{k=1}^n \mathrm{Res}(a_k) \qquad \square$$

$2\pi i$ をはらうと，次式が成り立つ．

$$\boxed{\int_C f(z)dz = 2\pi i \sum_{k=1}^n \mathrm{Res}(a_k)} \qquad (4.65)$$

(4.65) を留数定理と呼ぶこともある．これを言葉で言うと次のようになる．

<u>閉曲線 C についての $f(z)$ の積分 $= 2\pi i \times$（閉曲線 C 内の留数の和）</u>

閉曲線についての積分は，留数を使って (4.65) から求めることができる．ただし，そのためには積分路が閉曲線でなければならない．

例題 4.24 留数を使って，次の積分を計算せよ．

$$\int_C \frac{5z-2}{z(z-1)}dz \qquad C : |z| = 2 \text{ を反時計回りに1周}$$

(**解**) 被積分関数の特異点は $z=0$ と $z=1$. どちらも 1 位の極である.

$$\mathrm{Res}(0) = \lim_{z\to 0} z\frac{5z-2}{z(z-1)}$$
$$= \lim_{z\to 0}\frac{5z-2}{z-1} = \frac{-2}{-1} = 2$$
$$\mathrm{Res}(1) = \lim_{z\to 1}(z-1)\frac{5z-2}{z(z-1)}$$
$$= \lim_{z\to 1}\frac{5z-2}{z} = \frac{5-2}{1} = 3$$

どちらの特異点も積分路 C の中に入っているので, 留数定理より

$$\int_C \frac{5z-2}{z(z-1)}dz = 2\pi i(\mathrm{Res}(0)+\mathrm{Res}(1)) = 2\pi i(2+3) = 10\pi i \quad \square$$

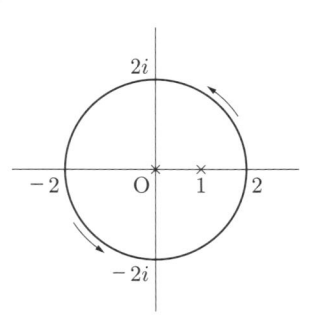

図 4.19

例題 4.25 次を計算せよ.

$$I_1 = \int_{C_1}\frac{z+1}{z^2-2z}dz \qquad C_1: |z|=3 \text{ を反時計回りに 1 周}$$

(**解**) $z^2-2z = z(z-2)$ であるので, $z=0, 2$ は 1 位の極である. かつ積分路 C_1 の内部にある.

$$\mathrm{Res}(0) = \lim_{z\to 0} z\frac{z+1}{z(z-2)} = \lim_{z\to 0}\frac{z+1}{z-2} = -\frac{1}{2}$$
$$\mathrm{Res}(2) = \lim_{z\to 2}(z-2)\frac{z+1}{z(z-2)} = \lim_{z\to 2}\frac{z+1}{z} = \frac{3}{2}$$

$$\int_C \frac{z+1}{z^2-2z}dz = 2\pi i\,(\mathrm{Res}(0)+\mathrm{Res}(2))$$
$$= 2\pi i\left(-\frac{1}{2}+\frac{3}{2}\right) = 2\pi i \quad \square$$

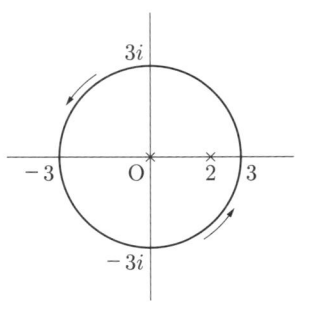

図 4.20

例題 4.26 次を計算せよ.

$$I_2 = \int_{C_2}\frac{z+1}{z^2-2z}dz \qquad C_2: |z|=\frac{1}{2} \text{ を反時計回りに 1 周}$$

(**解**) $z^2 - 2z = z(z-2)$ であるので，$z = 0, 2$ が 1 位の極であるが，$z = 2$ は積分路 C_2 の外にあるので

$$\text{Res}(0) = \lim_{z \to 0} z \frac{z+1}{z(z-2)} = \lim_{z \to 0} \frac{z+1}{z-2} = -\frac{1}{2}$$

$$\int_C \frac{z+1}{z^2 - 2z} dz = 2\pi i \text{Res}(0)$$
$$= 2\pi i \left(-\frac{1}{2}\right) = -\pi i \quad \square$$

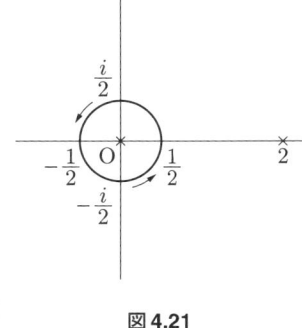

図 **4.21**

問 21 次の積分を，留数定理を使って計算せよ．

(1) $\displaystyle\int_C \frac{e^z}{z - i\pi} dz$ \qquad $C : |z - \pi i| = 1$ を反時計回りに 1 周

(2) $\displaystyle\int_C \frac{z - i}{(z - 2i)^2} dz$ \qquad $C : |z - 2i| = 1$ を反時計回りに 1 周

(3) $\displaystyle\int_C \frac{z + i}{(z - 1)(z - i)^2} dz$ \qquad $C : |z| = 2$ を反時計回りに 1 周

(4) $\displaystyle\int_C \frac{z^2}{(z - 1)(z - i)^2} dz$ \qquad $C : |z - 1| = 1$ を反時計回りに 1 周

4.9 テイラー級数とローラン級数

4.9.1 テイラー級数

関数 $f(z)$ は，領域 D で正則であり，点 a を中心とする円 C およびその内部が D に含まれるとする．z を C 内の点とするとき，次の公式が成立する．

---**テイラー展開**---

$$f(z) = f(a) + \frac{f'(a)}{1!}(z - a) + \frac{f''(a)}{2!}(z - a)^2 + \cdots\cdots$$
$$+ \frac{f^{(n)}(a)}{n!}(z - a)^n + \cdots \tag{4.66}$$

4.9 テイラー級数とローラン級数

(4.66) を a を中心とする $f(z)$ の**テイラー展開**と言い，右辺を**テイラー級数**と呼ぶ．この式は，$z=a$ の近くでの $f(z)$ の様子を調べるときに便利である．

[**説明**] この式は，次のような式を仮定しておいて，$z=a$ での $f(z)$ の値や，すべての次数の微分係数の値が同じであるという条件をみたすようにすると求まる．

$$f(z) = a_0 + a_1(z-a) + a_2(z-a)^2 + a_3(z-a)^3 + \cdots\cdots$$

これにより，正則な点の周りのテイラー展開の公式は，実数の場合と同じであるということが分かる． □

例題 4.27 次の関数の $z=0$ の周りのテイラー級数を求めよ．
(1) $f(z) = e^z$ (2) $f(z) = \sin z$

（**解**）(1) 導関数は

$$\frac{df(z)}{dz} = e^z, \quad \frac{d^2 f(z)}{dz^2} = e^z, \quad \cdots\cdots, \quad \frac{d^n f(z)}{dz^n} = e^z$$

$z=0$ での微分係数は

$$f(0) = 1, \quad \left(\frac{df(z)}{dz}\right)_{z=0} = 1, \quad \left(\frac{d^2 f(z)}{dz^2}\right)_{z=0} = 1, \quad \cdots\cdots,$$

$$\left(\frac{d^n f(z)}{dz^n}\right)_{z=0} = 1, \quad \cdots\cdots$$

テイラー級数は

$$e^z = 1 + 1 \times \frac{1}{1!}z + 1 \times \frac{1}{2!}z^2 + 1 \times \frac{1}{3!}z^3 + \cdots\cdots + 1 \times \frac{1}{n!}z^n + \cdots$$

$$= \sum_{n=0}^{\infty} \frac{z^n}{n!} \quad (|z| < \infty) \tag{4.67}$$

注意：0 章で，実数の範囲で e^x をテイラー展開しておいて，その実数 x に虚数を代入してオイラーの公式を導出した．そのとき，実数 x に虚数を代入してよいかという疑問が起こったと思う．ここで見たように，複素数の場合にも実数と同じテイラー級数の公式が得られるので，その計算は正当化されるのである．

(2)

$$\sin z = \frac{1}{2i}(e^{iz} - e^{-iz})$$

164　　　　　　　　　第 4 章　複 素 関 数

(4.67) は，どんな複素数 z でも成り立つから，$z \to iz$ と置き換えても成り立つ．

$$e^{iz} = 1 + iz + \frac{1}{2!}(iz)^2 + \frac{1}{3!}(iz)^3 + \frac{1}{4!}(iz)^4 + \frac{1}{5!}(iz)^5 + \cdots$$
$$= 1 + iz - \frac{1}{2!}z^2 - \frac{1}{3!}iz^3 + \frac{1}{4!}z^4 + \frac{1}{5!}iz^5 - \cdots$$

また，z を $-iz$ で置き換えると

$$e^{-iz} = 1 + (-iz) + \frac{1}{2!}(-iz)^2 + \frac{1}{3!}(-iz)^3 + \frac{1}{4!}(-iz)^4 + \frac{1}{5!}(-iz)^5 + \cdots$$
$$= 1 - iz - \frac{1}{2!}z^2 + \frac{1}{3!}iz^3 + \frac{1}{4!}z^4 - \frac{1}{5!}iz^5 - \cdots$$

であるから

$$e^{iz} - e^{-iz} = 1 + iz - \frac{1}{2!}z^2 - \frac{1}{3!}iz^3 + \frac{1}{4!}z^4 + \frac{1}{5!}iz^5 - \cdots$$
$$- \left(1 - iz - \frac{1}{2!}z^2 + \frac{1}{3!}iz^3 + \frac{1}{4!}z^4 - \frac{1}{5!}iz^5 - \cdots\right)$$
$$= 2iz - \frac{2}{3!}iz^3 + \frac{2}{5!}iz^5 - \cdots$$

となるのでテイラー級数は

$$\sin z = \frac{1}{2i}(e^{iz} - e^{-iz})$$
$$= z - \frac{1}{3!}z^3 + \frac{1}{5!}z^5 - \cdots \qquad \square$$

問 22　次の関数の $z = 0$ の周りでの，テイラー級数の 0 でない最初の 2 項までをかけ．
　(1) $f(z) = \cos z$　　　(2) $f(z) = \sin 2iz$

例題 4.28　次の関数の $z = 0$ の周りでのテイラー級数を求めよ．

$$f(z) = \frac{1}{1-z} = (1-z)^{-1}$$

(解)

$$f'(z) = -1 \times (1-z)^{-2}(1-z)' = (1-z)^{-2} = 1!(1-z)^{-2}$$
$$f''(z) = -2 \times (1-z)^{-3}(1-z)' = 2(1-z)^{-3} = 2!(1-z)^{-3}$$
$$f'''(z) = -3 \times 2 \times (1-z)^{-4}(1-z)' = 3 \times 2!(1-z)^{-4} = 3!(1-z)^{-4}$$
$$f^{(4)}(z) = -4 \times 3! \times (1-z)^{-5}(1-z)' = 4 \times 3!(1-z)^{-5} = 4!(1-z)^{-5}$$

これらから，次の一般式が成り立つことが分かる．

$$f^{(n)}(z) = n!(1-z)^{-n-1}$$

したがって

$$f^{(n)}(0) = n!(1-0)^{-n-1} = n!$$

よって，テイラー級数は

$$f(z) = \sum_{n=0}^{\infty} \frac{f^{(n)}(0)}{n!} z^n = \sum_{n=0}^{\infty} \frac{n!}{n!} z^n = \sum_{n=0}^{\infty} z^n \qquad \square$$

例題 4.28 では，$z=0$ の周りでのテイラー級数を求めたが，それは，正則であるということを前提としていた．ところが，$z=1$ では $f(z)$ の分母が 0 となり，正則ではない．したがって，テイラー級数を求める公式の前提が成立していない．つまり，$|z| \geq 1$ では今求めたテイラー級数の式は成り立たないのである．したがって，この式が成立するのは $|z| < 1$，つまり原点を中心とする，半径 1 の円の内部ということになる．

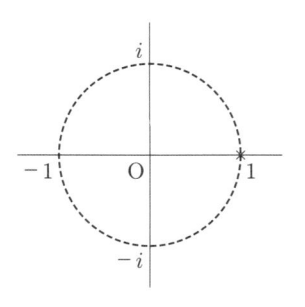

図 4.22

一般に，テイラー級数がある円の内部で収束し，その外部では収束が保障されないとき，この円を**収束円**といい，収束円の半径を**収束半径**という．収束半径は，展開した点とその点に最も近い特異点までの距離である．

問 23 次の関数の $z=0$ の周りでのテイラー級数の，0 でない最初の 5 項までをかけ．

(1) $f(z) = \dfrac{i}{2-z}$　　(2) $f(z) = \dfrac{e^{-z}}{1+z^2}$

4.9.2 ローラン級数

正則な点の周りのテイラー級数は，実数の場合と同じ要領で計算できることが分かった．正則ではない特異点では微分係数は存在しないから，テイラー展開式 (4.66) は使えない．しかし複素関数の場合には，孤立特異点の周りの級数展開を計算することができて，それを**ローラン展開**または**ローラン級数**と呼んでいる．

いま簡単のために，$z = a$ が $f(z)$ の 2 位の極であるとする．すると

$$G(z) = (z-a)^2 f(z)$$

は，$z \to a$ において有限の確定値をもつ．したがって，その確定値を $z = a$ での $G(z)$ の値，つまり $G(a)$ とすると，$G(z)$ は $z = a$ で正則な関数になる．つまり，$G(z)$ は $z = a$ で次式のようにテイラー展開できるのである．

$$G(z) = (z-a)^2 f(z) = A_0 + A_1(z-a) + A_2(z-a)^2 + A_3(z-a)^3 + \cdots \quad (A_0 \neq 0)$$

両辺を $(z-a)^2$ で割ると，$f(z)$ の，$z = a$ の周りのローラン展開となる．

---**ローラン展開（ローラン級数）**---

$$f(z) = \frac{A_0}{(z-a)^2} + \frac{A_1}{z-a} + A_2 + A_3(z-a) + \cdots \quad \text{（2位の極の場合）}$$

この級数は $(z-a)$ の負の指数の項が現れるところがテイラー級数と異なっている．このような特異点の周りでの級数をローラン級数と呼んでいる．またこの式を，$z = a$ が中心で，半径が十分小さくて，内部に他の極をもたないような円について積分してみると $2\pi i A_1$ となる．これを $2\pi i$ で割ったものが留数であるので，$1/(z-a)$ の係数 A_1 が留数である．

例題 4.29 次の関数の，$z = 0$ の周りと $z = 1$ の周りのローラン級数を求めよ．

$$f(z) = \frac{1}{z(1-z)^2}$$

（**解**）ここであげたような簡単な関数では，テイラー級数を利用しても求まる．まず，$z = 0$ の周りのローラン級数を求める．

$$|z| < 1 \quad \text{のとき} \quad \frac{1}{1-z} = 1 + z + z^2 + z^3 + \cdots$$

4.9 テイラー級数とローラン級数

$$(1+z+z^2+z^3+\cdots)^2 = 1+2z+3z^2+4z^3+\cdots$$

であるからローラン級数は

$$\begin{aligned}f(z) &= \frac{1}{z} \times \frac{1}{(1-z)^2} \\ &= \frac{1}{z}(1+z+z^2+z^3+\cdots)^2 \\ &= \frac{1}{z}(1+2z+3z^2+4z^3+\cdots) \\ &= \frac{1}{z}+2+3z+4z^2+\cdots\cdots\end{aligned}$$

(この展開式で $1/z$ の係数は 1 であるので, $z=0$ の留数は 1 であることが分かる)

次に, $z=1$ の周りのローラン級数を求める. そのために $\zeta = z-1$ とおく. $|\zeta| = |z-1| < 1$ のとき

$$\begin{aligned}\frac{1}{z} &= \frac{1}{1+\zeta} = \frac{1}{1-(-\zeta)} = 1+(-\zeta)+(-\zeta)^2+(-\zeta)^3+\cdots \\ &= 1-\zeta+\zeta^2-\zeta^3+\cdots = 1-(z-1)+(z-1)^2-(z-1)^3+\cdots\end{aligned}$$

である. 変数を z へ戻すと, ローラン級数は

$$\begin{aligned}f(z) &= \{1-(z-1)+(z-1)^2-(z-1)^3+\cdots\} \times \frac{1}{(z-1)^2} \\ &= \frac{1}{(z-1)^2} - \frac{1}{z-1} + 1 - (z-1) + \cdots\end{aligned}$$

(この展開式で $1/(z-1)$ の係数は -1 なので, $z=1$ での留数は -1 であることが分かる.) □

問 24 次の関数の指定された極での, ローラン級数を 0 でない最初の 4 項までを求めよ. また, それぞれの点での留数をそのローラン級数から求めよ.

(1) $f(z) = \dfrac{z+2}{z^2(z-1)}$ ($z=0$ および $z=1$)

(2) $f(z) = \dfrac{e^{iz}-1}{z^3}$ ($z=0$)

4.10 実定積分の計算への応用

複素積分や留数定理を使って，ある種の実定積分を計算することができる．

4.10.1 三角不等式と積分の絶対値の上限

複素数 z の絶対値 $|z|$ は複素平面上で原点と z の間の距離を表すことを，0 章で説明した．複素数 w の絶対値 $|w|$ も原点から w までの距離を表す．$|z-w|$ は，複素平面上で 2 点 z と w の間の距離を表す．$|z|$ と $|w|$ と $|z-w|$ の間の関係が，三角不等式と呼ばれるものである．つまり，三角形では，どの 2 辺の和も残りの一辺より長くなければならないので，原点と 2 点 z, w からできる三角形においては

$$|w|+|z-w| \geq |z|, \quad |z|+|z-w| \geq |w|, \quad |z|+|w| \geq |z-w|$$

となる．これらの式の前 2 式より

$$|z-w| \geq |z|-|w|, \quad |z-w| \geq |w|-|z|$$

である．この 2 式をまとめると

$$|z-w| \geq ||z|-|w||$$

となる．したがって，最初に挙げた 3 つの不等式は次の 1 つの式にまとめられる．

$$||z|-|w|| \leq |z-w| \leq |z|+|w|$$

これらはすべての複素数について成立するので，w を $-w$ で置き換えた式も成立する．$|-w|=|-1| \times |w|=|w|$ であるので次式も成立する．

$$\boxed{||z|-|w|| \leq |z+w| \leq |z|+|w|}$$

これらを**三角不等式**と呼ぶ．

いま，被積分関数 $f(z)$ の曲線 C についての積分を考えよう．積分路 C は

$$x=x(t), \quad y=y(t), \quad t=a \text{ から } t=b \text{ まで } (a<b)$$

のように，パラメータ t で表されているとする．また，被積分関数の絶対値には越えられない限界 M があるとする．

$$|f(z)| \leq M$$

4.10 実定積分の計算への応用

とし，曲線 C の長さを l とすると

$$l = \int_a^b \sqrt{\left(\frac{dx}{dt}\right)^2 + \left(\frac{dy}{dt}\right)^2} dt = \int_a^b \left|\frac{dz}{dt}\right| dt$$

であるから

$$\left|\int_a^b f(z)dz\right| \leq \int_a^b |f(z)|\left|\frac{dz}{dt}\right| dt \leq M\int_a^b \left|\frac{dz}{dt}\right| dt \leq Ml \tag{4.68}$$

のように，積分の絶対値の大きさに制限ができる．

4.10.2 無限積分の計算の例

ここで，次の広義積分を計算してみよう．

$$I = \int_{-\infty}^{\infty} \frac{1}{(x^2+1)^2} dx$$

実数関数 $f(x)$ の変数 x を z で置き換えることにより複素関数に拡張し，それを $f(z)$ とする．$z^2 + 1 = z^2 - (-1) = z^2 - i^2 = (z-i)(z+i)$ であるから

$$f(z) = \frac{1}{(z^2+1)^2} = \frac{1}{(z-i)^2(z+i)^2}$$

となり，$z = \pm i$ はどちらも 2 位の極であることが分かる．実軸上に極がないわけである．留数定理を使うためには，閉曲線を考えなければならない．原点を中心とする，半径 R の円の上半分を反時計回りに回る積分路を Γ とする．また，実軸上 $x = -R$ から $x = R$ までと，この Γ を合わせたものを曲線 C とする．R はあとで無限大にするので，最初から十分大きいと考える．そして，この C の中に $f(z)$ の特異点のうちの 1 つ $z = i$ がすでに入っているとする．すると，$z = i$ における留数は

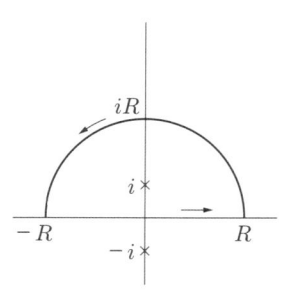

図 4.23

$$\text{Res}(i) = \lim_{z \to i} \frac{d}{dz}\{(z-i)^2 f(z)\} = \lim_{z \to i} \frac{d}{dz}\frac{1}{(z+i)^2} = \lim_{z \to i} \frac{-2}{(z+i)^3} = \frac{-2}{(2i)^3} = \frac{1}{4i}$$

であるから，留数定理を使って

$$\int_C \frac{1}{(z^2+1)^2} dz = 2\pi i \text{Res}(i) = 2\pi i \times \frac{1}{4i} = \frac{\pi}{2} \tag{4.69}$$

と求まる．Γ 上では R は十分大きいので，上で述べた三角不等式を使うと，$R^2 - 1 \leq |z^2 + 1|$ だから

$$\frac{1}{|z^2+1|^2} \leq \frac{1}{(R^2-1)^2}$$

となる．したがって，(4.68) により次が成り立つ．

$$\left|\int_\Gamma f(z)dz\right| \leq \frac{1}{(R^2-1)^2} \times \Gamma \text{の長さ} = \frac{\pi R}{(R^2-1)^2}$$

Γ の半径を無限大にすると

$$\lim_{R \to \infty} \left|\int_\Gamma \frac{1}{(z^2+1)^2} dz\right| \leq \lim_{R \to \infty} \frac{\pi R}{(R^2-1)^2}$$
$$= \lim_{R \to \infty} \frac{\pi R}{R^4(1-\frac{1}{R^2})^2}$$
$$= \lim_{R \to \infty} \frac{\pi}{R^3\left(1-\frac{1}{R^2}\right)^2} = 0$$

一方，Γ の半径をいくら大きくしても特異点は横切らないから，C についての積分の値は変わらない．よって次の計算を行うことができる．

$$\int_C \frac{1}{(z^2+1)^2} dz = \lim_{R \to \infty} \int_\Gamma \frac{1}{(z^2+1)^2} dz + \lim_{R \to \infty} \int_{-R}^R \frac{1}{(x^2+1)^2} dx$$
$$= 0 + \int_{-\infty}^\infty \frac{1}{(x^2+1)^2} dx$$
$$= \int_{-\infty}^\infty \frac{1}{(x^2+1)^2} dx$$

実軸上では $z = x$ なので，実軸に沿った積分では積分変数が z から x になっている．したがって，この式と (4.69) を使うことによって，広義積分は

$$I = \int_{-\infty}^\infty \frac{1}{(x^2+1)^2} dx = \int_C \frac{1}{(z^2+1)^2} dz = \frac{\pi}{2}$$

となる．

問25 次の積分を留数を使って求めよ．

$$I = \int_{-\infty}^\infty \frac{1}{(x^2+4)^2} dx$$

4.11 多価関数

いままでは一価関数を扱ってきたが，この節では簡単な多価関数を説明する．

4.11.1 複素数の3乗根

まず，複素多価関数の簡単な例として z の 3 乗根を考えよう．これは $w = z^3$ の逆関数である．すなわち

$$z = w^3 \tag{4.70}$$

という関係を表す．w を極形式でかくため，z と w の絶対値と偏角を次のように決めておく．

$$|z| = r, \quad \arg(z) = \theta, \quad |w| = \rho, \quad \arg(w) = \phi$$

(4.70) の両辺の絶対値をとると

$$|z| = |w^3| = |w|^3 \text{であるので,} \ r = \rho^3$$

r も ρ も正または 0 の実数であるので

$$\rho = r^{\frac{1}{3}}$$

となる．ド・モアブルの公式により，極形式を使って (4.70) をかいてみると

$$r(\cos\theta + i\sin\theta) = \rho^3(\cos 3\phi + i\sin 3\phi)$$

となる．この式に $r = \rho^3$ を代入すると次のようになる．

$$\cos\theta + i\sin\theta = \cos 3\phi + i\sin 3\phi$$

このためには

$$\cos\theta = \cos 3\phi, \quad \sin\theta = \sin 3\phi$$

が成立するとよい．三角関数が周期が 2π の周期関数であるので，$3\phi = \theta$ だけではなく

$$3\phi = \theta + 2n\pi \qquad (n = 0, \pm 1, \pm 2, \cdots)$$

となる．よって

$$\phi = \frac{\theta + 2n\pi}{3} \quad (n = 0, \pm1, \pm2, \cdots)$$

$$w = z^{\frac{1}{3}} = r^{\frac{1}{3}}\left\{\cos\left(\frac{\theta + 2n\pi}{3}\right) + i\sin\left(\frac{\theta + 2n\pi}{3}\right)\right\} \quad (n = 0, \pm1, \pm2, \cdots) \tag{4.71}$$

ここで注意しなければならないのは $\frac{2n\pi}{3}$ の項である．この項によって，どのようなことが起こるか例によって見ることにしよう．

例題 4.30 1の3乗根を求めよ．

（**解**） $z = 1$ であるから，1の偏角 θ を一般角で考えて

$$r = |z| = |1| = 1, \quad \theta = 2\pi l \quad (l = 0, \pm1, \pm2, \cdots)$$

よって (4.71) より，$l + n$ をあらためて n とおいて

$$w = z^{1/3} = 1^{1/3} = \cos\frac{2n\pi}{3} + i\sin\frac{2n\pi}{3}$$

となる．ここで $n = 0, 1, 2, 3, 4, 5, \cdots$ と順番に計算していくと

$n = 0$ のとき，$w = \cos 0 + i\sin 0 = 1$

$n = 1$ のとき，$w = \cos\frac{2}{3}\pi + i\sin\frac{2}{3}\pi$
$ = -\frac{1}{2} + \frac{\sqrt{3}}{2}i$

$n = 2$ のとき，$w = \cos\frac{4}{3}\pi + i\sin\frac{4}{3}\pi$
$ = -\frac{1}{2} - \frac{\sqrt{3}}{2}i$

$n = 3$ のとき，$w = \cos\frac{6}{3}\pi + i\sin\frac{6}{3}\pi$
$ = \cos 2\pi + i\sin 2\pi = 1$

$n = 4$ のとき，$w = \cos\frac{8}{3}\pi + i\sin\frac{8}{3}\pi = -\frac{1}{2} + \frac{\sqrt{3}}{2}i$

$n = 5$ のとき，$w = \cos\frac{10}{3}\pi + i\sin\frac{10}{3}\pi = -\frac{1}{2} - \frac{\sqrt{3}}{2}i$

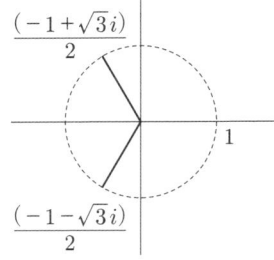

図 4.24

となって，$n = 3$ 以降は $n = 0, 1, 2$ のときの値が繰り返されるだけである． □

n の値が 1 増えるごとに偏角が $\frac{2}{3}\pi$ だけ増える．複素平面上では，1 から始まって，それが $\frac{2}{3}\pi$ だけ回転して $-\frac{1}{2}+\frac{\sqrt{3}}{2}i$ となり，それがさらに $\frac{2}{3}\pi$ だけ回転して $-\frac{1}{2}-\frac{\sqrt{3}}{2}i$ となる．これがさらに $\frac{2}{3}\pi$ だけ回転すると，1 になって元に戻る．そのあと同じことを繰り返すので，同じ値しか出てこないわけである．

このように，$w = z^{1/3}$ は z の 1 つの値に対して w の 3 つの異なった複素数が対応するので，これは 3 価の多価関数である．

同様にして，m を正の整数とするとき

$$z^{\frac{1}{m}} = r^{\frac{1}{m}} \left\{ \cos\left(\frac{\theta + 2n\pi}{m}\right) + i\sin\left(\frac{\theta + 2n\pi}{m}\right) \right\} (n = 0, \pm 1, \pm 2, \cdots) \tag{4.72}$$

n が 1 だけ増えると，w の偏角は $\frac{2\pi}{m}$ だけ増える．複素平面上では，n が 1 だけ増加すると，$\frac{2\pi}{m}$ だけ回転し，n が m だけ増すと，1 回転して元の複素数に戻る．m 個の異なった複素数が出てくる．したがって $z^{1/m}$ は，m 価の多価関数であることが分かる．

問 26 次の値をすべて求めよ．
(1) $i^{\frac{1}{3}}$ (2) $16^{\frac{1}{4}}$ (3) $(1 + \sqrt{3}i)^{\frac{1}{2}}$

4.11.2 対数関数

指数関数 $w = e^z$ の逆関数

$$z = e^w \tag{4.73}$$

を

$$w = \log z \tag{4.74}$$

とかいて，**対数関数**を定義する．ここで

$$z = re^{i\theta}, \quad w = \rho e^{i\phi}$$

として，$\log z$ を具体的に表そう．(4.73) の絶対値をとると

$$|z| = r = |e^{\rho(\cos\phi + i\sin\phi)}| = |e^{\rho\cos\phi}||e^{i\rho\sin\phi}| = e^{\rho\cos\phi}$$

であるから
$$r = e^{\rho\cos\phi} \tag{4.75}$$
となる．したがって，(4.73) より
$$e^{i\theta} = e^{i\rho\sin\phi}$$
ここで，複素数の指数関数が周期 $2\pi i$ の周期関数であることを思い出すと，$n = 0, \pm 1, \pm 2, \pm 3, \cdots\cdots$ として
$$e^{i\theta + 2n\pi i} = e^{i\rho\sin\phi}$$
よって次が成り立つ．
$$\rho\sin\phi = \theta + 2n\pi \tag{4.76}$$
(4.75), (4.76) を使うと，$z = re^{i\theta}$ に対して対数関数 $\log z$ は
$$\begin{aligned}\log z = w &= \rho(\cos\phi + i\sin\phi) = \rho\cos\phi + i\rho\sin\phi \\ &= \log_e r + i(\theta + 2n\pi) \quad (n = 0, \pm 1, \pm 2, \cdots)\end{aligned} \tag{4.77}$$
と表せる．複素数の対数関数と区別するために，実数の対数関数の場合には $\log_e r$ のようにかくことにする．(4.77) 式では，$n = 0$ から n をいくら増やしても同じ値にはならない．つまり，$\log z$ は整数と同じだけの無限個の異なった値を持つということである．$\log z$ は無限多価関数である．これは，e^z が周期 $2\pi i$ の周期関数で，$\log z$ はその逆関数であることからもうなずけるであろう．$n = 0$ のときを主値と呼び $\mathrm{Log}\, z$ で表すことが多い．$n = 1$ のときを第 1 分枝，$n = 2$ のときを第 2 分枝などと呼ぶ．

例題 4.31 $\log(1 + i)$ の値を計算せよ．

(**解**)
$$|z| = |1 + i| = \sqrt{2}, \ \arg(z) = \frac{\pi}{4} + 2m\pi \ (m = 0, \pm 1, \pm 2, \cdots\cdots)$$
$$\log z = \log(1 + i) = \log_e |z| + i(\arg(z) + 2n\pi) \quad (n = 0, \pm 1, \pm 2, \cdots\cdots)$$
$$= \log_e \sqrt{2} + i\left(\frac{\pi}{4} + 2m\pi + 2n\pi\right) = \log\sqrt{2} + i\left(\frac{\pi}{4} + 2(m+n)\pi\right)$$
$m + n$ をあらためて n とおくと
$$\log z = \log(1 + i) = \log_e \sqrt{2} + i\left(\frac{\pi}{4} + 2n\pi\right) \qquad (n = 0, \pm 1, \pm 2, \cdots) \quad \square$$

問 27 次の値を計算せよ．
(1) $\log(-1)$ (2) $\log i$ (3) $\log\left(\sqrt{2} - \sqrt{2}i\right)$

4.11.3 べき関数

z も c も複素数とするとき，z の c 乗を次のように定義する．

$$z^c = (e^{\log z})^c = e^{c \log z} \quad (\text{ただし } c \text{ は定数}) \tag{4.78}$$

ここで，$\log z$ は前節で述べた式 (4.77) で計算する．

例題 4.32 $(1+i)^i$ を計算せよ．

（解）
$$\log(1+i) = \log_e \sqrt{2} + \left(\frac{\pi}{4} + 2n\pi\right)i \quad (n = 0, \pm 1, \pm 2, \cdots)$$

であるので
$$(1+i)^i = e^{i\log(i+1)} = e^{i(\log\sqrt{2} + (\frac{\pi}{4} + 2n\pi)i)} = e^{i\log\sqrt{2} - (\frac{\pi}{4} + 2n\pi)}$$
$$= e^{-(\frac{\pi}{4} + 2n\pi)} \left\{\cos\left(\log\sqrt{2}\right) + i\sin\left(\log\sqrt{2}\right)\right\}$$
$$(n = 0, \pm 1, \pm 2, \cdots) \quad \square$$

複素数べき関数も，無限多価関数であることが分かる．

問 28 次の値を計算せよ．
(1) $(i)^{-i}$ (2) $(1-i)^{1+i}$

4.11.4 多価関数の微分

複素関数 $f(z)$ の微分係数 $f'(a)$ は，実数の場合と同じに，次式で定義される．

$$f'(a) = \lim_{z \to a} \frac{f(z) - f(a)}{z - a} \tag{4.79}$$

分母の z は一価関数であるので問題はない．z が a に近づくにつれて，分母は確実に 0 に近づく．分子については事情が異なる．多価関数 $z^{1/3}$ を例にとって問題点を考え

てみる．例えば $a=1$ とする．$f(1) = 1^{1/3}$ は 3 つの値をとるが

$$f(1) = 1, \quad \lim_{z \to 1} f(z) = 1$$

であれば，分子も 0 になる．しかし，$f(z)$ が他の値へ近づくとき，例えば

$$f(1) = 1, \quad \lim_{z \to 1} f(z) = \frac{-1 + \sqrt{3}i}{2}$$

の場合には，分子の極限は，0 にならず，微分係数の極限 (4.79) は発散してしまう．このような発散を防ぐためには，つまり，分子の極限を 0 にするには，3 つある $1^{1/3}$ の値のうち，今考えている $f(1)$ と同じ値に $f(z)$ が近づくようにしなければならない．3 つの値を区別するためには多価関数の分枝を示す n を使う．この n の値が分子の $f(z)$，$f(a)$ で同じであれば，$f(z)$ と $f(a)$ は $z \to a$ の極限で同じ値になり，分子の極限が 0 になる．これは他の多価関数でも同じである．したがって，<u>多価関数を微分するときには，その分枝を指定しなければならない．</u>

微分可能なとき，次のように種々の多価関数の導関数が計算できる．対数関数 $w = \log z$ は式 $e^w = z$ と同値である．両辺を z で微分すると

$$\text{左辺} = \frac{de^w}{dz} = \frac{de^w}{dw}\frac{dw}{dz} = e^w \frac{dw}{dz} = z\frac{dw}{dz}, \quad \text{右辺} = \frac{dz}{dz} = 1$$

であるので

$$z\frac{dw}{dz} = 1 \text{ より，} \quad \frac{dw}{dz} = \frac{1}{z}$$

つまり次が成り立つ．

$$\boxed{\frac{d}{dz}\log z = \frac{1}{z}} \quad : \text{対数関数の導関数} \tag{4.80}$$

最終にべき関数について考えよう．また，(4.78) で $u = \log z$ とおくと，べき関数は

$$z^c = e^{cu}$$

となる．合成関数の微分の公式を使うと，(4.80) より

$$\frac{d}{dz}z^c = \frac{d}{du}e^{cu}\frac{du}{dz} = ce^{cu} \times \frac{1}{z} = cz^c \times \frac{1}{z}$$

つまり次が成り立つ．

$$\boxed{\frac{d}{dz}z^c = cz^{c-1}} \quad : \text{べき関数の導関数} \tag{4.81}$$

第4章 章末問題

[**1**] $z = x + yi$（ただし x, y は実数）とする．このとき，$\sin z, \cos z, \sinh z, \cosh z$ の実部 u と虚部 v を x と y で表せ．

[**2**] 次式が成立することを示せ．

$$\sin(z+w) = \sin z \cos w + \cos z \sin w, \quad \cos(z+w) = \cos z \cos w - \sin z \sin w$$

[**3**] 次の関数のすべての極での留数を求めよ．

(1) $f(z) = \dfrac{1}{z^2 + 5}$ (2) $f(z) = \dfrac{3z+5}{z^2 - 4}$ (3) $f(z) = \dfrac{3z-1}{z^2 - z - 2}$

(4) $f(z) = \left(\dfrac{z+1}{z-2}\right)^2$ (5) $f(z) = \dfrac{z^2 + 3}{z^3(z^2+1)}$ (6) $f(z) = \dfrac{z^2+2}{z(z-2)^3}$

(7) $f(z) = \dfrac{z^2 - 4}{z^3 + 2z^2 + 2z}$ (8) $f(z) = \dfrac{e^{zt}}{(z-3)^3}$ （t は定数）

(9) $f(z) = \dfrac{z}{(z^2+1)^2}$ (10) $f(z) = \dfrac{z^2 - 3z}{(z+1)^2(z^2+9)}$

(11) $f(z) = \dfrac{e^z}{z^5}$ (12) $f(z) = \dfrac{\sin 2z}{z^2}$

[**4**] 次の積分を留数を使って求めよ．

(1) $\displaystyle\int_C \dfrac{z}{2z-5} dz$ $C:|z|=3$ を反時計回りに1周

(2) $\displaystyle\int_C \dfrac{z^2}{(z+2)(z-1)} dz$ $C:|z+i|=3$ を反時計回りに1周

(3) $\displaystyle\int_C \dfrac{\cos^2 \pi z}{z-1} dz$ $C:|z-1|=1$ を反時計回りに1周

(4) $\displaystyle\int_C \dfrac{\sin iz}{z^2 + \left(\frac{\pi}{2}\right)^2} dz$ $C:|z-\pi i|=3$ を反時計回りに1周

(5) $\displaystyle\int_C \dfrac{e^z + z}{(z-2)^4} dz$ $C:|z-i|=4$ を反時計回りに1周

(6) $\displaystyle\int_C \dfrac{e^{iz}}{(z-1)(z+3i)^2} dz$ $C:|z+3i|=1$ を反時計回りに1周

(7) $\displaystyle\int_C \dfrac{e^{iz}}{z^2(z-2\pi)^2} dz$ $C:|z-i|=\pi$ を反時計回りに1周

(8) $\displaystyle\int_C \dfrac{ze^{zt}}{(z^2+1)^2} dz$ t は定数，$C:|z|=2$ を反時計回りに1周

[**5**] 次の実数関数の定積分を留数を使って求めよ．

(1) $\displaystyle\int_0^\infty \frac{dx}{1+x^4}$ (2) $\displaystyle\int_0^\infty \frac{x^2\,dx}{1+x^4}$ (3) $\displaystyle\int_0^\infty \frac{dx}{1+x^6}$

[**6**] 次の積分について答えよ．ただし，x は実数である．
$$I = \int_0^{2\pi} \frac{1}{1+\frac{1}{2}\sin x}\,dx$$

(1) $z = e^{xi}$ とするとき，I の被積分関数を z を使ってかきなおせ．

(2) I を複素積分の形になおせ．

(3) I を留数を使って求めよ．

問の略解・章末問題の解答

第 0 章

問 1 (1) $4+3i$ (2) $2-i$ (3) $-10+30i$ (4) $-\dfrac{4}{13}+\dfrac{19}{13}i$

問 2 (1) $r=\left|1-\sqrt{3}i\right|=2$, $\theta=\arg\left(1-\sqrt{3}i\right)=-\dfrac{\pi}{3}+2n\pi$ $(n=0,\pm 1,\pm 2,\pm 3,\cdots\cdots)$

$1-\sqrt{3}i=2\left\{\cos\left(-\dfrac{\pi}{3}+2n\pi\right)+i\sin\left(-\dfrac{\pi}{3}+2n\pi\right)\right\}$ $(n=0,\pm 1,\pm 2,\pm 3,\cdots\cdots)$

(2) $r=\left|2\sqrt{3}+2i\right|=4$, $\theta=\arg\left(2\sqrt{3}+2i\right)=\dfrac{\pi}{6}+2n\pi$ $(n=0,\pm 1,\pm 2,\pm 3,\cdots\cdots)$

$2\sqrt{3}+2i=4\left\{\cos\left(\dfrac{\pi}{6}+2n\pi\right)+i\sin\left(\dfrac{\pi}{6}+2n\pi\right)\right\}$ $(n=0,\pm 1,\pm 2,\pm 3,\cdots\cdots)$

(3) $r=|2+2i|=2\sqrt{2}$, $\theta=\arg(2+2i)=\dfrac{\pi}{4}+2n\pi$ $(n=0,\pm 1,\pm 2,\pm 3,\cdots\cdots)$

$2+2i=2\sqrt{2}\left\{\cos\left(\dfrac{\pi}{4}+2n\pi\right)+i\sin\left(\dfrac{\pi}{4}+2n\pi\right)\right\}$ $(n=0,\pm 1,\pm 2,\pm 3,\cdots\cdots)$

問 3 (1) $|z|=2$, $\arg z=\dfrac{3}{4}\pi+2n\pi$ $(n=0,\pm 1,\pm 2,\pm 3,\cdots\cdots)$

$z^6=2^6\left\{\cos 6\left(\dfrac{3}{4}\pi+2n\pi\right)+i\sin 6\left(\dfrac{3}{4}\pi+2n\pi\right)\right\}=2^6\left(\cos\dfrac{\pi}{2}+i\sin\dfrac{\pi}{2}\right)=64i$

(2) $|z|=2$, $\arg z=-\dfrac{\pi}{3}+2n\pi$ $(n=0,\pm 1,\pm 2,\pm 3,\cdots\cdots)$

$z^5=2^5\left\{\cos 5\left(-\dfrac{\pi}{3}+2n\pi\right)+i\sin 5\left(-\dfrac{\pi}{3}+2n\pi\right)\right\}$

$=2^5\left\{\cos\left(-\dfrac{5}{3}\pi\right)+i\sin\left(-\dfrac{5}{3}\pi\right)\right\}=16+16\sqrt{3}i$

(3) $|z|=2$, $\arg z=-\dfrac{\pi}{6}+2n\pi$ $(n=0,\pm 1,\pm 2,\pm 3,\cdots\cdots)$

$\dfrac{z}{|z|}=\cos\left(-\dfrac{\pi}{6}+2n\pi\right)+i\sin\left(-\dfrac{\pi}{6}+2n\pi\right)$

$\left(\dfrac{z}{|z|}\right)^{20}=\cos 20\left(-\dfrac{\pi}{6}+2n\pi\right)+i\sin 20\left(-\dfrac{\pi}{6}+2n\pi\right)$

$=\cos\left(-\dfrac{10}{3}\pi\right)+i\sin\left(-\dfrac{10}{3}\pi\right)=-\dfrac{1}{2}+\dfrac{\sqrt{3}}{2}i$

問 4 (1) 20 (2) $37+5i$ (3) $9-6i$

問 5 (1) $|z-(3-2i)|=3$, 半径 $r=3$, 中心 $\alpha=3-2i$

179

(2) $\left|z - \left(\dfrac{-3+2i}{2}\right)\right| = 2$, 半径 $r = 2$, 中心 $\alpha = -\dfrac{3}{2} + i$

(3) $\left|z - \left(2 - \dfrac{4}{3}i\right)\right| = 2$, 半径 $r = 2$, 中心 $\alpha = 2 - \dfrac{4}{3}i$

問 6 (1) $\dfrac{1}{2} - \dfrac{\sqrt{3}}{2}i$　　(2) $\dfrac{\sqrt{3}}{2} + \dfrac{1}{2}i$　　(3) $e^{-\frac{3}{2}\pi i} = i$

問 7 次のようにおく.

$$J = \int e^{(2+3i)x} dx,\ \text{積分定数}\ C = C_1 + C_2 i\ (C_1, C_2\ \text{は実数})$$

$$J = \dfrac{1}{2+3i} e^{(2+3i)x} + C = e^{2x}\left(\dfrac{2}{13} - \dfrac{3}{13}i\right)(\cos 3x + i\sin 3x) + C$$

$$= \dfrac{1}{13} e^{2x}(2\cos 3x + 3\sin 3x) + C_1 + \left\{\dfrac{1}{13} e^{2x}(2\sin 3x - 3\cos 3x) + C_2\right\}i$$

一方,

$$J = \int e^{2x}\cos 3x dx + i\int e^{2x}\sin 3x dx\ \text{であるから},$$

$$\int e^{2x}\cos 3x dx = \dfrac{1}{13} e^{2x}(2\cos 3x + 3\sin 3x) + C_1,$$

$$\int e^{2x}\sin 3x dx = \dfrac{1}{13} e^{2x}(2\sin 3x - 3\cos 3x) + C_2$$

第1章

問1 (1) $y = 2t + C$ (2) $y = 4.9x^2 + C_1 x + C_2$ (3) $y = \dfrac{1}{6}ax^3 + \dfrac{1}{2}C_1 x^2 + C_2 x + C_3$

問2 (1) $x - 1 + (y - 2)y' = 0$ (2) $4x + 9yy' = 0$ (3) $9x - 16yy' = 0$
(4) $y = 2xy'$

問3 (1) $\dfrac{y+1}{x-3} y' = -1$ (2) $y' = Cy$ (3) $y' = Cy^2$

問4 (1) $x^2 - y^2 = C$ (2) $\dfrac{x^2}{a^2} + \dfrac{y^2}{b^2} = C$ (3) $x^2 y + Cy + 2 = 0$
(4) $y = Cx + C + 4$

問5 (1) $y = Ce^{1/x} + 1$ (2) $y^2 = Cx - 1$

問6 略

問7 (1) $y^2 = 2x^2 \log x + Cx^2$ (2) $y = -x \log x + Cx$ (3) $y = Cx^2 + x$

問8 (1) $y = -e^x + Ce^{2x}$ (2) $x^3 y = 2x^2 + C$ (3) $(x^2 + 1)y = \dfrac{x^2}{2} + \log x + C$

問9 (1) $x^2 + 8xy - 3y^2 = C$ (2) $2x^3 - 9x^2 y^2 + 6\sin y = C$

問10 (1) $y = C_1 e^x + C_2 e^{2x}$ (2) $y = C_1 e^{-3x} + C_2 e^{2x}$ (3) $y = (C_1 + C_2 x)e^{4x}$
(4) $y = C_1 + C_2 e^x$ (5) $y = C_1 e^{((-3+\sqrt{5})/2)x} + C_2 e^{((-3-\sqrt{5})/2)x}$
(6) $y = C_1 e^{(1+i)x} + C_2 e^{(1-i)x}$ (または $y = C_1 e^x \sin x + C_2 e^x \cos x$)

問11 (1) $y = C_1 e^{-x} \sin 2x + C_2 e^{-x} \cos 2x$ (または $y = C_1 e^{(-1+2i)x} + C_2 e^{(-1-2i)x}$)
(2) $y = C_1 e^{(3/2)x} \sin \dfrac{\sqrt{7}}{2} x + C_2 e^{(3/2)x} \cos \dfrac{\sqrt{7}}{2} x$ (または $y = C_1 e^{((3+\sqrt{7}i)/2)x} + C_2 e^{((3-\sqrt{7}i)/2)x}$)
(3) $y = C_1 \sin \sqrt{5}x + C_2 \cos \sqrt{5}x$ (または $y = C_1 e^{\sqrt{5}ix} + C_2 e^{-\sqrt{5}ix}$)

問12 (1) $y = C_1 e^x + C_2 e^{5x} + \dfrac{1}{5}x^2 + \dfrac{7}{25}x + \dfrac{82}{125}$ (2) $y = C_1 e^{2x} + C_2 e^{-x} + \dfrac{1}{4}e^{-2x}$
(3) $y = C_1 e^{-x} + C_2 e^{-2x} + \dfrac{1}{10}\sin x - \dfrac{3}{10}\cos x$

問13 (1) $y = C_1 + C_2 e^{-3x} + \dfrac{1}{3}x^2 - \dfrac{5}{9}x$ (2) $y = C_1 e^{-2x} + C_2 e^{-5x} + \dfrac{1}{3}xe^{-2x}$
(3) $y = C_1 \sin 2x + C_2 \cos 2x + \dfrac{1}{4}x \sin 2x$

問14 (1) $y = C_1 + C_2 x + C_3 x^2$ (2) $y = C_1 + C_2 x + C_3 x^2 + C_4 x^3 + C_5 x^4$
(3) $y = (C_1 + C_2 x + C_3 x^2)e^x$ (4) $y = C_1 e^{-2x} + C_2 e^{2x} + C_3 e^{4x}$
(5) $y = C_1 e^{-4x} + C_2 e^{-2x} + C_3 e^{-x} + C_4 e^{3x}$
(6) $y = (C_1 + C_2 x)e^{-x} + (C_3 + C_4 x + C_5 x^2)e^{-2x}$

問15 (1) $y = C_1 + C_2 x + C_3 x^2$ (2) $y = (C_1 + C_2 x + C_3 x^2)e^{-x}$
(3) $y = C_1 e^{-x} + C_2 e^x + C_3 e^{2x}$

第1章 章末問題

[**1**] (1) $y = 3x + C$ (2) $y = -\dfrac{1}{2}x^2 + C_1 x + C_2$ (3) $y = 3x + 1$
(4) $y = x + 1$

[**2**] (1) $y = \log\left(\dfrac{x^2}{2} + C\right)$ (または $e^y = \dfrac{x^2}{2} + C$) (2) $\dfrac{1}{2}y^2 - \log y = \dfrac{1}{3}e^{3x} + C$
(3) $\cos y = C \cos x$ (4) $(x^2 + y^2)^3 = Cx^8$
(5) $y = \dfrac{x}{\log x + C}$ (または $e^{x/y} = Cx$) (6) $y = -\dfrac{1}{2}e^x + Ce^{3x}$
(7) $y = Cx - 1$ (8) $x^3 + y^3 - 6xy = C$ (9) $y = C_1 e^{-x} + C_2 e^{-2x}$
(10) $y = (C_1 + C_2 x)e^{2x}$ (11) $y = C_1 e^{(-2+\sqrt{3})x} + C_2 e^{(-2-\sqrt{3})x}$
(12) $y = C_1 e^{2x} + C_2 e^{4x}$
(13) $y = C_1 e^x \sin \sqrt{2} x + C_2 e^x \cos \sqrt{2} x$ (または $y = C_1 e^{(1+\sqrt{2}i)x} + C_2 e^{(1-\sqrt{2}i)x}$)
(14) $y = C_1 \sin 2x + C_2 \cos 2x$ (または $y = C_1 e^{2ix} + C_2 e^{-2ix}$)
(15) $y = C_1 e^{-x} + C_2 e^{-2x} + x - 1$ (16) $y = C_1 e^{-x} + C_2 e^{-2x} + \dfrac{1}{3}e^x$
(17) $y = C_1 e^{-x} + C_2 e^{-2x} + \dfrac{2}{5}\sin x - \dfrac{1}{5}\cos x$
(18) $y = C_1 + C_2 e^{4x} - \dfrac{1}{8}x^2 - \dfrac{13}{16}x$ (19) $y = C_1 e^x + C_2 e^{3x} - xe^x$
(20) $y = C_1 \sin x + C_2 \cos x - \dfrac{1}{2} x \cos x$ (21) $y = C_1 e^{2x} + C_2 e^{-x} - 1$
(22) $y = C_1 e^{2x} + C_2 e^{-x} + \dfrac{1}{4}e^{-2x} - \dfrac{11}{13}\sin 3x + \dfrac{3}{13}\cos 3x$

[**3**] (1) $y = 2x$ (2) $y = x - 4$ (3) $2e^{y/x} = e(x + y)$
(4) $x^3 - 6xy + y^3 - 8 = 0$ (5) $y = e^{-2x} - e^{-3x}$ (6) $y = (1 + 5x)e^{-3x}$

[**4**] (1) $u' = (1-n)y^{-n} y'$ の両辺を $(1-n)y^{-n}$ で割ると $y' = \dfrac{1}{1-n} y^n u'$.
ベルヌーイの微分方程式へ代入すると $\dfrac{1}{1-n} y^n u' + P(x)y = Q(x)y^n$.
両辺を $(1-n)y^{-n}$ 倍すると $u' + (1-n)P(x)y^{1-n} = (1-n)Q(x)$.
$u = y^{1-n}$ より $u' + (1-n)P(x)u = (1-n)Q(x)$.
ゆえに線形微分方程式となる.
(2) $n = 2$, $u = y^{1-n} = y^{1-2} = y^{-1}$ とおく. 線形方程式 $u' + xu = -x$ を解くと
$u = -1 + Ce^{-x^2/2}$. よって $y = (Ce^{-x^2/2} - 1)^{-1}$.

[**5**] (1) $2x^3 + 3x^2 y^2 = C$ (2) $xy + \dfrac{1}{2}y^2 + \log y = C$

[**6**] $u' = a + by'$ より $y' = \dfrac{1}{b}(u' - a)$. 与式の左辺へ代入すると $\dfrac{1}{b}(u' - a) = f(u)$.
ゆえに変数分離系 $1/(bf(u) + a)du = dx$ へ変形できる.

[**7**] (1) $y' = C$ を微分方程式 E の左辺, 右辺それぞれへ代入する.

(2) $yy' = 2$, $x = y^2/4$ を微分方程式 E の左辺, 右辺それぞれへ代入する.

[**8**] (1) $\dfrac{dy}{dt} = ky$ （または $y' = ky$）　(2) -6.931×10^{-3}　(3) 665 年

[**9**] $I = \dfrac{E}{R}(1 - e^{-(R/L)t})$

[**10**] (1) $t^2 + 2\alpha\beta t + \beta^2 = 0$　(2) $t = -\alpha\beta \pm \beta\sqrt{\alpha^2 - 1}$
(3) $\alpha = 0$ のとき $y = C_1 \cos \beta x + C_2 \sin \beta x$
$0 < \alpha < 1$ のとき $y = e^{-\alpha\beta x}(C_1 \cos \beta\sqrt{1-\alpha^2}\,x + C_2 \sin \beta\sqrt{1-\alpha^2}\,x)$
$\alpha = 1$ のとき $y = (C_1 + C_2 x)e^{-\beta x}$
$\alpha > 1$ のとき $y = C_1 e^{(-\alpha\beta + \beta\sqrt{\alpha^2-1})x} + C_2 e^{(-\alpha\beta - \beta\sqrt{\alpha^2-1})x}$

[**11**] (1) $x = C_1 e^{-t} + C_2 e^{-3t}$, $y = C_1 e^{-t} - C_2 e^{-3t}$
(2) $x = -\sqrt{2}C_1 e^{(1+\sqrt{2})t} + \sqrt{2}C_2 e^{(1-\sqrt{2})t}$, $y = C_1 e^{(1+\sqrt{2})t} + C_2 e^{(1-\sqrt{2})t}$

第 2 章

問 1 略

問 2 $f(x) = \dfrac{\pi}{2} - \dfrac{4}{\pi}\displaystyle\sum_{k=1}^{\infty}\dfrac{1}{(2k-1)^2}\cos(2k-1)x + 2\sum_{n=1}^{\infty}\dfrac{1}{n}(-1)^{n+1}\sin nx$

問 3 (1) 奇関数；$f(x) = 2\displaystyle\sum_{n=1}^{\infty}\dfrac{(-1)^{n+1}}{n}\sin nx$

(2) 偶関数；$f(x) = \dfrac{\pi}{2} + \dfrac{4}{\pi}\displaystyle\sum_{k=1}^{\infty}\dfrac{1}{(2k-1)^2}\cos(2k-1)x$

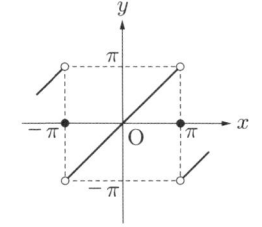

図　問 3 (1) のこぎり波 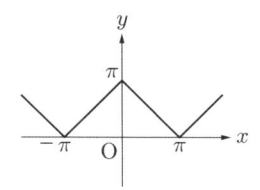　　図　問 3 (2) 三角波

問 4 (1) 偶関数；$f(x) = \dfrac{1}{2} - \dfrac{4}{\pi^2}\displaystyle\sum_{k=1}^{\infty}\dfrac{1}{(2k-1)^2}\cos(2k-1)\pi x$

(2) 奇関数；$f(x) = \dfrac{4}{\pi}\displaystyle\sum_{k=1}^{\infty}\dfrac{1}{2k-1}\sin\dfrac{(2k-1)\pi}{2}x$

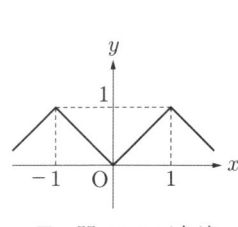

図　問 4 (1) 三角波 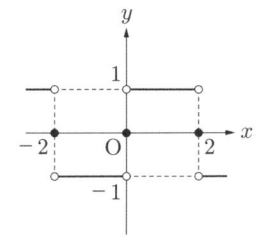　　図　問 4 (2) 方形波

問 5 略

問 6 略

問 7 (1) $y(x,t) = e^{-2\pi^2 t}\sin\pi x + \dfrac{1}{3}e^{-18\pi^2 t}\sin 3\pi x + \dfrac{1}{5}e^{-50\pi^2 t}\sin 5\pi x$

(2) $y(x,t) = \displaystyle\sum_{k=1}^{\infty}(-1)^{k-1}\dfrac{4}{(2k-1)^2\pi^2}e^{-3(2k-1)^2\pi^2 t}\sin(2k-1)\pi x$

問 8 (1) 偶関数；$C(\omega) = \sqrt{\dfrac{2}{\pi}}\dfrac{\sin a\omega}{\omega}$　　(2) 奇関数；$S(\omega) = \sqrt{\dfrac{2}{\pi}}\dfrac{1-\cos\omega}{\omega}$

(3) 奇関数；$S(\omega) = \sqrt{\dfrac{2}{\pi}} \dfrac{1 - \cos a\omega}{\omega}$

(4) どちらでもない関数；$F(\omega) = \dfrac{1}{\sqrt{2\pi}} \dfrac{i\omega e^{-i\omega} + e^{-i\omega} - 1}{\omega^2}$

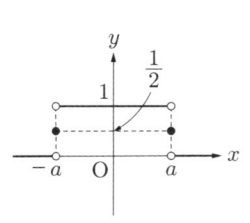

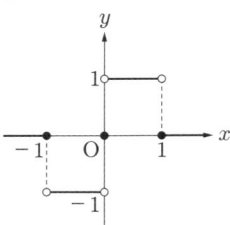

図　問 8(1) 方形パルス　　　図　問 8(2) 正負対方形パルス

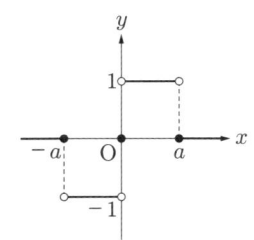

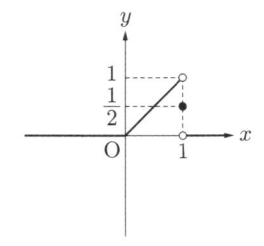

図　問 8(3)　　　図　問 8(4)

問 9　(3) $\mathcal{F}[e^{iax}f(x)] = \dfrac{1}{\sqrt{2\pi}} \displaystyle\int_{-\infty}^{\infty} e^{iax}f(x)e^{-i\omega x}dx$

$= \dfrac{1}{\sqrt{2\pi}} \displaystyle\int_{-\infty}^{\infty} f(x)e^{-i(\omega - a)x}dx = F(\omega - a)$

(4) $a > 0$ のとき $t = ax$ とおくと $\mathcal{F}[f(ax)] = \dfrac{1}{\sqrt{2\pi}} \displaystyle\int_{-\infty}^{\infty} f(ax)e^{-i\omega x}dx$

$= \dfrac{1}{\sqrt{2\pi}} \displaystyle\int_{-\infty}^{\infty} f(t)e^{-i\omega t/a} \dfrac{1}{a}dt = \dfrac{1}{a} \cdot \dfrac{1}{\sqrt{2\pi}} \displaystyle\int_{-\infty}^{\infty} f(t)e^{-i\frac{\omega}{a}t}dt = \dfrac{1}{a} F\left(\dfrac{\omega}{a}\right)$

$a < 0$ のとき $t = ax$ とおくと $\mathcal{F}[f(ax)] = \dfrac{1}{\sqrt{2\pi}} \displaystyle\int_{-\infty}^{\infty} f(ax)e^{-i\omega x}dx$

$= \dfrac{1}{\sqrt{2\pi}} \displaystyle\int_{\infty}^{-\infty} f(t)e^{-i\omega t/a} \dfrac{1}{a}dt = -\dfrac{1}{a} \cdot \dfrac{1}{\sqrt{2\pi}} \displaystyle\int_{-\infty}^{\infty} f(t)e^{-i\frac{\omega}{a}t}dt = \dfrac{1}{-a} F\left(\dfrac{\omega}{a}\right)$

したがって，$\mathcal{F}[f(ax)] = \dfrac{1}{|a|} F\left(\dfrac{\omega}{a}\right)$

(5) フーリエ逆変換の定義より $f(x) = \dfrac{1}{\sqrt{2\pi}} \displaystyle\int_{-\infty}^{\infty} F(\omega)e^{i\omega x}d\omega$.

文字 x と ω を入れ換えても等式は成り立つので

$f(\omega) = \dfrac{1}{\sqrt{2\pi}} \displaystyle\int_{-\infty}^{\infty} F(x)e^{ix\omega}dx$

ω へ $-\omega$ をあてはめると
$$f(-\omega) = \frac{1}{\sqrt{2\pi}} \int_{-\infty}^{\infty} F(x) e^{ix(-\omega)} dx = \frac{1}{\sqrt{2\pi}} \int_{-\infty}^{\infty} F(x) e^{-i\omega x} dx = \mathcal{F}[F(x)]$$

(6) 部分積分の公式より $\mathcal{F}[f'(x)] = \dfrac{1}{\sqrt{2\pi}} \displaystyle\int_{-\infty}^{\infty} f'(x) e^{-i\omega x} dx$
$$= \frac{1}{\sqrt{2\pi}} [f(x) e^{-i\omega x}]_{-\infty}^{\infty} - (-i\omega) \frac{1}{\sqrt{2\pi}} \int_{-\infty}^{\infty} f(x) e^{-i\omega x} dx = i\omega F(\omega)$$

(7) 右辺のフーリエ逆変換へ部分積分の公式を適用すると
$$\mathcal{F}^{-1}[F'(\omega)] = \frac{1}{\sqrt{2\pi}} \int_{-\infty}^{\infty} F'(\omega) e^{i\omega x} d\omega$$
$$= \frac{1}{\sqrt{2\pi}} [F(\omega) e^{i\omega x}]_{-\infty}^{\infty} - ix \frac{1}{\sqrt{2\pi}} \int_{-\infty}^{\infty} F(\omega) e^{i\omega x} d\omega = -ix f(x).$$

したがって，$\mathcal{F}[-ix f(x)] = F'(\omega)$

問 10 $y(x, t) = \dfrac{2}{\pi} \displaystyle\int_0^{\infty} \dfrac{1 - \cos 3\omega}{\omega} e^{-2\omega^2 t} \sin \omega x \, d\omega$

第 2 章 章末問題

[**1**] (1) 奇関数；$b_n = \dfrac{2}{n\pi}(\cos n\pi - 1) = \dfrac{2}{n\pi}\{(-1)^n - 1\}$ より
$$f(x) = -\frac{4}{\pi}\left(\sin x + \frac{1}{3}\sin 3x + \frac{1}{5}\sin 5x + \cdots\right) = -\frac{4}{\pi}\sum_{k=1}^{\infty} \frac{1}{(2k-1)}\sin(2k-1)x$$

(2) 偶関数；$a_0 = 0, \ a_n = \dfrac{4}{n\pi}\sin\dfrac{n\pi}{2}$ より
$$f(x) = \frac{4}{\pi}\left(\cos x - \frac{1}{3}\cos 3x + \frac{1}{5}\cos 5x - \cdots\right) = \frac{4}{\pi}\sum_{k=1}^{\infty} \frac{(-1)^{k-1}}{(2k-1)}\cos(2k-1)x$$

(3) 奇関数；$b_n = \dfrac{8}{n^2\pi}\sin\dfrac{n\pi}{2}$ より
$$f(x) = \frac{8}{\pi}\left(\sin x - \frac{1}{3^2}\sin 3x + \frac{1}{5^2}\sin 5x - \cdots\right) = \frac{8}{\pi}\sum_{k=1}^{\infty} \frac{(-1)^{k-1}}{(2k-1)^2}\sin(2k-1)x$$

(4) どちらでもない関数；$a_0 = \dfrac{2}{\pi}$
$$a_n = \frac{1}{\pi}\int_0^{\pi} \sin x \cos nx\, dx = \frac{1}{2\pi}\int_0^{\pi}\{\sin(1+n)x + \sin(1-n)x\}dx,$$
$$n \neq 1 \text{ のとき } a_n = -\frac{1}{2\pi}\left\{\frac{\cos(1+n)\pi - 1}{1+n} + \frac{\cos(1-n)\pi - 1}{1-n}\right\}$$
$$= -\frac{1}{2\pi}\left\{\frac{-(-1)^n - 1}{1+n} + \frac{-(-1)^n - 1}{1-n}\right\} = -\frac{(-1)^n + 1}{(n^2-1)\pi},$$
$n = 1$ のとき $a_1 = \dfrac{1}{2\pi}\displaystyle\int_0^{\pi}\sin 2x\, dx = 0.$
$$b_n = \frac{1}{\pi}\int_0^{\pi}\sin x \sin nx\, dx = -\frac{1}{2\pi}\int_0^{\pi}\{\cos(1+n)x - \cos(1-n)x\}dx,$$

第 2 章

$n \neq 1$ のとき $b_n = -\dfrac{1}{2\pi} \left[\dfrac{\sin(1+n)x}{1+n} - \dfrac{\sin(1-n)x}{1-n} \right]_0^\pi = 0$,

$n = 1$ のとき $b_1 = \dfrac{1}{2\pi} \displaystyle\int_0^\pi (1 - \cos 2x) dx = \dfrac{1}{2}$

したがって
$f(x) = \dfrac{1}{\pi} + \dfrac{1}{2}\sin x - \dfrac{2}{\pi}\left(\dfrac{1}{2^2-1}\cos 2x + \dfrac{1}{4^2-1}\cos 4x + \dfrac{1}{6^2-1}\cos 6x + \cdots \right)$

$= \dfrac{1}{\pi} + \dfrac{1}{2}\sin x - \dfrac{2}{\pi}\displaystyle\sum_{k=1}^\infty \dfrac{1}{4k^2-1}\cos 2kx$

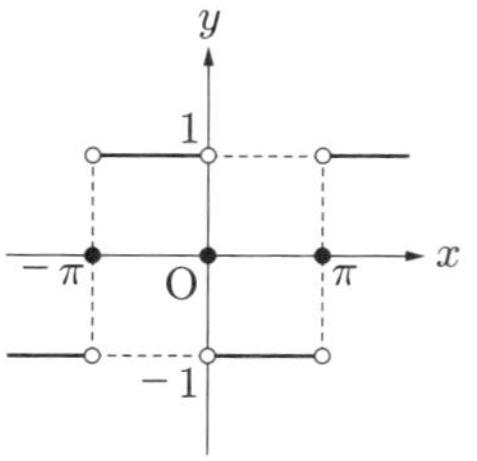

図 [1](1)

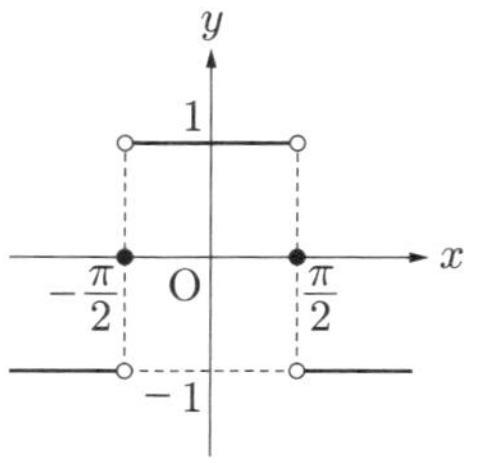

図 [1](2)

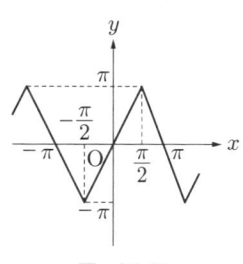

図 [1](3)

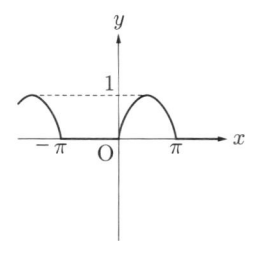

図 [1](4) 半波整流波

[**2**] (1) 偶関数；$a_0 = 0$, $a_n = \dfrac{4}{n\pi}\sin\dfrac{n\pi}{2}$ より

$f(x) = \dfrac{4}{\pi}\left(\cos\dfrac{1}{2}x - \dfrac{1}{3}\cos\dfrac{3}{2}x + \dfrac{1}{5}\cos\dfrac{5}{2}x - \cdots \right) = \dfrac{4}{\pi}\displaystyle\sum_{k=1}^\infty \dfrac{(-1)^{k-1}}{(2k-1)}\cos\dfrac{2k-1}{2}x$

(2) 奇関数；$b_n = \dfrac{8}{n^2\pi^2}\sin\dfrac{n\pi}{2}$ より

$f(x) = \dfrac{8}{\pi^2}\left(\sin\dfrac{\pi}{2}x - \dfrac{1}{3^2}\sin\dfrac{3\pi}{2}x + \dfrac{1}{5^2}\sin\dfrac{5\pi}{2}x - \cdots \right)$

$= \dfrac{8}{\pi^2}\displaystyle\sum_{k=1}^\infty \dfrac{(-1)^{k-1}}{(2k-1)^2}\sin\dfrac{(2k-1)\pi}{2}x$

(3) 偶関数；$a_0 = 3$, $a_n = \dfrac{6}{n^2\pi^2}(1 - \cos n\pi) = \dfrac{6}{n^2\pi^2}\{1 - (-1)^n\}$ より

$$f(x) = \frac{3}{2} + \frac{12}{\pi^2} \sum_{k=1}^{\infty} \frac{1}{(2k-1)^2} \cos \frac{(2k-1)\pi}{3} x$$

(4) 偶関数；実際は周期 π だが，周期 2π として計算するのが楽である．
$0 \leq x \leq \pi$ のとき $f(x) = \sin x$ である．ゆえに
$a_0 = \frac{2}{\pi} \int_0^{\pi} \sin x\, dx = \frac{4}{\pi}$,
$a_n = \frac{2}{\pi} \int_0^{\pi} \sin x \cos nx\, dx = \frac{1}{\pi} \int_0^{\pi} \{\sin(1+n)x + \sin(1-n)x\} dx$
これは章末問題 [1] (4) の a_n の 2 倍である．よって
$n \neq 1$ のとき $a_n = -\frac{2\{(-1)^n + 1\}}{(n^2-1)\pi}$,
$n = 1$ のとき $a_1 = 0$
また章末問題 [1] (4) と異なり $b_0 = 0$ である．したがって
$$f(x) = \frac{2}{\pi} - \frac{4}{\pi} \left(\frac{1}{2^2-1} \cos 2x + \frac{1}{4^2-1} \cos 4x + \frac{1}{6^2-1} \cos 6x + \cdots \right)$$
$$= \frac{2}{\pi} - \frac{4}{\pi} \sum_{k=1}^{\infty} \frac{1}{4k^2-1} \cos 2kx$$

図 [2] (1)

図 [2] (2)

図 [2] (3)

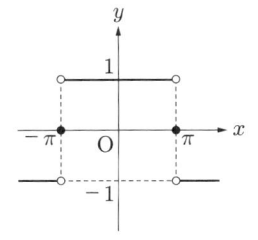

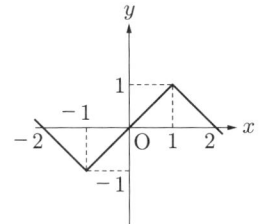

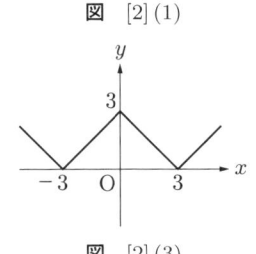

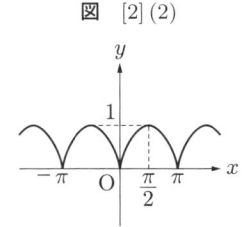

図 [2] (4) 全波整流波

[**3**] (1) 偶関数；$C(\omega) = \sqrt{\frac{2}{\pi}} \frac{1}{\omega} \sin 2\omega$ (2) 奇関数；$S(\omega) = \sqrt{\frac{2}{\pi}} \frac{\sin \omega - \omega \cos \omega}{\omega^2}$

(3) 偶関数；$C(\omega) = \sqrt{\frac{2}{\pi}} \frac{1-\cos \omega}{\omega^2}$ (4) 偶関数；$C(\omega) = \sqrt{\frac{2}{\pi}} \frac{b}{a} \cdot \frac{1-\cos \omega a}{\omega^2}$

第 2 章

図 [3](1)

図 [3](2)

図 [3](3) 三角パルス

図 [3](4)

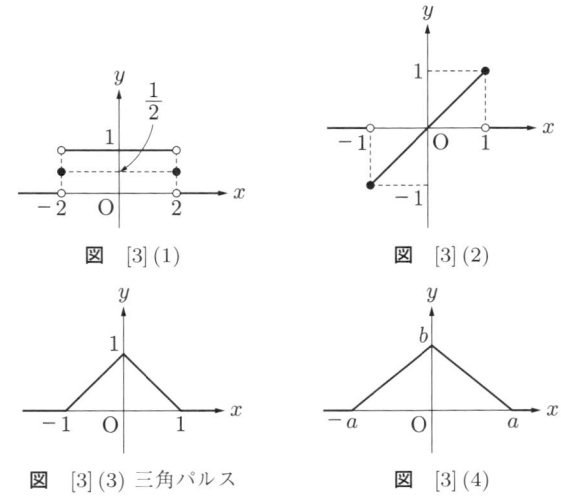

[**4**] (1) $x=0$ を代入する. (2) $x=\pi/2$ を代入する.

[**5**] $f(x)=x$ ($-\pi \leq x \leq \pi$) のフーリエ級数展開を積分すると

$$\int_0^x f(t)dt = 2\sum_{n=1}^{\infty} \frac{(-1)^{n+1}}{n} \int_0^x \sin nt\, dt = 2\sum_{n=1}^{\infty} \frac{(-1)^{n+1}}{n}\left(-\frac{1}{n}\right)(\cos nx - 1)$$

$$= 2\sum_{n=1}^{\infty} \frac{(-1)^n}{n^2}(\cos nx - 1)$$

また, $\displaystyle\int_0^x f(t)dt = \int_0^x t\,dt = \frac{x^2}{2}$

ゆえに $\displaystyle x^2 = -4\sum_{n=1}^{\infty} \frac{(-1)^n}{n^2} + 4\sum_{n=1}^{\infty} \frac{(-1)^n}{n^2}\cos nx$

右辺第 1 項は $g(x)=x^2$ のフーリエ級数定数項 $\displaystyle \frac{a_0}{2} = \frac{1}{2\pi}\int_{-\pi}^{\pi} x^2 dx = \frac{\pi^2}{3}$ に一致する.

したがって $\displaystyle g(x) = \frac{\pi^2}{3} + 4\sum_{n=1}^{\infty} \frac{(-1)^n}{n^2}\cos nx$

[**6**] (1) 例題 2.18 のフーリエ余弦変換 $C(\omega) = \sqrt{\dfrac{2}{\pi}}\dfrac{\sin\omega}{\omega}$ を逆変換すると

$$\sqrt{\frac{2}{\pi}}\int_0^{\infty} C(\omega)\cos\omega x\,d\omega = \sqrt{\frac{2}{\pi}}\int_0^{\infty}\sqrt{\frac{2}{\pi}}\frac{\sin\omega}{\omega}\cos\omega x\,d\omega = \frac{2}{\pi}\int_0^{\infty}\frac{\sin\omega}{\omega}\cos\omega x\,d\omega$$

$$= \frac{1}{\pi}\int_{-\infty}^{\infty} \frac{\sin\omega}{\omega}\cos\omega x\,d\omega$$

となる. 逆変換の値は, もとの関数 $f(x)$ の連続点では $f(x)$ の値である. 不連続点 $x=-1,1$ では, $f(x)$ の右極限と左極限の平均値 $(1+0)/2 = 1/2$ である. したがって与えられた等

式は成立する．

(2) $x=0$ を (1) の等式へ代入すると $\dfrac{1}{\pi}\displaystyle\int_{-\infty}^{\infty}\dfrac{\sin\omega}{\omega}=1$ である．両辺を π 倍し，積分範囲を右半分へ縮小すると，与えられた等式が成立する．

[7] $y(x,t)=X(x)T(t)$ の形の解を求める．境界条件より

$$X=B\sin nx\ （B：定数），$$
$$T=C\cos 2nt+D\sin 2nt\ （C,D：定数）\ (n=1,2,\cdots)$$

ゆえに，$y=XT=\sin nx(C\cos 2nt+D\sin 2nt)$（$BC$ を C とおき，BD を D とおいた）．
よって

$$y(x,t)=\sum_{n=1}^{\infty}\sin nx(C_n\cos 2nt+D_n\sin 2nt)\ （C_n,D_n：定数）$$

$t=0$ を代入した式 $y(x,0)=\displaystyle\sum_{n=1}^{\infty}C_n\sin nx$ は，初期条件のフーリエ級数展開

$$\dfrac{8}{\pi}\sum_{k=1}^{\infty}\dfrac{(-1)^{k-1}}{(2k-1)^2}\sin(2k-1)x\ （第2章章末問題 [1](3) の級数）$$

に一致する．係数を比較すると

$$C_{2k-1}=\dfrac{8\cdot(-1)^{k-1}}{(2k-1)^2\pi},\ C_{2k}=0\ (k=1,2,\cdots)$$

また $y_t(x,t)=\displaystyle\sum_{n=1}^{\infty}\sin nx\left(-\dfrac{C_n}{2n}\sin 2nt+\dfrac{D_n}{2n}\cos 2nt\right)$ と初期条件より

$$y_t(x,0)=\sum_{n=1}^{\infty}\dfrac{D_n}{2n}\sin nx=0$$

よって，$D_n=0\ (n=1,2,\cdots)$．ゆえに解は

$$y(x,t)=\sum_{k=1}^{\infty}\dfrac{8\cdot(-1)^{k-1}}{(2k-1)^2\pi}\sin(2k-1)x\cos 2(2k-1)t$$

第3章

問 1 (1) 0　　(2) $\dfrac{\pi}{s}$　　(3) $\dfrac{100}{s}$

問 2 (1) $\Gamma(5) = 4! = 24$　　(2) $\Gamma\left(\dfrac{7}{2}\right) = \dfrac{5}{2} \cdot \dfrac{3}{2} \cdot \dfrac{1}{2} \Gamma\left(\dfrac{1}{2}\right) = \dfrac{15}{8}\sqrt{\pi}$

(3) $\Gamma(1) = (1-1)! = 0!$ より，$0! = 1$

問 3 (1) $\dfrac{2}{s^3}$　　(2) $\dfrac{\sqrt{\pi}}{2s^{\frac{3}{2}}}$　　(3) $\dfrac{6}{s^4}$

問 4 (1) $\dfrac{1}{s-3}$　　(2) $\dfrac{1}{s-100}$　　(3) $\dfrac{1}{s+6}$

問 5 (1) $\dfrac{s}{s^2-2}$　　(2) $\dfrac{s}{s^2-2}$　　(3) $\dfrac{4}{s^2-16}$　　(4) $-\dfrac{4}{s^2-16}$

問 6 (1) $\dfrac{s}{s^2+3}$　　(2) $\dfrac{s}{s^2+3}$　　(3) $\dfrac{3}{s^2+9}$　　(4) $-\dfrac{3}{s^2+9}$

(5) $\mathcal{L}\{2\sin t \cos t\} = \mathcal{L}\{\sin 2t\} = \dfrac{2}{s^2+4}$

問 7 (1) 1　　(2) $3e^{-4s}$

問 8 (1) $\mathcal{L}\{2t^2 + 3\cos 2t\} = 2\mathcal{L}\{t^2\} + 3\mathcal{L}\{\cos 2t\} = \dfrac{4}{s^3} + \dfrac{3s}{s^2+4}$

(2) $\mathcal{L}\{3\sin t - \cosh 2t + 2e^{-4t}\} = 3\mathcal{L}\{\sin t\} - \mathcal{L}\{\cosh 2t\} + 2\mathcal{L}\{e^{-4t}\}$
$$= \dfrac{3}{s^2+1} - \dfrac{s}{s^2-4} + \dfrac{2}{s+4}$$

問 9 略

問 10 (1) $\mathcal{L}\{t^3\} = \dfrac{6}{s^4} = F(s)$, $\mathcal{L}\{t^3 e^{-2t}\} = F(s+2) = \dfrac{6}{(s+2)^4}$

(2) $\mathcal{L}\{\sin t\} = \dfrac{1}{s^2+1} = F(s)$, $\mathcal{L}\{e^{3t}\sin t\} = F(s-3) = \dfrac{1}{(s-3)^2+1}$

(3) $\mathcal{L}\{\cos 4t\} = \dfrac{s}{s^2+16} = F(s)$, $\mathcal{L}\{e^{-2t}\cos 4t\} = F(s+2) = \dfrac{s+2}{(s+2)^2+16}$

(4) $\mathcal{L}\{\sinh 2t\} = \dfrac{2}{s^2-4} = F(s)$, $\mathcal{L}\{e^{3t}\sinh 2t\} = F(s-3) = \dfrac{2}{(s-3)^2-4}$

(5) $\mathcal{L}\{\cosh \pi t\} = \dfrac{s}{s^2-\pi^2}$ $F(s)$, $\mathcal{L}\{e^{-t}\cosh \pi t\} = F(s+1) = \dfrac{s+1}{(s+1)^2-\pi^2}$

問 11 (1) $-2 + sF(s)$　　(2) $-3 + s + s^2 F(s)$

問 12 (1) $\mathcal{L}\{\sin t\} = \dfrac{1}{s^2+1} = F(s)$, $\mathcal{L}\{e^t \sin t\} = F(s-1) = \dfrac{1}{s^2-2s+2}$

$\mathcal{L}\left\{\displaystyle\int_0^t e^u \sin u\, du\right\} = \dfrac{1}{s(s^2-2s+2)}$

(2) $\mathcal{L}\{t^2\} = \dfrac{2}{s^3} = F(s)$, $\mathcal{L}\{t^2 e^{-2t}\} = F(s+2) = \dfrac{2}{(s+2)^3}$

$\mathcal{L}\left\{\displaystyle\int_0^t u^2 e^{-2t}\, du\right\} = \dfrac{2}{s(s+2)^3}$

問 13 (1) $\mathcal{L}\{e^{-t}\} = \dfrac{1}{s+1} = F(s)$, $\mathcal{L}\{t^3 e^{-t}\} = (-1)^3 \dfrac{d^3 F(s)}{ds^3} = \dfrac{6}{(s+1)^4}$

(2) $\mathcal{L}\{\sin 2t\} = \dfrac{2}{s^2+4} = F(s)$, $\mathcal{L}\{t \sin 2t\} = -\dfrac{dF(s)}{ds} = \dfrac{4s}{(s^2+4)^2}$

(3) $\mathcal{L}\{\cos 3t\} = \dfrac{s}{s^2+9} = F(s)$,

$\mathcal{L}\{t^2 \cos 3t\} = (-1)^2 \dfrac{d^2 F(s)}{ds^2} = \dfrac{d}{ds}\dfrac{-s^2+9}{(s^2+9)^2} = \dfrac{2s(s^2-27)}{(s^2+9)^3}$

問 14 $\mathcal{L}\{bU(t-a)\} = e^{-as}\mathcal{L}\{b\} = \dfrac{be^{-as}}{s}$

問 15 (1) $1 * t = \displaystyle\int_0^t z \times 1 \, dz = \dfrac{1}{2}t^2$

(2) $t * e^t = \displaystyle\int_0^t e^z(t-z)dz = [e^z(t-z)]_0^t - \int_0^t e^z(t-z)' dz = -1 - t + e^t$

(3) $t * \cos t = \displaystyle\int_0^t (t-z)\cos z \, dz = [(t-z)\sin z]_0^t - \int_0^t (t-z)' \sin z \, dz = 1 - \cos t$

問 16 (1) $\dfrac{1}{s(s-1)}$ (2) $\dfrac{2}{s^2(s^2+4)}$ (3) $\dfrac{s}{(s+1)(s^2+9)}$

問 17 $\mathcal{L}\{g(t)\} = \displaystyle\int_0^1 3e^{-st}dt + \int_1^2 (-1)e^{-st}dt = 3\left[\dfrac{e^{-st}}{-s}\right]_0^1 - \left[\dfrac{e^{-st}}{-s}\right]_1^2$

$= \dfrac{3 - 4e^{-s} + e^{-2s}}{s} = \dfrac{1}{s}(e^{-s}-1)(e^{-s}-3)$

$\mathcal{L}\{f(t)\} = \dfrac{\mathcal{L}\{g(t)\}}{1 - e^{-2s}} = \dfrac{3 - e^{-s}}{s(1+e^{-s})}$

問 18 (1) $\mathcal{L}\{e^{-3t} - e^{-6t}\} = \dfrac{1}{s+3} - \dfrac{1}{s+6}$,

$\mathcal{L}\left\{\dfrac{e^{-3t}-e^{-6t}}{t}\right\} = \displaystyle\int_s^\infty \left(\dfrac{1}{u+3} - \dfrac{1}{u+6}\right)du$

$= [\log|u+3| - \log|u+6|]_s^\infty = \log\left|\dfrac{s+6}{s+3}\right|$

(2) $\mathcal{L}\{\sinh 2t\} = \dfrac{2}{s^2-4} = \dfrac{1}{2}\left(\dfrac{1}{s-2} - \dfrac{1}{s+2}\right)$

$\mathcal{L}\left\{\dfrac{\sinh 2t}{t}\right\} = \displaystyle\int_s^\infty \dfrac{1}{2}\left(\dfrac{1}{u-2} - \dfrac{1}{u+2}\right)du = \dfrac{1}{2}[\log|u-2| - \log|u+2|]_s^\infty$

$= \dfrac{1}{2}\log\left|\dfrac{s+2}{s-2}\right|$

問 19 (1) 2 (2) 0 (3) $\dfrac{t^2}{2}$ (4) $\dfrac{t^{-\frac{1}{2}}}{\sqrt{\pi}}$

問 20 (1) e^{-5t} (2) $\sinh 3t$ (3) $\cosh 4t$

問 21 (1) $\cos\sqrt{2}t$ (2) $\sin(-2t)$ (3) $3\delta(t)$ (4) $4\delta(t-5)$

第 3 章

問 22 (1) $\mathcal{L}^{-1}\left\{\dfrac{1}{s^2+4}\right\} = \dfrac{1}{2}\mathcal{L}^{-1}\left\{\dfrac{2}{s^2+4}\right\} = \dfrac{1}{2}\sin 2t$

(2) $\mathcal{L}^{-1}\left\{\dfrac{3}{s^2} - \dfrac{5}{s-2}\right\} = 3\mathcal{L}^{-1}\left\{\dfrac{1}{s^2}\right\} - 5\mathcal{L}^{-1}\left\{\dfrac{1}{s-2}\right\} = 3t - 5e^{2t}$

(3) $\mathcal{L}^{-1}\left\{\dfrac{1}{s^2+5} + \dfrac{3s}{s^2+2}\right\} = \dfrac{1}{\sqrt{5}}\mathcal{L}^{-1}\left\{\dfrac{\sqrt{5}}{s^2+5}\right\} + 3\mathcal{L}^{-1}\left\{\dfrac{s}{s^2+2}\right\}$

$\qquad = \dfrac{\sqrt{5}}{5}\sin\sqrt{5}t + 3\cos\sqrt{2}t$

問 23 (1) $\mathcal{L}^{-1}\left\{\dfrac{3}{(s+2)^3}\right\} = 3e^{-2t}\mathcal{L}^{-1}\left\{\dfrac{1}{s^3}\right\} = \dfrac{3}{2}e^{-2t}t^2$

(2) $\mathcal{L}^{-1}\left\{\dfrac{s+2}{s^2+4s+5}\right\} \mathcal{L}^{-1}\left\{\dfrac{s+2}{(s+2)^2+1}\right\} = e^{-2t}\mathcal{L}^{-1}\left\{\dfrac{s}{s^2+1}\right\} = e^{-2t}\cos t$

(3) $\mathcal{L}^{-1}\left\{\dfrac{s}{s^2+2s+6}\right\} = \mathcal{L}^{-1}\left\{\dfrac{s}{(s+1)^2+5}\right\} = e^{-t}\mathcal{L}^{-1}\left\{\dfrac{s-1}{s^2+5}\right\}$

$= e^{-t}\left[\mathcal{L}^{-1}\left\{\dfrac{s}{s^2+5}\right\} - \dfrac{1}{\sqrt{5}}\mathcal{L}^{-1}\left\{\dfrac{\sqrt{5}}{s^2+5}\right\}\right] = e^{-t}\left(\cos\sqrt{5}t - \dfrac{\sqrt{5}}{5}\sin\sqrt{5}t\right)$

問 24 (1) $\mathcal{L}^{-1}\left\{\dfrac{1}{s-1}\right\} = e^t,\ \mathcal{L}^{-1}\left\{\dfrac{1}{s(s-1)}\right\} = \displaystyle\int_0^t e^u du = e^t - 1$

(2) $\mathcal{L}^{-1}\left\{\dfrac{2}{s^2+4}\right\} = \sin 2t,$

$\mathcal{L}^{-1}\left\{\dfrac{2}{s(s^2+4)}\right\} = \displaystyle\int_0^t \sin 2u\, du = \left[-\dfrac{\cos 2u}{2}\right]_0^t = \dfrac{1}{2}(1 - \cos 2t)$

(3) $\mathcal{L}^{-1}\left\{\dfrac{2}{s^2-4}\right\} = \sinh 2t,$

$\mathcal{L}^{-1}\left\{\dfrac{1}{s(s^2-4)}\right\} = \dfrac{1}{2}\displaystyle\int_0^t \sinh 2u\, du = \dfrac{1}{2}\left[\dfrac{\cosh 2u}{2}\right]_0^t = \dfrac{1}{4}(\cosh 2t - 1)$

問 25 (1) $\mathcal{L}^{-1}\left\{\dfrac{1}{s^3}\right\} = \dfrac{t^2}{2},\ \mathcal{L}^{-1}\left\{\dfrac{e^{-3s}}{s^3}\right\} = \dfrac{1}{2}U(t-3)(t-3)^2$

(2) $\mathcal{L}^{-1}\left\{\dfrac{3}{s^2+2}\right\} = \dfrac{3\sqrt{2}}{2}\sin\sqrt{2}t,\ \mathcal{L}^{-1}\left\{\dfrac{3e^{-2s}}{s^2+2}\right\} = \dfrac{3\sqrt{2}}{2}U(t-2)\sin\sqrt{2}(t-2)$

問 26 (1) $\mathcal{L}^{-1}\left\{\dfrac{d}{ds}\dfrac{1}{s^2+2}\right\} = -t\mathcal{L}^{-1}\left\{\dfrac{1}{s^2+2}\right\} = -\dfrac{t}{\sqrt{2}}\sin\sqrt{2}t,$

$\dfrac{d}{ds}\dfrac{1}{s^2+2} = -\dfrac{2s}{(s^2+2)^2}$ より, $\mathcal{L}^{-1}\left\{\dfrac{s}{(s^2+2)^2}\right\} = \dfrac{\sqrt{2}}{4}t\sin\sqrt{2}t$

(2) $\mathcal{L}^{-1}\left\{\dfrac{d^2}{ds^2}\dfrac{1}{s^2}\right\} = (-t)^2\mathcal{L}^{-1}\left\{\dfrac{1}{s^2}\right\} = t^3,\ \dfrac{d^2}{ds^2}\dfrac{1}{s^2} = \dfrac{6}{s^4}$ より, $\mathcal{L}^{-1}\left\{\dfrac{1}{s^4}\right\} = \dfrac{t^3}{6}$

(3) $\mathcal{L}^{-1}\left\{\dfrac{d}{ds}\dfrac{1}{s^2+2s+3}\right\} = -t\mathcal{L}^{-1}\left\{\dfrac{1}{s^2+2s+3}\right\} = -t\mathcal{L}^{-1}\left\{\dfrac{1}{(s+1)^2+2}\right\}$

$\qquad = -\dfrac{1}{\sqrt{2}}te^{-t}\sin\sqrt{2}t$

$$\frac{d}{ds}\frac{1}{s^2+2s+3} = -\frac{2(s+1)}{(s^2+2s+3)^2} \text{ であるから, } \mathcal{L}^{-1}\left\{\frac{s+1}{(s^2+2s+3)^2}\right\} = \frac{\sqrt{2}}{4}te^{-t}\sin\sqrt{2}t$$

問 27 (1) $\mathcal{L}^{-1}\left\{\dfrac{1}{s(s+1)}\right\} = \mathcal{L}^{-1}\left\{\dfrac{1}{s}\right\}\mathcal{L}^{-1}\left\{\dfrac{1}{s+1}\right\} = 1 * e^{-t} = \displaystyle\int_0^t e^{-z} \times 1\, dz$
$$= \left[-e^{-z}\right]_0^t = 1 - e^{-t}$$

(2) $\mathcal{L}^{-1}\left\{\dfrac{s}{(s^2+4)^2}\right\} = \mathcal{L}^{-1}\left\{\dfrac{s}{s^2+4}\right\}\mathcal{L}^{-1}\left\{\dfrac{1}{s^2+4}\right\} = \cos 2t * \dfrac{1}{2}\sin 2t$
$$= \int_0^t (\cos 2z) \times \frac{1}{2}\sin 2(t-z)\,dz$$
$$= \frac{1}{4}\int_0^t \{\sin 2t + \sin(2t-4z)\}\,dz$$
$$= \frac{1}{4}\left[z\sin 2t - \frac{\cos(2t-4z)}{-4}\right]_0^t = \frac{1}{4}t\sin 2t$$

問 28 (1) $\dfrac{1}{s^2-4s-5} = \dfrac{1}{6}\left(\dfrac{1}{s-5}-\dfrac{1}{s+1}\right)$
$$\mathcal{L}^{-1}\left\{\frac{1}{s^2-4s-5}\right\} = \frac{1}{6}\left(\mathcal{L}^{-1}\left\{\frac{1}{s-5}\right\} - \mathcal{L}^{-1}\left\{\frac{1}{s+1}\right\}\right) = \frac{1}{6}\left(e^{5t}-e^{-t}\right)$$

(2) $\dfrac{\sqrt{2}}{s^2+2s+10} = -\dfrac{\sqrt{2}}{6i}\dfrac{1}{s+1+3i} + \dfrac{\sqrt{2}}{6i}\dfrac{1}{s+1-3i}$
$$\mathcal{L}^{-1}\left\{\frac{\sqrt{2}}{s^2+2s+10}\right\} = -\frac{\sqrt{2}}{6i}\mathcal{L}^{-1}\left\{\frac{1}{s+1+3i}\right\} + \frac{\sqrt{2}}{6i}\mathcal{L}^{-1}\left\{\frac{1}{s+1-3i}\right\}$$
$$= -\frac{\sqrt{2}}{6i}e^{(-1-3i)t} + \frac{\sqrt{2}}{6i}e^{(-1+3i)t} = \frac{\sqrt{2}}{3}e^{-t}\sin 3t$$

問 29 (1) $\mathcal{L}\{x(t)\} = X(s)$ とおく. $\mathcal{L}\{x'(t)\} = -2 + sX(s)$ だから, 微分方程式全体をラプラス変換することにより
$$X(s) = \frac{2s+3}{(s+1)(s-1)} = -\frac{1}{2}\frac{1}{s+1} + \frac{5}{2}\frac{1}{s-1}$$
$$x(t) = \mathcal{L}^{-1}\{X(s)\} = -\frac{1}{2}\mathcal{L}^{-1}\left\{\frac{1}{s+1}\right\} + \frac{5}{2}\mathcal{L}^{-1}\left\{\frac{1}{s-1}\right\} = -\frac{1}{2}e^{-t} + \frac{5}{2}e^t$$

(2) $\mathcal{L}\{y(t)\} = Y(s)$ とおくと, $y''(t) = -y'(0) - sy(0) + s^2Y(s) = -1 - s + s^2Y(s)$. 微分方程式全体をラプラス変換することにより
$$Y(s) = \frac{s+1}{s^2+3}, y(t) = \mathcal{L}^{-1}\{Y(s)\} = \mathcal{L}^{-1}\left\{\frac{s}{s^2+3}\right\} + \frac{1}{\sqrt{3}}\mathcal{L}^{-1}\left\{\frac{\sqrt{3}}{s^2+3}\right\}$$
$$= \cos\sqrt{3}t + \frac{\sqrt{3}}{3}\sin\sqrt{3}t$$

問 30 $u(t) = x(t) * 1 = \displaystyle\int_0^t \left(e^{2z} - e^z\right) \times 1\,dz = \left[\dfrac{e^{2z}}{2} - e^z\right]_0^t = \dfrac{1}{2}e^{2t} - e^t + \dfrac{1}{2}$

第 3 章 章末問題

[**1**] (1) $\dfrac{1}{s} - \dfrac{3}{(s+1)^2} + \dfrac{6}{(s+2)^3} - \dfrac{6}{(s+3)^4}$ (2) $\dfrac{1}{s} + \dfrac{2}{s^2+4}$

(3) $\dfrac{\sqrt{\pi}}{2s\sqrt{s}} + \dfrac{\sqrt{\pi}}{\sqrt{s}}$ (4) $\dfrac{\sqrt{\pi}}{\sqrt{s+2}}$ (5) $\dfrac{2(1 - e^{-2s} - 2se^{-4s})}{s^2(1 - e^{-4s})}$

(6) $\dfrac{e^{-\pi s}}{s^2+1}$ (7) $-\dfrac{2(-s^2 + 6s + 4)}{(s^2+4)^2}$

[**2**] (1) $4e^{3t} - e^{-t}$ (2) $\dfrac{e^{-\frac{3}{2}t}}{\sqrt{2\pi t}}$ (3) $-\dfrac{1}{3}e^{-t} + \dfrac{1}{3}e^{2t} + te^{2t}\left(4 - \dfrac{7}{2}t\right)$

(4) $2e^{2t}(3\cos 4t + \sin 4t)$ (5) $-\dfrac{4}{5}e^{-3t} + \dfrac{1}{5}e^{-t}(4\cos t - 3\sin t)$

(6) $U(t - \pi)e^{-\frac{t-\pi}{2}}\left\{\cos\dfrac{\sqrt{3}}{2}(t - \pi) + \dfrac{\sqrt{3}}{3}\sin\dfrac{\sqrt{3}}{2}(t - \pi)\right\}$

(7) $\dfrac{4}{3\sqrt{\pi}}(t-3)^{\frac{3}{2}}e^{-4(t-3)}U(t-3)$ (8) $\dfrac{2(1 - \cos t)}{t}$

[**3**] (1) $y(t) = t + 2\sin 2t$ (2) $y(t) = -e^{-t} + 6e^{t} - 4e^{2t}$

(3) $y(t) = \dfrac{1}{3}e^{-t}(\sin t + \sin 2t)$

[**4**] (1) $\mathcal{L}\{x(t)\} = X(s), \mathcal{L}\{y(t)\} = Y(s)$ とおく．

$\mathcal{L}\{x'(t)\} = -2 + sX(s), \mathcal{L}\{y'(t)\} = -2 + sY(s)$

微分方程式全体をラプラス変換して

$(2 - s)X(s) - 3Y(s) = -2,\ 2X(s) + (s - 1)Y(s) = 2.$

よって，$X(s) = \dfrac{2}{s+1},\ Y(s) = \dfrac{2}{s+1}$

$x(t) = \mathcal{L}^{-1}\left\{\dfrac{2}{s+1}\right\} = 2e^{-t},\ y(t) = \mathcal{L}^{-1}\left\{\dfrac{2}{s+1}\right\} = 2e^{-t}$

(2) $\mathcal{L}\{y(t)\} = Y(s), \mathcal{L}\{z(t)\} = Z(s)$ とおく．

$\mathcal{L}\{y'(t)\} = sY(s), \mathcal{L}\{y''(t)\} = s^2 Y(s), \mathcal{L}\{z'(t)\} = sZ(s)$

微分方程式全体をラプラス変換して

$Y(s) - Z(s) = \dfrac{1}{s^3},\ s^2 Y(s) + Z(s) = \dfrac{1}{s+1}$

これより

$Y(s) = \dfrac{s^3 + s + 1}{s^3(s+1)(s^2+1)},\ Z(s) = Y(s) - \dfrac{1}{s^3} = -\dfrac{1}{s(s+1)(s^2+1)}$

$Z(s) = -\dfrac{1}{s} + \dfrac{1}{2}\dfrac{1}{s+1} + \dfrac{1}{2}\dfrac{s+1}{s^2+1},\ Y(s) = Z(s) + \dfrac{1}{s^3}$

$z(t) = \mathcal{L}^{-1}\{Z(s)\} = -1 + \dfrac{1}{2}e^{-t} + \dfrac{1}{2}(\cos t + \sin t),$

$y(t) = \mathcal{L}^{-1}\{Y(s)\} = -1 + \dfrac{1}{2}e^{-t} + \dfrac{1}{2}(\cos t + \sin t) + \dfrac{t^2}{2}$

[5] (1) $Y(s) = \mathcal{L}\{y(t)\}$ とおく．与えられた方程式は $y(t) = t^3 + y(t) * \sin t$ となる．与えられた方程式全体をラプラス変換して
$$Y(s) = \frac{6}{s^4} + Y(s)\frac{1}{s^2+1},\ Y(s) = 6\left(\frac{1}{s^6} + \frac{1}{s^4}\right)$$
$$y(t) = \mathcal{L}^{-1}\{Y(s)\} = 6\left(\mathcal{L}^{-1}\left\{\frac{1}{s^6}\right\} + \mathcal{L}^{-1}\left\{\frac{1}{s^4}\right\}\right) = \frac{t^5}{20} + t^3$$

(2) $Y(s) = \mathcal{L}\{y(t)\}$ とおく．$\mathcal{L}\{y'(t)\} = -1 + sY(s)$．与えられた方程式全体をラプラス変換すると
$$-1 + sY(s) + Y(s)\frac{s}{s^2+1} = -\frac{1}{s^2+1},\ Y(s) = \frac{s}{s^2+2}, y(t) = \cos\sqrt{2}t$$

[6] (1) $\mathcal{L}\{t\cos 3t\} = -\dfrac{d}{ds}\dfrac{s}{s^2+9} = \dfrac{s^2-9}{(s^2+9)^2}$
これを積分を使ってかくと
$$\int_0^\infty e^{-st} t\cos 3t\, dt = \frac{s^2-9}{(s^2+9)^2}$$
この式で $s = 3$ とおくと
$$\int_0^\infty e^{-3t} t\cos 3t\, dt = \frac{3^2-9}{(3^2+9)^2} = 0$$

(2) $\mathcal{L}\{t^3 \sin 2t\} = (-1)^3 \dfrac{d^3}{ds^3}\dfrac{2}{s^2+4} = \dfrac{4(12s^2-48s)}{(s^2+4)^4}$
ラプラス変換を積分を使って書いた式で，$s = 1$ とおくと
$$\int_0^\infty e^{-t} t^3 \sin 2t\, dt = -\frac{144}{625}$$

第 4 章

問 1 (1) $f(z) = (x - yi)^3 + 2i = x^3 - 3x^2yi + 3x(yi)^2 - (yi)^3 + 2i$
$= x^3 - 3xy^2 + (-3x^2y + y^3 + 2)i$, $u = x^3 - 3xy^2$, $v = -3x^2y + y^3 + 2$

(2) $f(z) = (x+yi)(x-yi) = |z|^2 = x^2 + y^2$, $u = x^2 + y^2$, $v = 0$

(3) $f(z) = y + xi$, $u = y$, $v = x$

問 2 (1) $\lim_{z \to i}(z^2 + iz - 3) = i^2 + i^2 - 3 = -5$

(2) $\lim_{z \to i} \dfrac{z(z-i)}{z^2+1} = \lim_{z \to i} \dfrac{z(z-i)}{(z-i)(z+i)} = \lim_{z \to i} \dfrac{z}{z+i} = \dfrac{i}{i+i} = \dfrac{1}{2}$

問 3 (1) $u = x^3 - 3xy^2$, $v = -3x^2y + y^3 + 2$

$\dfrac{\partial u}{\partial x} = 3x^2 - 3y^2, \dfrac{\partial u}{\partial y} = -6xy \qquad \dfrac{\partial v}{\partial x} = -6xy, \dfrac{\partial v}{\partial y} = -3x^2 + 3y^2$

よって，$\dfrac{\partial u}{\partial x} \neq \dfrac{\partial v}{\partial y}$, $\dfrac{\partial u}{\partial y} \neq -\dfrac{\partial v}{\partial x}$

(2) $f(z) = (x+yi)^2 + i(x+yi) = x^2 + 2xyi + y^2i^2 + xi + yi^2 = x^2 - y^2 - y + (2xy+x)i$,
$u = x^2 - y^2 - y$, $v = x(2y+1)$

$\dfrac{\partial u}{\partial x} = 2x, \dfrac{\partial u}{\partial y} = -2y - 1 \qquad \dfrac{\partial v}{\partial x} = 2y + 1, \dfrac{\partial v}{\partial y} = 2x$

よって，$\dfrac{\partial u}{\partial x} = \dfrac{\partial v}{\partial y}$, $\dfrac{\partial u}{\partial y} = -\dfrac{\partial v}{\partial x}$

(3) $u = y$, $v = x$

$\dfrac{\partial u}{\partial x} = 0, \dfrac{\partial u}{\partial y} = 1 \qquad \dfrac{\partial v}{\partial x} = 1, \dfrac{\partial v}{\partial y} = 0$

よって，$\dfrac{\partial u}{\partial x} = \dfrac{\partial v}{\partial y}$, $\dfrac{\partial u}{\partial y} \neq -\dfrac{\partial v}{\partial x}$

問 4 (1) $f'(z) = 10z^9 + 48iz^5$

(2) $f'(z) = 26(z^{11} + 2z + i)'(z^{11} + 2z + i)^{25} = 26(11z^{10} + 2)(z^{11} + 2z + i)^{25}$

(3) $f'(z) = \dfrac{(z+2i)'(z^2+iz+1) - (z+2i)(z^2+iz+1)'}{(z^2+iz+1)^2}$

$= \dfrac{z^2 + iz + 1 - (z+2i)(2z+i)}{(z^2+iz+1)^2} = \dfrac{-z^2 - 4iz + 3}{(z^2+iz+1)^2}$

(4) $f'(z) = 3\left(\dfrac{z}{z^2+i}\right)^2 \left(\dfrac{z}{z^2+i}\right)' = 3\left(\dfrac{z}{z^2+i}\right)^2 \left(\dfrac{z^2+i-2z^2}{(z^2+i)^2}\right) = \dfrac{3z^2(-z^2+i)}{(z^2+i)^4}$

問 5 (1) $u = iz$ とおく．$\dfrac{d}{dz}e^{iz} = \dfrac{de^u}{du}\dfrac{du}{dz} = e^u(i) = ie^{iz}$

(2) $u = -iz^2 + 3z$ とおく．$\dfrac{d}{dz}e^{-iz^2+3z} = \dfrac{de^u}{du}\dfrac{du}{dz} = e^u(-2iz+3) = (-2iz+3)e^{-iz^2+3z}$

問 6 (1) $\cos(\pi - z) = \dfrac{1}{2}\left(e^{i(\pi-z)} + e^{-(\pi-z)i}\right) = \dfrac{1}{2}\left(-e^{-iz} - e^{iz}\right) = -\cos z$

(2) $\sin(-z) = \dfrac{1}{2i}\left(e^{i(-z)} - e^{-(-z)i}\right) = \dfrac{1}{2i}\left(e^{-iz} - e^{iz}\right) = -\sin z$

(3) $\cos(-z) = \dfrac{1}{2}\left(e^{i(-z)} + e^{-(-z)i}\right) = \dfrac{1}{2}\left(e^{-iz} + e^{iz}\right) = \cos z$

(4) $\sin\left(\dfrac{\pi}{2} - z\right) = \dfrac{1}{2i}\left(e^{i(\frac{\pi}{2}-z)} - e^{-(\frac{\pi}{2}-z)i}\right) = \dfrac{1}{2i}\left(e^{\frac{\pi}{2}i}e^{-iz} - e^{-\frac{\pi}{2}i}e^{iz}\right)$

$= \dfrac{1}{2i}\left(ie^{-iz} - (-i)e^{iz}\right) = \dfrac{1}{2}\left(e^{-iz} + e^{iz}\right) = \cos z$

(5) $\cos\left(\dfrac{\pi}{2} - z\right) = \dfrac{1}{2}\left(e^{i(\frac{\pi}{2}-z)} + e^{-(\frac{\pi}{2}-z)i}\right) = \dfrac{1}{2}\left(e^{\frac{\pi}{2}i}e^{-iz} + e^{-\frac{\pi}{2}i}e^{iz}\right)$

$= \dfrac{1}{2}\left(ie^{-iz} + (-i)e^{iz}\right) = \dfrac{-i}{2}\left(-e^{-iz} + e^{iz}\right)$

$= \dfrac{-i^2}{2i}\left(-e^{-iz} + e^{iz}\right) = \sin z$

問 7 (1) $\cos(z + 2\pi) = \dfrac{1}{2}\left(e^{i(z+2\pi)} + e^{-(z+2\pi)i}\right) = \dfrac{1}{2}\left(e^{iz}e^{2\pi} + e^{-iz}e^{-2\pi i}\right)$

$= \dfrac{1}{2}\left(e^{iz} + e^{-iz}\right) = \cos z$

(2) $\tan(z + \pi) = \dfrac{1}{i}\dfrac{e^{i(z+\pi)} - e^{-i(z+\pi)}}{e^{i(z+\pi)} + e^{-i(z+\pi)}} = \dfrac{1}{i}\dfrac{e^{iz}e^{\pi i} - e^{-iz}e^{-\pi i}}{e^{iz}e^{\pi i} + e^{-iz}e^{-\pi i}}$

$= \dfrac{1}{i}\dfrac{-e^{iz} - (-1)e^{-iz}}{-e^{iz} - e^{-iz}} = \dfrac{1}{i}\dfrac{e^{iz} - e^{-iz}}{e^{iz} + e^{-iz}} = \tan z$

問 8 (1) $\dfrac{d}{dz}\cos z = \dfrac{1}{2}\left(\dfrac{d}{dz}e^{iz} + \dfrac{d}{dz}e^{-iz}\right) = \dfrac{1}{2}\left(ie^{iz} - ie^{-iz}\right) = \dfrac{i}{2}\left(e^{iz} - e^{-iz}\right)$

$= \dfrac{i^2}{2i}\left(e^{iz} - e^{-iz}\right) = -\dfrac{1}{2i}\left(e^{iz} - e^{-iz}\right) = -\sin z$

(2) $\dfrac{d}{dz}\tan z = \dfrac{d}{dz}\dfrac{\sin z}{\cos z} = \dfrac{(\sin z)'\cos z - \sin z(\cos z)'}{\cos^2 z}$

$= \dfrac{\cos^2 z + \sin^2 z}{\cos^2 z} = \dfrac{1}{\cos^2 z} = \sec^2 z$

(3) $u = iz^2$ とおく. $\dfrac{d}{dz}\sin iz^2 = \dfrac{d\sin u}{du}\dfrac{du}{dz} = 2iz\cos u = 2iz\cos iz^2$

問 9 $\exp(iz) = \exp\left\{i\left(i\log_e(3 - \sqrt{8})\right)\right\} = \exp\left\{-\log_e(3 - \sqrt{8})\right\}$

$= \dfrac{1}{\exp\left\{\log_e(3 - \sqrt{8})\right\}} = \dfrac{1}{3 - \sqrt{8}} = \dfrac{3 + \sqrt{8}}{(3 - \sqrt{8})(3 + \sqrt{8})} = \dfrac{3 + \sqrt{8}}{3^2 - 8} = 3 + \sqrt{8}$

同様にして

$\exp(-iz) = \exp\left\{-i\left(i\log_e(3 - \sqrt{8})\right)\right\} = \exp\left\{\log_e(3 - \sqrt{8})\right\} = 3 - \sqrt{8}$

$\sin z = \dfrac{1}{2i}(3 + \sqrt{8} - (3 - \sqrt{8})) = \dfrac{i}{2i^2}(2\sqrt{8}) = -2\sqrt{2}i$

問 10 $\cosh^2 z - \sinh^2 z = \left(\dfrac{e^z + e^{-z}}{2}\right)^2 - \left(\dfrac{e^z - e^{-z}}{2}\right)^2$

$= \dfrac{e^{2z} + 2 + e^{-2z}}{4} - \dfrac{e^{2z} - 2 + e^{-2z}}{4} = \dfrac{4}{4} = 1$

第 4 章

問 11 (1) $\dfrac{d}{dz}\cosh z = \dfrac{d}{dz}\dfrac{1}{2}\left(e^z + e^{-z}\right) = \dfrac{1}{2}\left(\dfrac{de^z}{dz} + \dfrac{de^{-z}}{dz}\right) = \dfrac{1}{2}\left(e^z - e^{-z}\right) = \sinh z$

(2) $\dfrac{d}{dz}\tanh z = \dfrac{d}{dz}\dfrac{\sinh z}{\cosh z} = \dfrac{(\sinh z)'\cosh z - \sinh z(\cosh z)'}{\cosh^2 z} = \dfrac{\cosh^2 z - \sinh^2 z}{\cosh^2 z}$
$= \dfrac{1}{\cosh^2 z} = \operatorname{sech}^2 z$

問 12 (1) 分母をゼロとおくと
$z^2(z^2 + 4) = z^2(z - 2i)(z + 2i) = 0$
したがって，極の候補は $z = 0, \pm 2i$
$f(z) = \dfrac{z - 2i}{z^2(z^2 + 4)} = \dfrac{z - 2i}{z^2(z + 2i)(z - 2i)} = \dfrac{1}{z^2(z + 2i)}$
$z = 0$ について
$\lim_{z \to 0} f(z) = \lim_{z \to 0} \dfrac{z - 2i}{z^2(z^2 + 4)} = \infty$
$\lim_{z \to 0} zf(z) = \lim_{z \to 0} z\dfrac{z - 2i}{z^2(z^2 + 4)} = \lim_{z \to 0} \dfrac{z - 2i}{z(z^2 + 4)} = \infty$
$\lim_{z \to 0} z^2 f(z) = \lim_{z \to 0} z^2\dfrac{z - 2i}{z^2(z^2 + 4)} = \lim_{z \to 0} \dfrac{z - 2i}{(z^2 + 4)} = \dfrac{-2i}{4} = -\dfrac{1}{2}i = $ 有限確定
よって，$z = 0$ は 2 位の極．
$z = 2i$ について
$\lim_{z \to 2i} f(z) = \lim_{z \to 2i} \dfrac{1}{z^2(z + 2i)} = \dfrac{1}{(2i)^2(2i + 2i)} = \dfrac{1}{-4 \times 4i} = \dfrac{1}{-16i} = \dfrac{1}{16}i$
よって，$z = 2i$ は極ではない．
$z = -2i$ について
$\lim_{z \to -2i} f(z) = \lim_{z \to -2i} \dfrac{1}{z^2(z + 2i)} = \infty$
$\lim_{z \to -2i}(z + 2i)f(z) = \lim_{z \to -2i}(z + 2i)\dfrac{1}{z^2(z + 2i)} = \lim_{z \to -2i}\dfrac{1}{z^2} = \dfrac{1}{(-2i)^2} = -\dfrac{1}{4}$
よって，$z = 2i$ は 1 位の極．

(2) $f(z) = \dfrac{z}{(z^2 + 2)^3} = \dfrac{z}{((z - \sqrt{2}i)(z + \sqrt{2}i))^3} = \dfrac{z}{(z - \sqrt{2}i)^3(z + \sqrt{2}i)^3}$
分母をゼロとおくと $(z - \sqrt{2}i)^3(z + \sqrt{2}i)^3 = 0$．よって，極の候補は $z = \pm\sqrt{2}i$
$z = \sqrt{2}i$ について
$\lim_{z \to \sqrt{2}i} f(z) = \lim_{z \to \sqrt{2}i} \dfrac{z}{(z - \sqrt{2}i)^3(z + \sqrt{2}i)^3} = \infty$
$\lim_{z \to \sqrt{2}i}(z - \sqrt{2}i)f(z) = \lim_{z \to \sqrt{2}i}(z - \sqrt{2}i)\dfrac{z}{(z - \sqrt{2}i)^3(z + \sqrt{2}i)^3}$
$= \lim_{z \to \sqrt{2}i}\dfrac{z}{(z - \sqrt{2}i)^2(z + \sqrt{2}i)^3} = \infty$

$$\lim_{z \to \sqrt{2}i}(z-\sqrt{2}i)^2 f(z) = \lim_{z \to \sqrt{2}i}(z-\sqrt{2}i)^2 \frac{z}{(z-\sqrt{2}i)^3(z+\sqrt{2}i)^3}$$
$$= \lim_{z \to \sqrt{2}i} \frac{z}{(z-\sqrt{2}i)(z+\sqrt{2}i)^3} = \infty$$
$$\lim_{z \to \sqrt{2}i}(z-\sqrt{2}i)^3 f(z) = \lim_{z \to \sqrt{2}i}(z-\sqrt{2}i)^3 \frac{z}{(z-\sqrt{2}i)^3(z+\sqrt{2}i)^3}$$
$$= \lim_{z \to \sqrt{2}i} \frac{z}{(z+\sqrt{2}i)^3} = \frac{\sqrt{2}i}{(\sqrt{2}i+\sqrt{2}i)^3}$$
$$= \frac{1}{8(\sqrt{2}i)^2} = -\frac{1}{16} = \text{有限確定}$$

よって, $z=\sqrt{2}i$ は 3 位の極.

$z=-\sqrt{2}i$ について
$$\lim_{z \to -\sqrt{2}i} f(z) = \lim_{z \to -\sqrt{2}i} \frac{z}{(z-\sqrt{2}i)^3(z+\sqrt{2}i)^3} = \infty$$
$$\lim_{z \to -\sqrt{2}i}(z+\sqrt{2}i)f(z) = \lim_{z \to -\sqrt{2}i}(z+\sqrt{2}i) \frac{z}{(z-\sqrt{2}i)^3(z+\sqrt{2}i)^3}$$
$$= \lim_{z \to -\sqrt{2}i} \frac{z}{(z-\sqrt{2}i)^3(z+\sqrt{2}i)^2} = \infty$$
$$\lim_{z \to -\sqrt{2}i}(z+\sqrt{2}i)^2 f(z) = \lim_{z \to -\sqrt{2}i}(z+\sqrt{2}i)^2 \frac{z}{(z-\sqrt{2}i)^3(z+\sqrt{2}i)^3}$$
$$= \lim_{z \to -\sqrt{2}i} \frac{z}{(z-\sqrt{2}i)^3(z+\sqrt{2}i)} = \infty$$
$$\lim_{z \to -\sqrt{2}i}(z+\sqrt{2}i)^3 f(z) = \lim_{z \to -\sqrt{2}i}(z+\sqrt{2}i)^3 \frac{z}{(z-\sqrt{2}i)^3(z+\sqrt{2}i)^3}$$
$$= \lim_{z \to -\sqrt{2}i} \frac{z}{(z-\sqrt{2}i)^3} = \frac{-\sqrt{2}i}{(-\sqrt{2}i-\sqrt{2}i)^3}$$
$$= \frac{1}{8(-\sqrt{2}i)^2} = -\frac{1}{16} = \text{有限確定}$$

よって, $z=-\sqrt{2}i$ は 3 位の極.

問 13 $\int_C u(x,y)dx = \int_C xy dx = \int_2^0 x \cdot x^2 dx = \int_2^0 x^3 dx = \left[\frac{1}{4}x^4\right]_2^0 = -4$

C 上では, $x=\sqrt{y}$ である.

$\int_C u(x,y)dy = \int_4^0 xy dy = \int_4^0 \sqrt{y} y dy = \int_4^0 y^{\frac{3}{2}} dy = \left[\frac{2}{5}y^{\frac{5}{2}}\right]_4^0 = -\frac{64}{5}$

問 14 略

問 15 (1) $z=x+yi=t^2+ti$, $\overline{z}=t^2-ti$, $\overline{z}^2=t^4-2it^3-t^2$, $\dfrac{dz}{dt}=2t+i$

$J = \int_C \overline{z}^2 dz = \int_0^{\sqrt{2}} \overline{z}^2 \frac{dz}{dt} dt = \int_0^{\sqrt{2}} (2t^5 - 3it^4 - it^2) dt = \frac{8}{3} - \frac{46\sqrt{2}}{15}i$

(2) $z=x+yi$ (x,y は実数) とおく. z が C_1 上にあるとき, $z=x$ である.
$\mathrm{Re}\{z^2\} = x^2$, $dz = dx$

$$J = \int_{C_1} \mathrm{Re}\left\{z^2\right\} dz = \int_1^{-1} x^2 dx = \left[\frac{x^3}{3}\right]_1^{-1} = -\frac{2}{3}$$

z が C_2 上にあるとき，$z = e^{i\theta}$, $z^2 = e^{2i\theta}$, $\mathrm{Re}\left\{z^2\right\} = \cos 2\theta$, $dz = ie^{i\theta}d\theta$

$$\int_{C_2} \mathrm{Re}\left\{z^2\right\} dz = \int_\pi^0 \cos 2\theta \frac{dz}{d\theta} d\theta = \int_\pi^0 \cos 2\theta\, ie^{i\theta} d\theta$$

$$= -i\int_0^\pi \frac{1}{2}\left(e^{2i\theta} + e^{-2i\theta}\right) e^{i\theta} d\theta = -\frac{i}{2}\int_0^\pi \left(e^{3i\theta} + e^{-i\theta}\right) d\theta$$

$$= -\frac{i}{2}\int_0^\pi \{\cos 3\theta + \cos\theta + i(\sin 3\theta - \sin\theta)\} d\theta$$

$$= -\frac{i}{2}\left[\frac{\sin 3\theta}{3} + \sin\theta + i\left\{-\frac{\cos 3\theta}{3} + \cos\theta\right\}\right]_0^\pi = -\frac{2}{3}$$

$$J = \int_{C_1} \mathrm{Re}\left\{z^2\right\} dz + \int_{C_2} \mathrm{Re}\left\{z^2\right\} dz = -\frac{4}{3}$$

問 16 (1) $\displaystyle\int \left(z^3 - iz\right) dz = \frac{z^4}{4} - \frac{i}{2}z^2 + C$ （C は定数）

(2) $u = 2iz$ とおくと，$e^{2iz} = e^u$, $\dfrac{du}{dz} = 2i$

$$\int e^{2iz} dz = \int e^u \frac{dz}{du} du = \int \frac{e^u}{2i} du = \frac{e^u}{2i} + C = -\frac{i}{2}e^{2iz} + C \text{ （C は定数）}$$

(3) $u = 2iz^2$ とおくと，$\dfrac{du}{dz} = 4iz$

$$\int z\sin 2iz^2 dz = \int z\sin u \frac{dz}{du} du = \int \sin u \frac{du}{4i} = \frac{1}{4i}\int \sin u\, du = -\frac{1}{4i}\cos u + C$$

$$= \frac{i}{4}\cos 2iz^2 + C \quad \text{（C は定数）}$$

(4) 部分積分法を使って

$$\int z\cos iz\, dz = \frac{z\sin iz}{i} - \int z' \frac{\sin iz}{i} dz = -iz\sin iz - \frac{1}{i}\frac{-\cos iz}{i} + C$$

$$= -iz\sin iz - \cos iz + C \quad \text{（C は定数）}$$

問 17 (1) $\displaystyle\int_{\frac{\pi}{2}i}^{\pi i} e^z dz = [e^z]_{\frac{\pi}{2}i}^{\pi i} = e^{\pi i} - e^{\frac{\pi}{2}i} = -1 - i$

(2) $\displaystyle\int_{1+i}^{\sqrt{2}i} z\, dz = \left[\frac{z^2}{2}\right]_{1+i}^{\sqrt{2}i} = \frac{1}{2}\left((\sqrt{2}i)^2 - (1+i)^2\right) = -1 - i$

(3) $\displaystyle\int_\pi^{2\pi} \sinh iz\, dz = \frac{1}{i}[\cosh iz]_\pi^{2\pi} = -i(\cosh 2\pi i - \cosh \pi i)$

$$= -i(\cos 2\pi - \cos\pi) = -i(1+1) = -2i$$

問 18 (1) $\dfrac{I}{2\pi i} = \dfrac{1}{2\pi i}\displaystyle\int_C \dfrac{\sinh iz}{z - \frac{\pi}{2}} dz = \sinh\frac{\pi}{2}i = i\sin\frac{\pi}{2} = i$, $I = 2\pi i \times i = -2\pi$

(2) $\dfrac{I}{2\pi i} = \dfrac{1}{2\pi i}\displaystyle\int \dfrac{e^z}{z - \pi i} dz = e^{\pi i} = -1$, $I = -2\pi i$

(3) $\dfrac{I}{2\pi i} = \dfrac{1}{2\pi i}\int_C \dfrac{\cos z}{z(z^2+16)}dz = \dfrac{\cos 0}{0+16} = \dfrac{1}{16}, I = \dfrac{\pi i}{8}$

問 19 (1) $\dfrac{1}{2\pi i}\int_C \dfrac{e^z}{(z-\pi i)^2}dz = \left[\dfrac{d}{dz}e^z\right]_{z=\pi i} = e^{\pi i} = -1, \int_C \dfrac{e^z}{(z-\pi i)^2}dz = -2\pi i$

(2) $\dfrac{1}{2\pi i}\int_C \dfrac{1}{(z^2+4)^2}dz = \dfrac{1}{2\pi i}\int_C \dfrac{1}{(z-2i)^2(z+2i)^2}dz = \left[\dfrac{d}{dz}\dfrac{1}{(z+2i)^2}\right]_{z=2i}$

$= \left[\dfrac{-2}{(z+2i)^3}\right]_{z=2i} = \dfrac{1}{32i}, \int_C \dfrac{1}{(z^2+4)^2}dz = \dfrac{\pi}{16}$

問 20 (1) $f(z) = \dfrac{z+1}{(z-3i)(z+3i)}$

$z = 3i$ は 1 位の極

$\text{Res}(3i) = \lim_{z\to 3i}(z-3i)f(z) = \lim_{z\to 3i}\dfrac{z+1}{z+3i} = \dfrac{3i+1}{6i} = \dfrac{3-i}{6}$

$z = -3i$ は 1 位の極

$\text{Res}(-3i) = \lim_{z\to -3i}(z+3i)f(z) = \lim_{z\to 3i}\dfrac{z+1}{z-3i} = \dfrac{-3i+1}{-6i} = \dfrac{3+i}{6}$

(2) $z = 0$ は 2 位の極

$\text{Res}(0) = \lim_{z\to 0}\dfrac{d}{dz}\{z^2 f(z)\} = \lim_{z\to 0}\dfrac{d}{dz}\dfrac{z+i}{z-2i}$

$= \lim_{z\to 0}\dfrac{(z+i)'(z-2i)-(z+i)(z-2i)'}{(z-2i)^2} = \lim_{z\to 0}\dfrac{-3i}{(z-2i)^2} = \dfrac{3}{4}i$

$z = 2i$ は 1 位の極

$\text{Res}2i = \lim_{z\to 2i}(z-2i)f(z) = \lim_{z\to 2i}\dfrac{z+i}{z^2} = \dfrac{2i+i}{(2i)^2} = -\dfrac{3i}{4}$

問 21 (1) $z = \pi i$ は 1 位の極

$\text{Res}(\pi i) = \lim_{z\to \pi i}(z-\pi i)\dfrac{e^z}{(z-\pi i)} = \lim_{z\to \pi i}e^z = e^{\pi i} = -1$

$\int_C \dfrac{e^z}{z-\pi i}dz = 2\pi i\text{Res}(\pi i) = -2\pi i$

(2) $z = 2i$ は 2 位の極

$\text{Res}(2i) = \lim_{z\to 2i}\dfrac{d}{dz}\left\{(z-2i)^2\dfrac{z-i}{(z-2i)^2}\right\} = \lim_{z\to 2i}\dfrac{d}{dz}(z-i) = 1$

$\int_C \dfrac{z-1}{(z-2i)^2}dz = 2\pi i\text{Res}(2i) = 2\pi i$

(3) $z = 1$ は 1 位の極

$\text{Res}(1) = \lim_{z\to 1}(z-1)\dfrac{z+i}{(z-1)(z-i)^2} = \lim_{z\to 1}\dfrac{z+i}{(z-i)^2} = \dfrac{1+i}{(1-i)^2} = \dfrac{i-1}{2}$

$z = i$ は 2 位の極

$\text{Res}(i) = \lim_{z\to i}\dfrac{d}{dz}\left\{(z-i)^2\dfrac{z+i}{(z-1)(z-i)^2}\right\} = \lim_{z\to i}\dfrac{d}{dz}\dfrac{z+i}{z-1}$

$= \lim_{z\to i}\dfrac{-1-i}{(z-1)^2} = \dfrac{-1-i}{(i-1)^2} = \dfrac{1-i}{2}$

$$\int_C \frac{z+i}{(z-1)(z-i)^2}dz = 2\pi i\,(\text{Res}(1)+\text{Res}(2i)) = 0$$

(4) $z=1$ は 1 位の極

$$\text{Res}(1) = \lim_{z\to 1}(z-1)\frac{z^2}{(z-1)(z-i)^2} = \lim_{z\to 1}\frac{z^2}{(z-i)^2} = \frac{i}{2}$$

$$\int_C \frac{z^2}{(z-1)(z-i)^2}dz = 2\pi i\,\text{Res}(1) = 2\pi i\frac{i}{2} = -\pi$$

問 22 (1) $\cos z = \frac{1}{2}(e^{iz}+e^{-iz}) = \frac{1}{2}\left\{1+iz-\frac{1}{2!}z^2-\frac{1}{3!}z^3 i+\frac{1}{4!}z^4+\cdots\right.$
$$\left.+\left(1-iz-\frac{1}{2!}z^2+\frac{1}{3!}z^3 i+\frac{1}{4!}z^4+\cdots\right)\right\}$$
$$=\frac{1}{2}\left(2-2\times\frac{1}{2!}z^2+2\times\frac{1}{4!}z^4-\cdots\right) = 1-\frac{1}{2!}z^2+\frac{1}{4!}z^4-\cdots$$

(2) $\sin z = z - \frac{z^3}{3!}+\cdots\cdots$ の式で，$z\to 2iz$ と置き換えて

$$\sin 2iz = 2iz - \frac{(2iz)^3}{3!}+\cdots\cdots = 2iz + \frac{4i}{3}z^3+\cdots\cdots$$

問 23 (1) $f(z) = \frac{i}{2-z} = \frac{i}{2}\frac{1}{1-\frac{z}{2}} = \frac{i}{2}\left\{1+\frac{z}{2}+\left(\frac{z}{2}\right)^2+\left(\frac{z}{2}\right)^3+\left(\frac{z}{2}\right)^4+\cdots\cdots\right\}$
$$=\frac{i}{2}+\frac{i}{4}z+\frac{i}{8}z^2+\frac{i}{16}z^3+\frac{i}{32}z^4+\cdots\cdots$$

(2) $f(z) = \frac{e^{-z}}{1+z^2} = \left(1-z+\frac{1}{2}z^2-\frac{1}{6}z^3+\frac{1}{24}z^4+\cdots\cdots\right)$
$$\times(1-z^2+z^4-z^6+z^8-\cdots\cdots) = 1-z-\frac{1}{2}z^2+\frac{5}{6}z^3+\frac{13}{24}z^4+\cdots\cdots$$

問 24 (1) $z=0$ の周り

$$\frac{z+2}{z-1} = -\frac{z+2}{1-z} = -(z+2)\left(1+z+z^2+z^3+z^4\cdots\cdots\right)$$
$$= -2-3z-3z^2-3z^3-\cdots\cdots,\quad \frac{z+2}{z^2(z-1)} = -\frac{2}{z^2}-\frac{3}{z}-3-3z-\cdots\cdots$$

したがって，$\text{Res}(0) = -3$

$z=1$ の周り

$$\frac{1}{z} = \frac{1}{z-1+1} = \frac{1}{1-\{-(z-1)\}} = 1+\{-(z-1)\}+\{-(z-1)\}^2+\{-(z-1)\}^3$$
$$+\{-(z-1)\}^4+\cdots\cdots = 1-(z-1)+(z-1)^2-(z-1)^3+(z-1)^4-\cdots\cdots$$

$$\frac{z+2}{z^2} = (z+2)\left(\frac{1}{z}\right)^2 = (z+2)\{1-2(z-1)+3(z-1)^2-4(z-1)^3+\cdots\cdots\}$$
$$= 3-5(z-1)+7(z-1)^2-9(z-1)^3+\cdots\cdots$$

$$\frac{z+2}{z^2(z-1)} = \frac{3}{z-1}-5+7(z-1)-9(z-1)^2+\cdots\cdots$$

したがって，$\text{Res}(1) = 3$

(2) $f(z) = \dfrac{1}{z^3}\left(1 + iz + \dfrac{1}{2}(iz)^2 + \dfrac{1}{6}(iz)^3 + \dfrac{1}{24}(iz)^4 + \cdots\cdots - 1\right)$

$= \dfrac{1}{z^3}\left(iz - \dfrac{1}{2}z^2 - \dfrac{i}{6}z^3 + \dfrac{1}{24}z^4 + \cdots\cdots\right)$

$= \dfrac{i}{z^2} - \dfrac{1}{2z} - \dfrac{i}{6} + \dfrac{1}{24}z + \cdots\cdots$

よって，$\mathrm{Res}(0) = \dfrac{1}{2}$

問 25 $C : |z| = R$ を $z = R$ から $z = -R$ まで反時計回りに半周し，引き続いて，x 軸上を $z = -R$ から $z = R$ までたどる．

$\dfrac{1}{(z^2+4)^2} = \dfrac{1}{(z-2i)^2(z+2i)^2}$ であるから，$z = 2i$ は 2 位の極．

$\mathrm{Res}\,(2i) = \lim\limits_{z\to 2i} \dfrac{d}{dz}\left\{(z-2i)^2 \dfrac{1}{(z-2i)^2(z+2i)^2}\right\} = \lim\limits_{z\to 2i} \dfrac{d}{dz} \dfrac{1}{(z+2i)^2}$

$= \lim\limits_{z\to 2i} \dfrac{-2}{(z+2i)^3} = \dfrac{1}{32i}$

$\displaystyle\int_C \dfrac{1}{(z^2+4)^2} dz = 2\pi i \,\mathrm{Res}\,(2i) = 2\pi i \dfrac{1}{32i} = \dfrac{\pi}{16}$

$\displaystyle\lim_{R\to\infty} \int_C \dfrac{1}{(z^2+4)^2} dz = \int_{-\infty}^{\infty} \dfrac{1}{(x^2+4)^2} dx$

が示せる (読者は証明すること) ので

$$\int_{-\infty}^{\infty} \dfrac{1}{(x^2+4)^2} dx = \dfrac{\pi}{16}$$

問 26 (1) $|i| = 1$, $\arg(i) = \dfrac{\pi}{2} + 2n\pi$ ($n = 0, \pm 1, \pm 2, \pm 3, \cdots\cdots$) であるので

$i^{\frac{1}{3}} = \cos\dfrac{1}{3}\left(\dfrac{\pi}{2} + 2n\pi\right) + i\sin\dfrac{1}{3}\left(\dfrac{\pi}{2} + 2n\pi\right) = \cos\left(\dfrac{\pi}{6} + \dfrac{2n\pi}{3}\right) + i\sin\left(\dfrac{\pi}{6} + \dfrac{2n\pi}{3}\right)$

$n = 0$ のとき $i^{\frac{1}{3}} = \cos\left(\dfrac{\pi}{6}\right) + i\sin\left(\dfrac{\pi}{6}\right) = \dfrac{\sqrt{3}+i}{2}$

$n = 1$ のとき $i^{\frac{1}{3}} = \cos\left(\dfrac{5\pi}{6}\right) + i\sin\left(\dfrac{5\pi}{6}\right) = \dfrac{-\sqrt{3}+i}{2}$

$n = 2$ のとき $i^{\frac{1}{3}} = \cos\left(\dfrac{3\pi}{2}\right) + i\sin\left(\dfrac{3\pi}{2}\right) = -i$

(2) $|16| = 2^4$, $\arg(16) = 2n\pi$ ($n = 0, \pm 1, \pm 2, \pm 3, \cdots\cdots$) であるので

$16^{\frac{1}{4}} = 2\left(\cos\dfrac{n\pi}{2} + i\sin\dfrac{n\pi}{2}\right)$

$n = 0$ のとき $16^{1/4} = 2(\cos 0 + i\sin 0) = 2$

$n = 1$ のとき $16^{1/4} = 2\left(\cos\dfrac{\pi}{2} + i\sin\dfrac{\pi}{2}\right) = 2i$

第 4 章

$n = 2$ のとき $16^{1/4} = 2(\cos\pi + i\sin\pi) = -2$

$n = 3$ のとき $16^{1/4} = 2\left(\cos\dfrac{3\pi}{2} + i\sin\dfrac{3\pi}{2}\right) = -2i$

(3) $|1+\sqrt{3}i| = 2$, $\arg(1+\sqrt{3}i) = \dfrac{\pi}{3} + 2n\pi$ $(n = 0, \pm 1, \pm 2, \pm 3, \cdots\cdots)$ であるので

$(1+\sqrt{3}i)^{1/2} = \sqrt{2}\left\{\cos\dfrac{1}{2}\left(\dfrac{\pi}{3} + 2n\pi\right) + i\sin\dfrac{1}{2}\left(\dfrac{\pi}{3} + 2n\pi\right)\right\}$

$\qquad = \sqrt{2}\left\{\cos\left(\dfrac{\pi}{6} + n\pi\right) + i\sin\left(\dfrac{\pi}{6} + n\pi\right)\right\}$

$n = 0$ のとき $(1+\sqrt{3}i)^{1/2} = \sqrt{2}\left\{\cos\dfrac{\pi}{6} + i\sin\dfrac{\pi}{6}\right\} = \dfrac{\sqrt{6}+\sqrt{2}i}{2}$

$n = 1$ のとき $(1+\sqrt{3}i)^{\frac{1}{2}} = \sqrt{2}\left\{\cos\dfrac{7\pi}{6} + i\sin\dfrac{7\pi}{6}\right\} = -\dfrac{\sqrt{6}+\sqrt{2}i}{2}$

問 27 (1) $|-1| = 1$, $\arg(-1) = \pi + 2n\pi$ $(n = 0, \pm 1, \pm 2, \pm 3, \cdots\cdots)$ であるので

$\log(-1) = \log_e|-1| + (2n+1)\pi i = (2n+1)\pi i$ $(n = 0, \pm 1, \pm 2, \pm 3, \cdots\cdots)$

(2) $|i| = 1$, $\arg(i) = \dfrac{\pi}{2} + 2n\pi$ $(n = 0, \pm 1, \pm 2, \pm 3, \cdots\cdots)$ であるので

$\log i = \log_e|i| + \dfrac{\pi}{2}i + 2n\pi i = \left(2n + \dfrac{1}{2}\right)\pi i$ $(n = 0, \pm 1, \pm 2, \pm 3, \cdots\cdots)$

(3) $\left|\sqrt{2}-\sqrt{2}i\right| = 2$, $\arg\left(\sqrt{2}-\sqrt{2}i\right) = -\dfrac{\pi}{4} + 2n\pi$ $(n = 0, \pm 1, \pm 2, \pm 3, \cdots\cdots)$ であるから

$\log_e(\sqrt{2}-\sqrt{2}i) = \log_e 2 + \left(-\dfrac{\pi}{4} + 2n\pi\right)i$ $(n = 0, \pm 1, \pm 2, \pm 3, \cdots\cdots)$

問 28 (1) $i^{-i} = (e^{\log i})^{-i} = e^{-i\log i} = e^{-i(\pi/2 + 2n\pi)i} = e^{(2n+1/2)\pi}$

$\qquad\qquad\qquad\qquad\qquad\qquad\qquad (n = 0, \pm 1, \pm 2, \pm 3, \cdots\cdots)$

(2) $|1-i| = \sqrt{2}$, $\arg(1-i) = \left(2n - \dfrac{1}{4}\right)\pi$ $(n = 0, \pm 1, \pm 2, \pm 3, \cdots\cdots)$ であるから

$\log(1-i) = \dfrac{1}{2}\log_e 2 + \left(2n - \dfrac{1}{4}\right)\pi i$ $(n = 0, \pm 1, \pm 2, \pm 3, \cdots\cdots)$

$(1+i)\log(1-i) = \dfrac{1}{2}\log_e 2 - \left(2n - \dfrac{1}{4}\right)\pi + \left\{\dfrac{1}{2}\log_e 2 + \left(2n - \dfrac{1}{4}\right)\pi\right\}i$

$\qquad\qquad\qquad\qquad\qquad\qquad\qquad (n = 0, \pm 1, \pm 2, \pm 3, \cdots\cdots)$

$(1-i)^{1+i} = \left\{e^{\log(1-i)}\right\}^{1+i} = e^{(1+i)\log(1-i)}$

$\qquad = e^{1/2\log_e 2 - (2n - 1/4)\pi + \{1/2\log_e 2 + (2n - 1/4)\pi\}i}$

$\qquad = \sqrt{2}e^{-(2n-1/4)\pi}\left[\cos\left\{\dfrac{1}{2}\log_e 2 + \left(2n - \dfrac{1}{4}\right)\pi\right\} + i\sin\left\{\dfrac{1}{2}\log_e 2 + \left(2n - \dfrac{1}{4}\right)\pi\right\}\right]$

$\qquad\qquad\qquad\qquad\qquad\qquad\qquad (n = 0, \pm 1, \pm 2, \pm 3, \cdots\cdots)$

第4章 章末問題

[**1**] $e^{iz} = e^{ix-y} = e^{-y}(\cos x + i \sin x)$, $e^{-iz} = e^y(\cos x - i \sin x)$

$$\sin z = \frac{1}{2i}\left(e^{iz} - e^{-iz}\right) = \frac{1}{2i}\left(e^{-y}(\cos x + i\sin x) - e^y(\cos x - i\sin x)\right)$$

$$= -\frac{1}{i}\frac{1}{2}\left(e^y - e^{-y}\right)\cos x + \frac{1}{2}\left(e^y + e^{-y}\right)\sin x = \sin x \cosh y + i\cos x \sinh y$$

$$\cos z = \frac{1}{2}\left(e^{iz} + e^{-iz}\right) = \frac{1}{2}\left(e^{-y}(\cos x + i\sin x) + e^y(\cos x - i\sin x)\right)$$

$$= \frac{1}{2}\left(e^y + e^{-y}\right)\cos x + i\frac{1}{2}\left(e^{-y} - e^y\right)\sin x = \cos x \cosh y - i\sin x \sinh y$$

$$\sinh z = \frac{1}{2}\left(e^z - e^{-z}\right) = \frac{1}{2}\left\{e^x(\cos y + i\sin y) - e^{-x}(\cos y - i\sin y)\right\}$$

$$= \frac{1}{2}(e^x - e^{-x})\cos y + i\frac{1}{2}(e^x + e^{-x})\sin y = \sinh x \cos y + i\cosh x \sin y$$

$$\cosh z = \frac{1}{2}\left(e^z + e^{-z}\right) = \frac{1}{2}\left\{e^x(\cos y + i\sin y) + e^{-x}(\cos y - i\sin y)\right\}$$

$$= \frac{1}{2}(e^x + e^{-x})\cos y + i\frac{1}{2}(e^x - e^{-x})\sin y = \cosh x \cos y + i\sinh x \sin y$$

[**2**] $e^{i(z+w)} = e^{iz}e^{iw} = (\cos z + i\sin z)(\cos w + i\sin w)$

$$= \cos z \cos w - \sin z \sin w + i(\cos z \sin w + \sin z \cos w) \qquad (1)$$

同様にして

$$e^{-i(z+w)} = \cos z \cos w - \sin z \sin w - i(\cos z \sin w + \sin z \cos w) \qquad (2)$$

この二式 (1), (2) を左辺同士，右辺同士加えると

$$e^{i(z+w)} + e^{-i(z+w)} = 2(\cos z \cos w - \sin z \sin w)$$

2 で割って

$$\cos(z+w) = \cos z \cos w - \sin z \sin w$$

この二式 (1), (2) を差し引くと

$$e^{i(z+w)} - e^{-i(z+w)} = 2i(\cos z \sin w + \sin z \cos w)$$

$2i$ で割って

$$\sin(z+w) = \cos z \sin w + \sin z \cos w$$

[**3**] (1) $\text{Res}(\sqrt{5}i) = -\frac{\sqrt{5}}{10}i$, $\text{Res}(-\sqrt{5}i) = \frac{\sqrt{5}}{10}i$

(2) $\text{Res}(2) = \frac{11}{4}$, $\text{Res}(-2) = \frac{1}{4}$

(3) $\text{Res}(-1) = \frac{4}{3}$, $\text{Res}(2) = \frac{5}{3}$ (4) $\text{Res}(2) = 6$

(5) $\text{Res}(0) = -2$, $\text{Res}(i) = 1$, $\text{Res}(-i) = 1$ (6) $\text{Res}(0) = -\frac{1}{4}$, $\text{Res}(2) = \frac{1}{4}$

(7) $\text{Res}(0) = -2$, $\text{Res}(-1+i) = \frac{3-i}{2}$, $\text{Res}(-1-i) = \frac{3+i}{2}$

(8) $\text{Res}(3) = \frac{1}{2}t^2 e^{3t}$ (9) $\text{Res}(i) = 0$, $\text{Res}(-i) = 0$

(10) $\text{Res}(-1) = -\dfrac{21}{50}$, $\text{Res}(3i) = \dfrac{21-3i}{100}$, $\text{Res}(-3i) = \dfrac{21+3i}{100}$

(11) $\text{Res}(0) = \dfrac{1}{24}$ (12) $\text{Res}(0) = 2$

[**4**] (1) $\dfrac{5\pi}{2}i$ (2) $-2\pi i$ (3) $2\pi i$ (4) -2

(5) $\dfrac{\pi e^2}{3}i$ (6) $\dfrac{2-11i}{25}e^3\pi$ (7) $\dfrac{-\pi+i}{2\pi^2}$ (8) $\pi t i \sin t$

[**5**] (1) $\dfrac{\sqrt{2}\pi}{4}$ (2) $\dfrac{\sqrt{2}\pi}{4}$ (3) $\dfrac{\pi}{3}$

[**6**] (1), (2) x を偏角と考えると，積分路 C として，原点を中心とする半径 1 の円を，反時計回りに一周するものと考えることができる．$z = e^{ix}$ とおいてやると
$$\sin x = \dfrac{1}{2i}(e^{ix} - e^{-ix}) = \dfrac{1}{2i}\left(z - \dfrac{1}{z}\right)$$
また
$$\dfrac{dz}{dx} = ie^{ix} = iz \text{ より，} \quad \dfrac{dx}{dz} = \dfrac{1}{iz}$$
$$I = \int_0^{2\pi} \dfrac{1}{1 + \frac{1}{2}\sin x} dx = \int_C \left(\dfrac{1}{1 + \frac{1}{2} \times \frac{1}{2i}\left(z - \frac{1}{z}\right)}\right) \dfrac{dz}{iz}$$
$$= \int_C \dfrac{1}{iz + \frac{1}{4}(z^2 - 1)} dz = \int_C \dfrac{4}{z^2 + 4iz - 1} dz$$

(3) $z^2 + 4iz - 1 = 0$ とおくと，$z = (-2 \pm \sqrt{3})i$．単位円 C の中にあるのは，$(-2+\sqrt{3})i$ のほうである．
$$\dfrac{4}{z^2 + 4iz - 1} = \dfrac{4}{\{z - (-2+\sqrt{3})i\}\{z - (-2-\sqrt{3})i\}}$$
であるから，$z = (-2+\sqrt{3})i$ は 1 位の極．
$$\text{Res}((-2+\sqrt{3})i) = \lim_{z \to (-2+\sqrt{3})i} \{z - (-2+\sqrt{3})i\} \dfrac{4}{\{z - (-2+\sqrt{3})i\}\{z - (-2-\sqrt{3})i\}}$$
$$= \dfrac{2}{\sqrt{3}i}$$
$$I = 2\pi i \text{Res}\left((-2+\sqrt{3})i\right) = \dfrac{4\sqrt{3}\pi}{3}$$

索　　引

い
位数 …………………………… 140
一価関数 ………………………… 128
一般解 …………………………… 22
インパルス応答 ………………… 123

え
L^2 関数 ………………………… 58
円 ………………………………… 145
　　収束—— ……………………… 165
円群の方程式 …………………… 22

お
オイラーの公式 ………………… 15

か
階 ………………………………… 21
階段関数 ………………………… 103
ガウス分布 ……………………… 77
ガウス平面 ……………………… 3
完全微分形 ……………………… 30
完全微分方程式 ………………… 30
ガンマ関数 ……………………… 89

き
奇関数 …………………………… 52
ギブス現象 ……………………… 61
基本解 …………………………… 33
逆ラプラス変換 ………… 87, 112
　　——の線形性 ……………… 116
境界条件 ………………………… 64

**共役複素数 ……………………… 11
極 ………………………………… 140
　　——形式 …………………… 3
　　——座標 …………………… 3
　　k 位の—— ………………… 140
虚軸 ……………………………… 3
虚数単位 ………………………… 1
虚部 ……………………………… 1

く
偶関数 …………………………… 52
区分的に連続 …………………… 61
グルサーの定理 ………………… 156

け
k 位の極 ………………………… 140
原関数 …………………………… 74, 87
　　——の移動 ………………… 104
　　——の積分 ………………… 101

こ
合成積 …………………………… 76, 107
　　——のラプラス変換 ……… 106
コーシーの積分公式 …………… 153
コーシーの定理 ………………… 150
コーシー–リーマンの方程式 … 131
弧度法 …………………………… 4
孤立特異点 ……………………… 157

さ
三角関数 ………………………… 136

さ

三角不等式 ········· 168
3乗根 ············ 171

し

指数関数 ·········· 134
実軸 ·············· 3
実部 ·············· 1
周期関数のラプラス変換 ··· 110
収束域 ············ 88
収束円 ············ 165
収束座標 ·········· 88
収束半径 ·········· 165
純虚数 ············ 1
常微分方程式 ······ 21
初期条件 ·········· 64
初期値問題 ········ 121
除去可能な特異点 ··· 142

せ

正規分布 ·········· 77
斉次微分方程式 ···· 32
正則 ············· 130
　　──関数 ······ 130
積分因子 ·········· 45
絶対値 ············ 3
線形 ············· 28
　　──1階微分方程式 ··· 28
線形性（フーリエ変換の）··· 74
線形性（ラプラス変換の）··· 96
線積分 ··········· 142

そ

像関数 ·········· 75, 87
　　──の積分 ··· 111
　　──の微分 ··· 102
像関数の平行移動 ··· 97
双曲線関数 ······· 139

た

相似性（フーリエ変換の）··· 75
相似性（ラプラス変換の）··· 96

た

対称性 ············ 75
対数関数 ········· 173
互いに直交する ···· 59
多価関数 ····· 128, 171
たたみ込み積分 ···· 76
単位関数 ········· 106

ち

超関数 ············ 77
直交関数系 ········ 59

て

定数係数線形微分方程式 ··· 42
テイラー級数 ····· 163
テイラー展開 ····· 163
ディラックのデルタ関数 ··· 78, 94
デルタ関数 ····· 78, 94

と

ド・モアブルの公式 ··· 9
導関数 ··········· 130
　　──の変換 ···· 99
同次形 ········ 26, 32
　　──微分方程式 ··· 26
同次微分方程式 ···· 32
特異解 ············ 45
特異点 ··········· 140
　　孤立── ····· 157
　　除去可能な── ··· 142
特殊解 ······· 22, 36
特性方程式 ········ 32

に
2乗可積分関数 ･････････････････ 58

ね
熱拡散方程式 ･･･････････････････ 64
熱方程式 ･････････････････････････ 64

は
パーセバルの等式 ･････････ 64, 76
波動方程式 ･････････････････････ 64
反時計回り ･････････････････････ 3

ひ
非斉次微分方程式 ･････････････ 36
非同次形 ･････････････････････････ 36
非同次微分方程式 ･････････････ 36
微分係数 ･････････････････････ 130
微分方程式 ･････････････････････ 21

ふ
フーリエ逆変換 ･･･････････････ 70
フーリエ級数 ･････････････････ 48
　──展開 ･･････････････ 48, 52
フーリエ係数 ･････････････････ 48
フーリエ正弦級数 ･････････････ 52
フーリエ正弦変換 ･････････････ 71
フーリエ積分表示 ･････････････ 70
フーリエ変換 ･････････････････ 70
　逆── ･･････････････････････ 70
　──の線形性 ･････････････ 74
　──の相似性 ･････････････ 75
フーリエ余弦級数 ･････････････ 52
フーリエ余弦変換 ･････････････ 71
複素形フーリエ級数 ･･･････････ 58
複素数 ･････････････････････････ 1
　共役── ･･････････････････ 11
　──平面 ･･･････････････････ 3

複素積分 ･････････････････････ 146
複素平面 ･･･････････････････････ 3
不定積分 ･････････････････････ 152
部分分数展開 ･･･････････････ 121

へ
べき関数 ･････････････････････ 175
ベルヌーイの微分方程式 ･････ 44
偏角 ･････････････････････････････ 4
変数分離形微分方程式 ･･･････ 24
偏微分方程式 ･････････････････ 64

ほ
包絡線 ･････････････････････････ 45

ゆ
有限和 ･････････････････････････ 61

ら
ラジアン ･････････････････････････ 4
ラプラス逆変換 ･･････････ 87, 112
ラプラス積分 ･････････････････ 87
ラプラス変換 ･････････････････ 87
　逆── ･････････････････ 87, 112
　合成積の── ･･････････ 106
　周期関数の── ･･････････ 110
　──の線形性 ･････････････ 96
　──の相似性 ･････････････ 96

り
留数 ･････････････････････ 157, 166
　──定理 ･･････････････････ 159

ろ
ローラン級数 ･･･････････････ 166
ローラン展開 ･･･････････････ 166

著者紹介

魚橋慶子（うおはし けいこ）
1968 年　大阪府堺市生まれ
1991 年　大阪大学理学部数学科卒業
1999 年　大阪大学大学院基礎工学研究科博士後期課程物理系専攻（制御工学分野）修了
1999 年　大阪府立工業高等専門学校講師
2004 年　同助教授
2007 年　東北学院大学工学部機械知能工学科准教授
2013 年　同教授
　　　　現在に至る
博士（理学）（大阪大学）

梅津　実（うめつ みのる）
1956 年　青森県八戸市生まれ
1979 年　東北大学理学部天文および地球物理学科第一卒業
1988 年　東北大学大学院理学研究科天文学専攻博士課程後期 3 年の課程修了
1989 年　東北学院大学工学部非常勤講師
　　　　現在に至る
博士（理学）（東北大学）

2011 年 3 月 31 日　第 1 版発行
2016 年 4 月 25 日　第 2 版発行

計算力をつける
応用数学

著　者 © 魚　橋　慶　子
　　　　梅　津　　　実
発行者　内　田　　　学
印刷者　山　岡　景　仁

発行所　株式会社　内田老鶴圃　〒112-0012 東京都文京区大塚3丁目34番3号
電話 03(3945)6781(代)・FAX 03(3945)6782
http://www.rokakuho.co.jp/
印刷・製本／三美印刷 K.K.

Published by UCHIDA ROKAKUHO PUBLISHING CO., LTD.
3-34-3 Otsuka, Bunkyo-ku, Tokyo, Japan

ISBN 978-4-7536-0033-5 C3041　　U.R. No. 585-2

数学関連書籍

理工系のための微分積分 I
鈴木 武・山田 義雄・柴田 良弘・田中 和永 共著
A5・260 頁・本体 2800 円

理工系のための微分積分 II
鈴木 武・山田 義雄・柴田 良弘・田中 和永 共著
A5・284 頁・本体 2800 円

理工系のための微分積分 問題と解説 I
鈴木 武・山田 義雄・柴田 良弘・田中 和永 共著
B5・104 頁・本体 1600 円

理工系のための微分積分 問題と解説 II
鈴木 武・山田 義雄・柴田 良弘・田中 和永 共著
B5・96 頁・本体 1600 円

解析入門 微分積分の基礎を学ぶ
荷見 守助 編著／岡 裕和・榊原 暢久・中井 英一 著
A5・216 頁・本体 2100 円

線型代数入門
荷見 守助・下村 勝孝 共著 A5・228 頁・本体 2200 円

線型代数の基礎
上野 喜三雄 著 A5・296 頁・本体 3200 円

複素解析の基礎 i のある微分積分学
堀内 利郎・下村 勝孝 共著 A5・256 頁・本体 3300 円

関数解析入門 バナッハ空間とヒルベルト空間
荷見 守助 著 A5・192 頁・本体 2500 円

関数解析の基礎 ∞次元の微積分
堀内 利郎・下村 勝孝 共著 A5・296 頁・本体 3800 円

ルベーグ積分論
柴田 良弘 著 A5・392 頁・本体 4700 円

統計学 データから現実をさぐる
池田 貞雄・松井 敬・冨田 幸弘・馬場 善久 共著
A5・304 頁・本体 2500 円

統計入門 はじめての人のための
荷見 守助・三澤 進 共著 A5・200 頁・本体 1900 円

数理統計学 基礎から学ぶデータ解析
鈴木 武・山田 作太郎 著 A5・416 頁・本体 3800 円

現代解析の基礎 直観と論理
荷見 守助・堀内 利郎 共著 A5・302 頁・本体 2800 円

現代解析の基礎演習
荷見 守助 著 A5・324 頁・本体 3200 円

代数方程式のはなし
今野 一宏 著 A5・156 頁・本体 2300 円

代数曲線束の地誌学
今野 一宏 著 A5・284 頁・本体 4800 円

代數學 第 1 巻
藤原 松三郎 著 A5・664 頁・本体 6000 円

代數學 第 2 巻
藤原 松三郎 著 A5・765 頁・本体 9000 円

數學解析第一編 微分積分學 第 1 巻
藤原 松三郎 著 A5・688 頁・本体 9000 円

數學解析第一編 微分積分學 第 2 巻
藤原 松三郎 著 A5・655 頁・本体 5800 円

微分積分 上
入江 昭二・垣田 高夫・杉山 昌平・宮寺 功 共著
A5・224 頁・本体 1700 円

微分積分 下
入江 昭二・垣田 高夫・杉山 昌平・宮寺 功 共著
A5・216 頁・本体 1700 円

複素関数論
入江 昭二・垣田 高夫 共著 A5・240 頁・本体 2700 円

常微分方程式
入江 昭二・垣田 高夫 共著 A5・216 頁・本体 2300 円

フーリエの方法
入江 昭二・垣田 高夫 共著 A5・124 頁・本体 1400 円

ルベーグ積分入門
洲之内 治男 著 A5・264 頁・本体 3000 円

リーマン面上のハーディ族
荷見 守助 著 A5・436 頁・本体 5300 円

数理論理学 使い方と考え方：超準解析の入口まで
江田 勝哉 著 A5・168 頁・本体 2900 円

集合と位相
荷見 守助 著 A5・160 頁・本体 2300 円

確率概念の近傍 ベイズ統計学の基礎をなす確率概念
園 信太郎 著 A5・116 頁・本体 2500 円

ウエーブレットと確率過程入門
謝 衷潔・鈴木 武 共著 A5・208 頁・本体 3000 円

数理分類学
Sneath・Sokal 著／西田 英郎・佐藤 嗣二 共訳
A5・700 頁・本体 15000 円

表示価格は税別の本体価格です．　http://www.rokakuho.co.jp/

計算力をつける微分積分

神永 正博・藤田 育嗣 著　A5・172頁・本体2000円　ISBN978-4-7536-0031-1

微分積分を道具として利用するための入門書．微積の基本が「掛け算九九」のレベルで計算できるように工夫，公式・定理はなぜそのような形をしているかが分かる程度にとどめる．工業高校からの入学者も想定し，数学IIIを履修していなくても無理なく学習が進められるように配慮する．

指数関数と対数関数／三角関数／微　分／積　分／偏微分／2重積分／問の略解・章末問題の解答

計算力をつける微分積分 問題集

神永 正博・藤田 育嗣 著　A5・112頁・本体1200円　ISBN978-4-7536-0131-8

待望の登場．数学を道具として利用する理工系学生向けの微分積分学の入門書として好評を頂いているテキスト「計算力をつける微分積分」の別冊問題集である．691問を用意し，テキストに沿っているため予習・復習に好適の書．高校で微分積分を未修の理工系学生も本問題集で鍛え，問題を全て解くことにより大学の微分積分学の基礎を着実にマスターできる．

指数関数と対数関数／三角関数／微　分／積　分／偏微分／2重積分

計算力をつける線形代数

神永 正博・石川 賢太 著　A5・160頁・本体2000円　ISBN978-4-7536-0032-8

計算力の養成に重点を置いた構成をとり，問，章末問題共に計算練習を中心とする．理論上重要であっても，抽象的な理論展開は避け「連立方程式の解き方」「ベクトル，行列の扱い方」を重点的に説明する．ベクトル，行列という言葉を初めて聞く学生や，数学B，数学Cを履修していない学生でも学習上問題ないように最大限配慮する．

線形代数とは何をするものか？／行列の基本変形と連立方程式(1)／行列の基本変形と連立方程式(2)／行列と行列の演算／逆行列／行列式の定義と計算方法／行列式の余因子展開／余因子行列とクラメルの公式／ベクトル／空間の直線と平面／行列と一次変換／ベクトルの一次独立，一次従属／固有値と固有ベクトル／行列の対角化と行列の k 乗／問と章末問題の略解

計算力をつける微分方程式

藤田 育嗣・間田 潤 著　A5・144頁・本体2000円　ISBN978-4-7536-0034-2

本書は，微分方程式を道具の一つとして使用する人のための入門書である．例題のすぐ後に，その例題の解法を参考にすれば解くことができる問題を配置．この積み重ねにより確実に計算力がレベルアップし，章末問題まで到達できる．第1章章末問題ではベルヌーイの微分方程式と積分因子を，第2章章末問題では3階以上の高階線形微分方程式に関する問題も用意．付章「物理への応用」の扱いも本書の特徴の一つであり，これにより微分方程式を身につける意味を実感できる．

微分方程式とは？／1階微分方程式／定数係数2階線形微分方程式／級数解／付章　物理への応用

計算力をつける応用数学 問題集

魚橋 慶子・梅津 実 著　A5・140頁・本体1900円　ISBN978-4-7536-0133-2

本書は理工系学生向け教科書「計算力をつける応用数学」に対応する問題集．「より多くの問題演習を行いたい」「もっと難しい問題を解きたい」という声に応えている待望の著である．

複素数／常微分方程式／フーリエ級数とフーリエ変換／ラプラス変換／複素関数／問題解答

計算力をつける応用数学

魚橋 慶子・梅津 実 著　A5・224頁・本体2800円　ISBN978-4-7536-0033-5

本書は数学をおもに道具として使う理工系学生のための応用数学の入門書である．応用数学として扱われる分野は幅広いが，なかでも大学・高専で学ぶことの多い常微分方程式，フーリエ・ラプラス解析，複素関数の分野に絞り，計算問題を中心として解説した．計算力の養成に力を注ぎ，厳密な証明は思い切って省略している．また工業高校などからの入学者を想定し，複素数の四則演算を学習していなくとも無理なく本書を読めるよう配慮した．

複素数／常微分方程式／フーリエ級数とフーリエ変換／ラプラス変換／複素関数／問の略解・章末問題の解答

応用数学　工学専攻者のための

野邑 雄吉 著　A5・416頁・本体2400円　ISBN978-4-7536-0101-1

本書は，大学の工学課程または卒業後の専門研究へ導くために，応用数学の教科書・参考書として執筆されたものである．工学の基礎となるポテンシャル，振動，熱伝導等の物理現象については方程式の作り方と解き方を多くの例題で詳細に説明し，図表も豊富に引用して数学の応用力の育成をはかっている．

常微分方程式／無限級数と定積分／偏微分方程式／Legendre 函数と Bessel 函数／正則函数と等角写像／複素積分／Laplace の変換

応用数学演習　野邑・応用数学の問題解説

相馬 俊信・加賀屋 弘子 共著　A5・302頁・本体3000円　ISBN978-4-7536-0100-4

本書は，"野邑の応数"として1957年初版以来広く世に評価されている野邑雄吉著「応用数学」の詳しい解説書・問題解答書である．各章を概観して着眼点を示し，例題解法のポイントを述べ，わかりにくい箇所は詳しく説明し，問題の解答は極めて丁寧・詳細で，著者らの教壇での豊富な経験が随所に活きている有益な著．

常微分方程式／無限級数と定積分／偏微分方程式／Legendre 関数と Bessel 関数／正則関数と等角写像／複素積分／Laplace 変換

表示価格は税別の本体価格です．　http://www.rokakuho.co.jp/